U0340098

传统生土民居建造与改良技术

童丽萍　赵红垒

刘　强　张琰鑫　著

科学出版社

北　京

内 容 简 介

生土民居是我国传统民居的典型代表，承载着我国源远流长的传统居住文化，延续千年，形成了具有鲜明地域特色和民间营造智慧的传统建造技术体系。本书分别以生土窑居和生土墙民居两类典型生土民居为对象，按照建造工艺流程，系统梳理了我国生土民居传统的建造技术，并针对生土民居存在的居住舒适性问题提出了改良技术。

本书可为村镇住宅设计、施工人员，建设管理人员，农村自助建房人员，以及从事村镇建设的研究人员提供参考。

图书在版编目（CIP）数据

传统生土民居建造与改良技术/童丽萍等著. —北京：科学出版社，2018.7
ISBN 978-7-03-050091-5

Ⅰ. ①传… Ⅱ. ①童… Ⅲ. ①民居-建筑学-中国 Ⅳ. ①TU241.5

中国版本图书馆 CIP 数据核字（2016）第 233649 号

责任编辑：任加林 陈将浪 / 责任校对：王万红
责任印制：吕春珉 / 封面设计：耕者设计工作室

科 学 出 版 社 出版
北京东黄城根北街 16 号
邮政编码：100717
http://www.sciencep.com
三河市骏杰印刷有限公司印刷
科学出版社发行 各地新华书店经销
*
2018 年 7 月第 一 版 开本：B5（720×1000）
2018 年 7 月第一次印刷 印张：21 1/2
字数：510 000
定价：102.00 元
（如有印装质量问题，我社负责调换〈骏杰〉）
销售电话 010-62136230 编辑部电话 010-62137026（HA18）

版权所有，侵权必究
举报电话：010-64030229；010-64034315；13501151303

前　　言

美丽乡村建设的目标是要让居民"望得见山，看得见水，记得住乡愁"。近年来，我国住房和城乡建设部等部委出台了一系列关于传统村落保护与发展的相关政策和工作计划，在全国范围内开展传统民居的调查与保护工作。生土民居是我国传统民居的主要形式之一，具有浓郁的地域特色和民俗特色，承载着我国源远流长的传统建筑文化，在美丽乡村建设背景下显得尤为突出。

生土民居是由未经焙烧、仅经过简单加工的原状土质材料建造的房屋，包括生土窑居、夯土墙民居和土坯墙民居等。生土民居具有易于取材、施工简单、造价低廉、冬暖夏凉等显著优点，其融于自然、归于自然，是典型的绿色建筑。生土民居在我国农村地区应用极为广泛，在各省份均有分布，尤以中西部省份分布更为集中。分布于不同地形、地貌和气候区的生土民居延承千年，形成了具有鲜明地域特色和民间营造智慧的传统建造技术体系。

生土民居独特而完整的传统建造技术沿用至今，未曾间断，是非常宝贵的建筑文化遗产，显露出中国传统匠人的建造智慧及思想内涵。然而，生土民居多为民间自发建造，大多凭借实践经验并以口传心授的方式在民间工匠中世代传承和演进。随着相关工匠的逐年缺失，生土民居的许多建造技术和工艺濒临失传。因此，系统整理生土民居建造技术就显得尤为迫切。

生土材料具有强度低、耐水性差等缺点，加之生土民居多由当地工匠凭经验建造，建造过程随意性大，基本没有考虑抗震设防等，因此生土窑居存在通风不畅、采光不足等问题，室内环境较差；夯土墙民居的结构安全性较差，在历次地震中曾出现大量倒塌的事故，人员和财产损失严重。生土民居的室内外环境质量、结构抗震性能等迫切需要提升，改良技术就是关键。充分考虑乡土材料的应用和地方风貌的保护，进行建造技术的适宜性改良对于生土民居的保护与发展至关重要。

在美丽乡村建设背景下，本书以生土民居为对象，系统梳理了我国生土民居传统的建造技术，并结合生土民居最新研究成果，提炼了适宜的改良修缮技术，以传承、发展生土民居的建造智慧和文化内涵，提升生土民居的结构安全性和居住舒适性。全书包括两篇：第一篇为生土窑居建造与改良技术，以生土窑居为对象，按照建造工艺流程，从选址与定位、主体建造（窑院开挖、门洞建造、窑洞开挖）、细部建造（护崖檐、拦马墙、排水系统、拐窑）、附属设施建造、窑居装饰等方面阐述其传统建造技术，并针对生土窑居存在的结构安全和居住环境问题，提出了相应的改良技术。第二篇为生土墙民居建造与改良技术，以生土墙民居为对象，按照其建造工艺流程，从地基与基础、夯土墙的营造、土坯墙的砌筑（夯土墙夯筑）、门窗与屋顶、墙面与地面等方面详细阐述了其各环节的建造技术特点，同时以墙体及屋架等主要构件为切入点，论述了若干改良和修缮技术。

本书是在多次农村实地调研的基础上撰写完成的。参加调研的成员包括童丽萍、赵红垒、刘强、张琰鑫、崔金晶、张敏、邬伟进、赵龙、谷鑫蕾、王亚博、刘俊利、刘超文、唐磊、李聪、祝红丹、聂平、蒋浩、张枫等。调研过程中走访了几十个村庄、上千户农家，完成了近千份调查问卷，实地测量了近千栋民居，取得了大量的第一手资料。

本书由童丽萍、赵红垒、刘强、张琰鑫撰写。第一篇的技术梳理由赵红垒、赵龙、谷鑫蕾、王亚博完成；第二篇的技术梳理由刘强、刘超文、唐磊、李聪、祝红丹、聂平、蒋浩、张枫等完成。全书由童丽萍、张琰鑫进行内容提炼和统稿。本书的照片大部分是在调研中拍摄的，测绘图和透视图由崔金晶绘制。

本书是"传统村落结构安全性能提升关键技术研究与示范"（课题编号：2014BAL06B03）研究成果之一。

著　者

2018 年 3 月

目　　录

第一篇　生土窑居建造与改良技术

传统窑居是中国黄土高原上古老的居住形式，也是黄土高原的产物，它沉积了古老的黄土地深层文化，其历史可以追溯到四千多年前。黄土高原居民创造性地利用高原有利的地形，以及黄土的黏性、硬性和壁立不倒的良好的力学特性，凿洞而居，创造了窑洞建筑。生土窑居凭借其低成本、施工简便、低能耗、冬暖夏凉、较好的耐久性等特点，在黄土高原地区有着强大的生命力，在农村地区大量存在并沿用至今。随着社会的持续关注和帮助，居民在窑洞中的生活条件不断得到改善，生活质量不断得到提高，传统民居形式的窑居仍将长期存在下去。

传统生土窑居的建造多依赖民居自建、零散建设，建造过程缺乏严谨与规范化的指导，为确保生土窑居的建造质量，需要总结建造过程中各个环节的施工工艺，以形成完整的建造体系，延续这一古老的民间营造技艺并指导相关的施工建设。本篇从选址与定位、主体建造、细部建造、附属设施建造和窑居装饰等方面阐述了传统生土窑居的建造技术，力求做到适用面广、简明扼要和概念正确。

然而，由于生土窑居独特的结构形式、建筑材料和建造方式，且在使用过程中管理维护不当，生土窑居会产生裂缝、局部坍塌及渗水等问题，严重威胁到生土窑居的结构安全，对窑居居民的生活质量造成不良影响，本篇对此提出了若干改良技术，为此类问题的解决提供技术依据。

第1章 选址与定位

生土窑居是我国黄土高原极具特色的一种民居形式，也是黄土高原最为经济的建筑形态。它是黄土高原劳动人民四千多年来智慧的结晶，是先人在长期的生活实践中顺应自然、改造自然而创造的一种独特的民居形式[1-3]。

黄土高原地貌较为复杂，主要有黄土塬、黄土梁和黄土峁三大类型[4]。

黄土塬（图1.1）又称为黄土平台，是平坦的古地面经黄土堆积而成的，面积广阔，侵蚀作用较弱，塬面平均坡度在5°以内，边缘坡度较大。黄土塬是黄土高原上的可耕种土地之一。

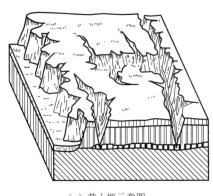 

（a）黄土塬示意图　　　　　　　　　　（b）黄土塬实景图

图1.1　黄土塬

黄土梁（图1.2）是长条状分布的黄土岭，梁长一般可达上千米，宽几十到几百米，梁顶宽阔，略有起伏，呈鱼脊状向两面沟谷微倾。

图1.2　黄土梁

黄土峁（图 1.3）是孤立的黄土丘陵地形，也是黄土梁被侵蚀切割后的蚀余部分，其面积大小不一，有圆形和椭圆形多种形式。若干连在一起的峁称为峁梁，又称为黄土丘陵。

（a）黄土峁实景图（一）　　　　　　　　　　　（b）黄土峁实景图（二）

图 1.3　黄土峁

为了满足可耕、可食、可居的基本生活条件，先辈们在营造聚落时，首先会选择居住环境（即选址），然后采取顺其自然和因地制宜的方式营建聚落。居住环境的选择，宜先注重外界格局，进而讲究内部方位，即选址与定位。

1.1　选址与定位的作用

黄土高原地貌复杂，窑洞民居就分布在具有多种地貌的黄土地区。开阔的河沟阶地宽达数千米，多有村落散居其间；狭窄处陡壁直立、沟壑纵横，绵延数十千米，但在沟崖两侧依旧如串珠般地密布着窑洞山村。沟谷环绕、边缘陡峭的黄土塬为生土坑窑的存在和发展提供了必要的条件。先辈们在长期的居住实践中，积累了系统而完善的通过选址确定较为理想的居住环境的方法，有些方法即使到了现在也是适用的[5]。

1.1.1　选址标准

古代劳动人民在以自然为本、尊重自然环境的基础上，总结出了一套理想的居住模式理念。它融合了我国"五行""八卦""阴阳"等基本哲学概念，构成了一道非常独特的中国文化景观。其宗旨是审慎周密地考察，了解自然，顺应自然，有节制地利用和改造自然，创造良好的居住与生存环境。

按照生土窑居居住模式的理念，生土窑居理想的选址标准：在地形特征上表现为后有靠山，前有明堂，左右山环水绕，即基址后面有主峰；左右有次峰或岗阜的左辅右弼山，山上植被要丰茂；前面有水，水的对面还有一个对景山——"案山"；轴线方向最好是坐北朝南。只要符合这套格局，有时轴线是其他方向也是可以的，基址正好处于山水环抱的中央，地势平坦且具有一定的坡度。

以生土地坑窑民居为例，其选址的要求之一是前不蹬空，后有靠山。凡宅后有山梁大塬者，谓之"靠山厚"，俗语称"背靠金山"；宅后临沟无依无托者，谓之"背山空"，俗语称"背无依靠"。地坑窑院院落形状多为正方形或长方形，一般避免平面布局为左长右短或左短右长的楔形，以及前宽后窄或后宽前窄的梯形，以"中矩"为最优[6]。

1.1.2　选址因素

1. 地质因素

经调查发现，相当数量的生土窑洞在役百年甚至数百年仍不坍塌，这与窑洞所在黄土层的地质条件有着密不可分的关系。地坑窑院的挖造，首先要做到科学识土，因为土质的好坏直接决定着是否适合挖掘，开挖后建筑物的稳定性及对人体健康是否有影响，同时也决定着施工量的大小和施工的难易程度。

在辨认土质方面，窑居地区的窑洞匠师们有着丰富的经验，他们能够用"握土法"估计土的含水率，用"指捻法"了解土的坚实性，用"拳击法"了解土的抗剪能力，还可以凭借"钣镢"反作用于手的力量了解土的强度。这些技艺都是通过口传心授的方式一代代传承和演进的，直到科技蓬勃发展的今天，也还是一种简洁的适用技术，是窑居文化中的重要组成部分。

（1）地质检验

生土窑居选址的理念对地质条件格外讲究，甚至是挑剔，认为地质条件决定了人的体质。现代科学证明，地质条件对人体健康是有影响的，主要包括以下四个方面：

1）土壤中含有锌、铝、硒、氟等元素，在光合作用下释放到空气中，直接影响人的健康。

2）潮湿或臭烂的地质，会导致关节炎、风湿性心脏病、皮肤病等。潮湿腐败之地是细菌的天然培养基地，也是产生各种疾病的根源，因此不宜建宅。

3）地球磁场的影响。地球是一个被磁场包围的星球，人们感觉不到磁场的存在，但它又时刻对人产生影响。

4）有害波的影响。如果在住宅地面 3m 以下有地下河流、双层交叉的河流、坑洞或复杂的地质结构，就有可能放射出有害的"长振波"。

（2）地质条件

中国黄土区是世界上分布最广、厚度最大的黄土区。根据黄土地层生成年代的久远程度，把黄土划分为早更新世的午城黄土（古黄土）、中更新世的离石黄土（老黄土）、晚更新世的马兰黄土（新黄土）及全新世的次生黄土（现代黄土）（表 1.1 和图 1.4）。

表 1.1 黄土层分类

黄土名称	现代黄土	新黄土	老黄土		古黄土
地质年代	全新世 (Q_4)	晚更新世 (Q_3)	中更新世上部 (Q_2^1)	中更新世下部 (Q_2^3)	早更新世 (Q_1)
地层	次生黄土	马兰黄土	离石黄土上层	离石黄土下层	午城黄土
料姜石（黄土结核物）含量	不含料姜石	不含料姜石	料姜石小而少，在古土壤下层分布	料姜石大而多，粒径大，分布于古土壤下层	成片连接，多呈钙质胶结层分布
湿陷性	强烈	一般	轻微	无	无
古土壤层数	无	偶有	有 4～5 层，层间距 3～4m	有十余层，有时连续分布	古土壤层密集，界限不清晰

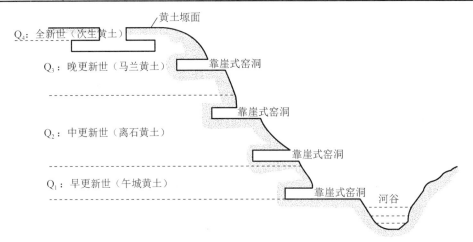

图 1.4 黄土层与窑洞选址

午城黄土层一般构成黄土高原和丘陵的中下部，开挖困难；离石黄土层的土层质地密实、力学性能好，是挖掘黄土窑洞的理想层；马兰黄土层土质均匀，呈垂直节理、大孔发育，有一定的湿陷性，且马兰黄土层较厚的地区有窑洞分布，黄土塬上的地坑窑院民居多分布于此层中；次生黄土层抗压强度低，湿陷性强，不宜挖掘无衬砌的纯黄土窑洞。由以上分析可知，黄土窑居大多建造在离石黄土层和马兰黄土层上。建造在黄土层上的窑居主要利用的是黄土本身所具有的受力特性。

黄土窑洞的选址多遵循以下规律：

1）黄土的生成历史越久远，堆积越深，则其越加密实，黏聚力随之增长，内摩擦角增大，强度增大。窑洞的安全主要是由土拱肩的剪力控制的，从土体的结构稳定、土体工程地质特征分析可知，离石黄土层具有比马兰黄土层更显著的稳定性，故应尽可能选择离石黄土层作为窑洞地址。

2）黄土窑居的安全性对黄土的节理面非常敏感，特别是受基岩节理控制的黄土节理。根据窑居区的建窑经验，一般选择窑址与节理面的最近距离不小于 1m。选择开挖地点时，对不同地质时代的黄土层位应慎重考虑，一般应避免在离石黄土层和马兰黄土层的界面附近建窑。

3）窑址应选择山形完整、山体未被冲沟、山洼等未被切割破坏，无滑坡、无崩塌、无剥落等的地形坡段。选择的窑址土层斜坡段应干燥、排水条件好、无泉水出露。若在冲沟两侧建窑，应选择沟坡稳定、已停止侧蚀的坡段，且应高出冲沟底 6～8m，防止洪水冲刷。

4）含料姜石的古土壤层（图 1.5）的物理特性对窑洞有利，其抗压、抗剪强度较黄土母层要高，将窑洞的土拱选在古土壤层下部，把古土壤层当作一道门洞上方的过梁，会大大提高窑顶的坚固性，从而可增大窑洞的跨度。

图 1.5　含料姜石的古土壤层

5）黄土堆积自上而下越深、孔隙度越小、自重越大，则其越密实，强度就越高，应按不同土质状况选择合适的深度。除了需按黄土力学性质的变化规律处理窑洞的各部位尺寸外，更重要的是遵循民间长期实践的经验。

2. 气候条件

黄土高原地处北半球，属中纬度地区，地球自西向东旋转，太阳东升西降，因此其南面始终是阳光地带。冬季寒冷多风，坐北朝南可以充分接受太阳光的照射，抵御冬季呼啸南下的西北寒风，不但可以提高窑内的温度、节约薪炭，还会有冬暖夏凉的效果，改善窑洞内的居住环境。此外，阳光还能在一定程度上治疗风湿病。

3. 水文条件

温带大陆性季风气候，降水量的分配具有明显的季节性。年内降水分布不均匀，大多集中在7～9月（占63%），且常有暴雨，合理的排水系统对黄土窑洞的选址有很大的影响。黄土高原地区河水季节性涨落明显，水资源缺乏是制约地区经济发展的瓶颈，虽然人工修建了各种类型的水沟、水渠、水窖等集雨工程，但遇到干旱的年份仍然不能解决居民基本的生活和生产用水问题。黄土高原的窑洞选址应在山地的迎风坡，临近水源并沿河谷阳面分布，这样既有利于保护自然生态系统，又有利于经济的发展。

4. 交通条件

道路是区域之间相互联系的桥梁。黄土高原千沟万壑的地形导致其与外界的联系极为不便，影响着地区经济的发展。在窑洞选址时，应选择地形相对平坦和开阔的地方，这样既有利于相邻村庄之间的物资交换和人员往来，又有利于区域发展战略的实施和窑洞文化的对外传播。

5. 经济条件

一个地区经济的发展水平直接影响着人们的生活水平和居住条件，也影响着人们的出行方式。长期以来，居住在黄土高原的人们由于经济条件的限制，大多数中低收入者选择了就地取材、造价低廉的窑洞居住形式。近年来，由于农民收入的提高、建筑材料的丰富和建筑技术的进步，窑洞受自然条件的限制，在逐渐减少，地域分布范围逐渐扩大。新式窑洞，如接口窑洞、砖拱窑、石拱窑、混凝土拱窑等不断出现，既提高了窑洞的使用年限，又克服了土窑洞存在的弊端，满足了人们居住的舒适性要求。

总之，黄土窑洞的选址是多个因素共同作用的结果，黄土高原窑洞选址是一个动态变化的过程，随着经济发展和人民生活水平的不断提高，人们对窑洞的选址也会从多方向、多层次、多角度进行考虑，以促进生态旅游的兴起。窑洞的选址要坚持与经济效益相结合的原则，实现生态化、环保化、绿色化。

1.2　定　　位

根据不同的地形、地貌和地质条件，人们顺应自然、因地制宜地建造了各种各样的窑洞。归纳起来，纯生土的窑洞主要有靠崖窑和地坑窑院两大类。地坑窑院民居的定位比靠崖窑民居更复杂、更系统，因为它是在相对平坦的黄土塬上以"掏"的方式营造庭院和居室空间，建造者"创造"的主动权会大很多。本节以地坑窑院民居的定位展开讨论[7,8]。

1.2.1　定方位

传统地坑窑院在建造前，首先选方位，定坐向，下线桩，称为方院子。根据宅基地的地势、面积，一般按《易经》中描述的方位决定修建哪种样式的院落。方位的排布顺序从西北角开始为乾、坎、艮、震、巽、离、坤、兑。选择哪种院落是由每个区域周围的地形高度和地貌特征决定的，先确定主窑（也称上主窑），要求主窑后有靠山，前不登空。主窑确定在八卦中的哪个方位上，就称其为什么宅院（图 1.6）。

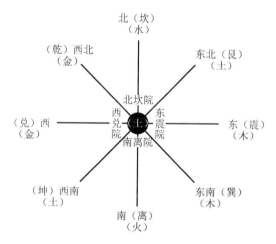

图 1.6　方位与地坑窑院类型的关系

地坑窑院按照主窑的方位可划分为四种：主窑在北边的称为北坎院，在西边的称为西兑院，在东边的称为东震院，在南边的称为南离院。通常主窑所在的方向称为"上"，位于上方的庭院长度要比对面的庭院长度大一尺，两侧边相等，整体为等腰梯形。以东为主的震院、以南为主的离院、以北为主的坎院和以东南为主的巽院多为长方形；而以西为主的兑院、以西北为主的乾院、以西南为主的坤院和以东北为主的艮院多为正方形。

地坑窑院选取正东、正西、正南、正北四个方位来深化它的形制和理论，窑院分别称为东震院、西兑院、南离院、北坎院。民间营造中不论哪种宅院，其方位都不是完全的正南、正北、正东、正西方向，一般会选择往东南方向取一线之偏（1°～2°）。

1.2.2 定功能

地坑窑院内各个窑洞按其位置分为上主窑、下主窑、侧窑（上北窑、下北窑、上南窑和下南窑）、角窑等；根据不同功能需求，角窑可以作为厨窑、牲畜窑、杂物窑、厕所窑、门洞窑等使用（图1.7）。一个窑院内布置窑洞的孔数，由宅基地大小、宅主经济能力、人力和居住人口决定。但不管有多少孔窑，窑洞的排列布置均采用规整对称的布局。

上主窑作为家居的核心，位于主方向窑壁正中位置，且在上主窑相对窑壁正中的位置布置下主窑。窑院主方向和与其相对的崖面上一般为三孔窑洞，位于上主窑与下主窑两边的窑洞称为角窑。我国古代有以左为尊的礼仪原则，故上主窑左面的窑称为上角窑，右面的窑称为下角窑。由于崖面尺寸有限，不能满足三孔窑洞的尺寸，故角窑按其窑脸处拱曲线的形式分为大半口、半口和小半口三种。下主窑两边的角窑，一个作为出入地坑窑院的通道（称为门洞窑），另一个作为厕所窑。

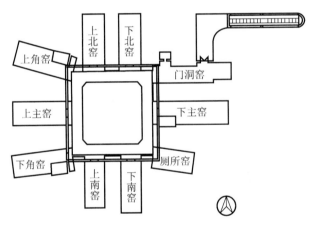

图1.7 地坑窑院功能布局示意图

与上主窑所在方向垂直的方向称为侧向，侧向崖面上通常会挖凿两孔窑洞，以其所在的方位命名，与上主窑相近的窑洞称为"上"，与下主窑相近的窑洞称为"下"。靠近上主窑，位于北方的窑洞称为上北窑，位于南方的窑洞称为上南窑；靠近下主窑、位于北方的窑洞称为下北窑，位于南方的窑洞称为下南窑。

上主窑是地坑窑院中最大的一孔窑洞，也是地坑窑院中极为重要的公共活动场所，用于接待客人、重要议事、红白喜事，一般不用于居住。主窑一般为一门三窗，其他用于居住的窑为一门两窗，厕所窑、牲畜窑和杂物窑可不做门窗。上主窑两边的角窑通常是给长辈居住的，开口大小仅次于主窑。

1.2.3　定院子

正如前述，窑院的类型依照方位划分为西兑院、北坎院、东震院和南离院。无论哪种窑院，在营造中主向崖面长度的尺寸比对边尺寸要大一尺，两侧边的尺寸相等，因此严格来讲，窑院的平面形状不完全是方形或长方形，而是等腰梯形。

1. 西兑院

西兑院（图 1.8）是以西为上的窑院，窑院近似为正方形。上主窑所在的西面、主方向两侧的北面和南面，这三面长度相等，下主窑所在的东面长度比上主窑所在的西面短一尺。西兑院一般为十孔窑，西面（西方为上）有三孔窑，分别为上主窑、上（西北）角窑、下（西南）角窑，南面、北面各有两个全口的窑洞，南北应对称，入口门洞窑位于东北角，东南角为厕所窑。这种约定俗成的布局是西兑院的典型形式。

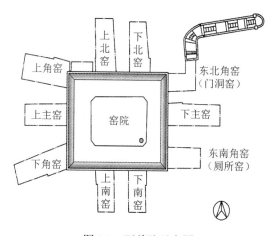

图 1.8　西兑院示意图

2. 北坎院

北坎院（图 1.9）是以北为上的窑院，上主窑坐北朝南位于北面正中，下主窑位于南面正中，入口门洞窑位于东南角，厕所窑位于西南角。当宅基地形状较狭长时，东西两侧布置三孔全口窑，上主窑两侧角窑根据南北向尺寸开大半口窑、半口窑和小半口窑，一般不能开全口窑；东西两侧各布置两孔全口窑时，窑院为十孔窑。当宅基地面积较小时，南北向主要布置上主窑和下主窑，角窑的开口为大半口，主要布局在东西两向，窑院只能布置八孔窑。

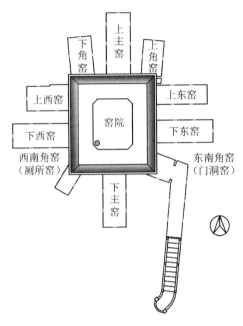

图 1.9　北坎院示意图

3. 东震院

东震院（图 1.10）是以东为上的窑院，窑院一般为长方形，东西向长，南北向短。在正向方位的宅院中，东震院被认为具有很好的朝向。东震院一般布置八孔窑或十孔窑，正东的是上主窑，正西的是下主窑；南北两侧各布置三孔窑，用于居住的是北窑，即上北窑、正北窑、下北窑；入口门洞窑位于正南方向，上南窑一般为厨房，下南窑为厕所窑。东震院中的西南角窑是全窑院最不好的窑洞，常用来圈养牲口，放置石磨和农具杂物。

4. 南离院

南离院（图 1.11）是以南为上的窑院，和东震院的门洞布置相似，南离院的门洞窑布置在中间位于正东的位置。一般情况下南离院为八孔窑或十孔窑，正南窑为上主窑；正东窑为门洞窑；下东窑是不能住人的，一般为厕所窑。如果窑院面积大一些，可以挖十二孔窑，在正南窑两边各设一个角窑，上西窑和下西窑都是全口窑。

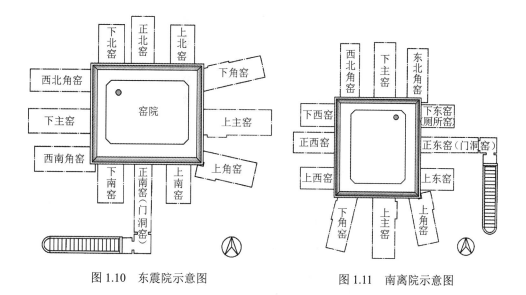

图 1.10　东震院示意图　　　　　　　　　　图 1.11　南离院示意图

第2章 窑居主体建造技术

窑居的选址和定位确定后，就可以建造窑居的主体了。靠崖窑的主体建造主要是开挖窑洞；而生土地坑窑院的建造除窑洞的开挖外，还包括窑院和门洞的开挖。这是由生土地坑窑院民居的空间布局决定的[9-14]。

地坑窑院民居以垂直下沉的"院坑"为中心，组成了一个封闭的庭院空间；沿院坑四壁横向凿挖的数孔窑洞形成了各个室内空间；四壁分散的各个窑洞都面向中央，下沉的窑院将各个窑洞联系起来；门洞窑将封闭的窑院与公共地面联系起来（图2.1）。因此，地坑窑院民居的构成要素有窑院、门洞窑和窑洞，主体建造也依窑院、门洞及窑洞的开挖顺序逐次展开。

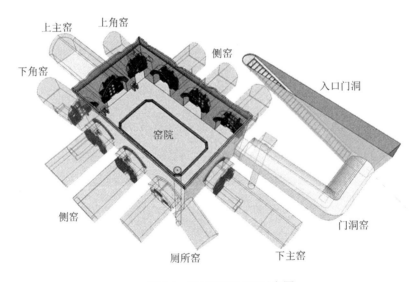

图2.1 地坑窑院民居示意图

2.1 窑 院 开 挖

窑院是地坑窑院民居中最重要的组成部分，因此窑院开挖是地坑窑院民居营建的重要工序之一，同时也是营建过程中工程量最大的一道工序（图2.2）。窑院开挖需要经历确定窑院尺寸、放线、挖界沟、窑院开挖等步骤[15-17]。

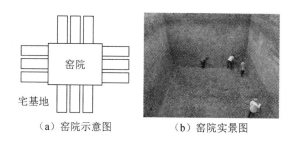

（a）窑院示意图   （b）窑院实景图

图 2.2 窑院示意图和实景图

2.1.1 确定窑院尺寸

窑院尺寸应根据宅基地大小、宅主经济能力及所需窑洞数量来确定。一般来说，宅基地面积大则窑院就相应大些，宅基地面积小则窑院也就相应小些。当宅基地面积一定时，窑院大则用于居住的窑洞进深就小，窑院小则可获得较大的窑洞空间。典型地坑窑院的平面尺寸一般为 10m×8m（八孔窑）、10m×10m（十孔窑）和10m×13m（十二孔窑）[18]（图 2.3）。

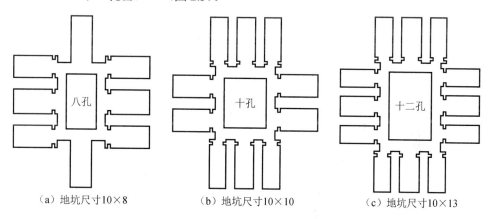

（a）地坑尺寸10×8   （b）地坑尺寸10×10   （c）地坑尺寸10×13

图 2.3 窑院平面基本布局形式示意图（m）

窑院的高度与其平面尺寸有关。窑院小时，高度也要小一些，这样可以获得较好的采光效果；窑院大时，高度也可以适当大一些，但最大不超过 6m。考虑居住的封闭性和私密性要求，窑院的平面尺寸与窑院的高度尺寸应互相协调。窑院的高度一般取 5～6m，长高比为 1.8～2.0，宽高比为 1.6～1.8。这样的比例尺度使得窑院空间有较舒适的封闭感，满足居住空间的私密性要求。

窑洞尺寸在窑居区有约定俗成的控制标准："主窑九五或一丈零五，次窑为九五或八五；六尺起拱，窑洞深二丈至三丈。"其中，"九五"是指高度为 9.5 尺（1 尺≈0.33m），宽度为 9 尺的窑；"八五"是指高度为 8.5 尺，宽度为 8 尺的窑。

窑洞控制尺寸见表 2.1。

表 2.1　窑洞控制尺寸

窑洞类型	窑洞跨度/m	窑洞高度/m	进深/m	起拱高度/m
主窑	3～3.3	3.2～3.5	6.5～10	≥2
次窑	2.7～3	2.8～3.2	6～9	≥1.6

以北坎院为例，其主窑选择"九五窑"，即主窑跨度为 3m，主窑紧邻的半角窑跨度为 1.4m，主窑与角窑之间的窑腿取 3m，以主窑窑脊为分界线，则窑院北面半长为（3/2+3+1.4）=5.9（m），则总长度为 5.9×2=11.8（m）。同样，可以用此方法确定窑院其他方向的尺寸。放线时应保证院落的形状，上主窑所在边的尺寸应大于对面下主窑所在边一尺左右。门洞窑的尺寸比居住窑洞都小。

2.1.2　放线

按照选定的方位和尺寸，定坐向、下线桩，当地称为方院子，即放线。

方院子是根据宅基地大小，宅主和窑匠通过选定各个崖面上窑洞拱顶跨度尺寸来确定窑院的长度、宽度及深度，在地面上通过线桩定出窑院的边线，并用线绳、木桩加以确定，以此为准进行窑院的开挖。

对于较大的窑院，通常要先开挖田心院。田心院的放线是方院子的一个组成部分。假设宅基地的 4 个端点依次为 A、B、C、D [图 2.4 (a)]，主窑方向为 AD 所在的方向，上主窑计划营建进深为 a，下主窑计划营建进深为 b，窑院计划营建长度为 c，窑院计划营建宽度为 d，其他窑洞最大进深为 e，则整个窑院的定坐向、下线桩的过程如下：

1）将 AC、BD 两两相连，交于中心点 O [图 2.4 (b)]。

2）自中心点 O 引平行于正方向的线 L_1，自中心点 O 做 L_1 的垂线 L_2[图 2.4(c)]。

3）以 O 为中心将 L_1、L_2 旋转一定角度，得到直线 L_3、L_4 [图 2.4 (d)]。

4）做 L_4 的平行线 L_5、L_6，L_5、L_6 之间的距离称为田心院的长度 c [图 2.4 (e)]。

5）做 L_3 的平行线 L_7、L_8，L_7、L_8 之间的距离称为田心院的宽度 d [图 2.4 (f)]。

6）4 条直线 L_5、L_7、L_6、L_8 两两相交于点 E、F、G、H [图 2.3 (g、h)]。

7）在 FG 线上定出两个点 I、J，使 FI、JG 距离相等且其和为 1 尺 [图 2.4 (i)]。

8）形成的 EIJH 就是需要的田心院坐标点 [图 2.4 (j)]，然后下桩固定。

9）窑院四周的线放好之后，还要进行检验，具体方法是用线绳连接对角线，根据对角线长度相等的原理检查院子是否左右对称，即检查 EJ 与 HI 是否相等，若不相等则进行调整或重新放线。

10）用铁锹、石灰、木棒撒石灰线：沿着连接地坑窑院的 4 个角点木桩的线绳方向，用铁锹铲着石灰，用木棒持续敲打铁锹，沿线撒下石灰，即完成定线工作。

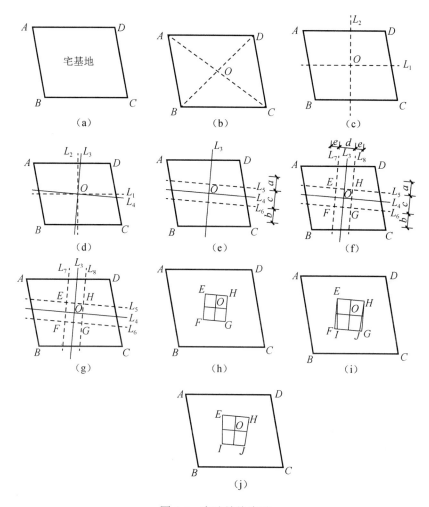

图 2.4　窑院放线步骤

放线时所使用的工具包括罗盘和土工尺等。

1. 罗盘

地坑窑院的整体轴线方向由罗盘根据地磁确定。在宅基地中心选取一点，放置罗盘，即可测出南北方向。

罗盘具体使用方法：使用罗盘时，双手分左右把持着外盘，双脚略微分开，将罗盘放在胸腹之间的位置，保持罗盘呈水平状态。然后以背靠为坐，面对为向，开始立向。这时，罗盘上的十字鱼丝线应该与屋的正前、正后、正左、正右的四正位重合，如果十字鱼丝线立的向不准，那么所测的坐向就会出现偏差。

2. 土工尺

传统尺寸测量时用的是当地特有的土工尺。土工尺长 5 尺，用槐木等硬木制作，坚硬、不易变形。其上有寸、半尺、整尺、一尺半等多种刻度单位，用于测量尺度。通过其数值与尺度控制，保证各建筑部位与人体活动需要的空间协调平衡。土工尺的背部还设有水准槽，具有水平校正功能。

2.1.3 挖界沟

如果宅主选择的宅基地处在耕地层上，则需沿界限外开挖一环形浅沟，沟宽1m、深 1～1.5m（挖到原土层），俗称界沟（图 2.5 和图 2.6），再回填土夯实，这时才能在夯实铲平的界沟上面重新划定地坑窑院尺寸。挖界沟是由于耕地层上的土成分复杂，含有大量的有机质，其土质与原状土相比，强度和密实度都较差，壁面开挖窑院时崖面土体会向院坑大量掉落。如果在坚实的原状土上施工，则可省略此工序。

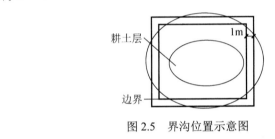

图 2.5　界沟位置示意图

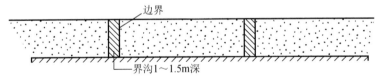

图 2.6　界沟深度示意图

2.1.4 窑院开挖

1. 尺寸控制

为留出后期崖面空间，窑院开挖时应在比预先定好的尺寸稍小位置处，即距放线边界一尺左右（为修理崖面留出空间）处开始往下挖。这样做有两点好处：一是有利于在挖的过程中放坡，保持崖面的稳定；二是在挖的过程中遇到崖壁土质不均匀或其他不平整的情况时有空间处理。在距坑底及坑壁15cm之前可粗挖，在到达上述位置后，需要精挖，以确保地坑挖到预定深度。

2. 使用工具

窑院开挖常用的工具有镢头、耙子、锄头（图 2.7）、平头锹和尖头锹（图 2.8）、十字镐（图 2.9）、箩筐、轱辘、扁担、架子车。挖土工具根据土质的变化而改变，浅层土（地下 2m 以上的区域）土质较软，可用铁锹直接开挖；镢头、镐用于坚硬土体的处理。深层土较浅层土更为密实坚硬，开挖工具只有镢头、镐；锹一般用于铲土、装土；垂直运土需要用轱辘、箩筐。

图 2.7　部分挖土工具

图 2.8　平头锹和尖头锹

图 2.9　十字镐

3. 开挖方案

（1）传统式开挖

从放好线的院围四个角开挖，由四个组同时开挖，一次性挖成。每组所挖的范围大致为院围面积的 1/4（图 2.10）。

（2）环岛式开挖

环岛式开挖时，在塬面上画好院坑范围后，先沿边界开挖 3m 宽的深槽，直至约 6m 深的预定地面，然后修缮外侧土壁，把土壁晾干后继续向内挖窑坑，这种方式适用于较大的院坑。

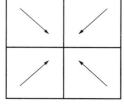

图 2.10　传统挖土方式示意图

（3）分层式开挖

分层式开挖时，院子的其中一边或相对的两边留成斜坡，向下依次分层开挖，先挖浅层土，再挖深层土；到达预定地面后向两边挖凿形成四方形的院坑，并对土壁进行修缮。

（4）整体式开挖

整体式开挖，即一边开挖，一边整理，这种方式适用于较小的窑院。

4. 运土

运土方式的选择，关键是挖土的深度。在挖到 2m 深（浅层土）之前可采用简单的人工上扬送土，也可以人工挑土或使用手推车从坡道往上运土（图 2.11）；挖至 2m 以下时，在院坑边支起一个卷扬装置——辘轳（图 2.12），向上提土。辘轳的数量根据所挖的土方量决定。

图 2.11　手推车

（a）辘轳（一）　　　　　　　　　　　（b）辘轳（二）

图 2.12　辘轳

地坑窑院的类型根据周围地势确定，有时需局部调整地势，可将挖掘之后的土垫在窑顶上用于调整地形，故挖掘窑院的深度通常比实际深度小 0.5m。例如，院深为 6m，挖至 5.5m 即可，在用土夯实之后将窑顶垫高 0.5m，以形成上主窑位置高、下主窑位置低的地势。

5. 人员安排

参与开挖的人员由宅主安排，人员数量不限，最少可 1 人单独挖，最多可 50 人分组开挖，人员数量依土层的深浅确定。深层土的挖掘需要用辘轳将土从地下绞升出来，因此需要分组进行，通常 5 人一组。地面上至少需要 2 人，1 人负责绞动辘轳提土，另 1 人负责卸土。窑院内需要 3 人，分别进行挖土、铲装和运土工作。最多可分 10 组人员同时进行。根据人手情况，挖至院坑预定深度需 10～30d 不等。

6. 注意事项

在开挖工程中，需要根据土壁土体的干湿情况决定是否继续开挖。土体过于潮湿，强度较低，容易坍塌，不利于安全开挖，需要适当晾晒，但应注意控制晾晒的时间。若时间过长，则土体过于干燥，强度增长过快，不利于挖掘。有经验的匠人会掌握时机，一般黄土的含水率在 15%～20% 时，既易开挖，又不会坍塌。通常，一座窑院需经过 3～5 次挖掘、晾晒的循环，才能挖到预定深度。

7. 平整地面

当窑院挖至预定深度时，即可平整地坪。第一，先对地面挖凿痕迹进行粗略整理，使整个地面保持基本平整；第二，确定窑院地面的坡度，先用土工尺上的水准槽找平和找坡，然后将土工尺平置于地上，一端对着渗井方向，向土工尺上的水准槽内注水，观察水面与水准槽面的差别，定出倾斜的坡度，根据坡度再整理地面。

2.2　门洞建造

入口门洞是连接窑院和塬上地面的唯一交通通道，多以坡道的形式连接。民间的能工巧匠们因地制宜，利用地形为地坑窑院设计了各种不同的入口布局形式，造就了"见树不见村，见村不见房，闻声不见人"的地下村落景观[8]。

2.2.1　确定构成

入口门洞（图 2.13）主要由明洞、坡道、门楼、暗洞等部分构成。

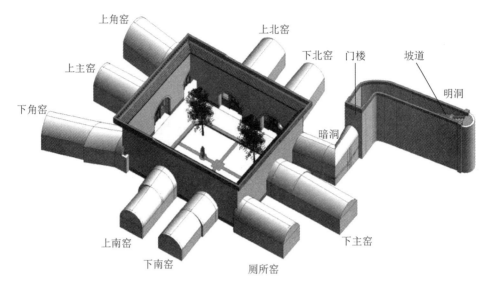

上角窑

上北窑

门楼

坡道

上主窑

下北窑

明洞

下角窑

暗洞

上南窑

下主窑

下南窑

厕所窑

图2.13　入口门洞构成示意图

1. 明洞

自地面（塬面）入口沿坡道下行至门楼处，这部分称为入口门洞的明洞（因其顶部露天、无覆土而得名）。明洞主要包括露天的空间部分及两侧边墙体的立面。两侧墙体包括底部墙裙、墙体及墙体顶部拦马墙。其构造形式主要由宅主的喜好和经济条件决定。明洞的形式有直有曲，根据所选门洞的入口形式确定。

门洞地面入口的宽度一般取1.6m，通过坡道下行到门楼入口处的宽度则取大于1.6m，地面入口小于大门入口。为保证明洞两边土体稳定，明洞两侧立面也有一定的抹度。以明洞在大门处的剖面为例，地面处明洞侧墙顶部之间的距离若为1.7m，则坡道处宽度为1.6m，每侧立面的抹度为5cm（图2.14）。为防止牲畜不慎掉落及雨水倒灌，需在明洞上方修筑拦马墙（图2.15）。

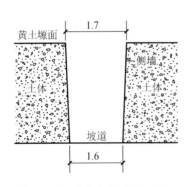

黄土塬面

1.7

侧墙

土体

土体

坡道

1.6

图2.14　抹度控制示意图（m）

图2.15　明洞上方拦马墙

2. 坡道

坡道是从黄土塬面下行至地坑窑院的人行道。坡道的形成是由于黄土塬面和院坑之间存在高差。坡道的坡度根据地面面积的大小进行选择，地面面积大可以缓一些；地面面积有限可以陡一些，一般为30°～40°。通常明洞和暗洞中都设有坡道。大多数情况下，对坡道不做刻意的铺设，以本色的黄土或简单铺设碎石为主。为行走方便，人们常在明洞部分修筑台阶，暗洞中的坡道一般做成漫坡形式。讲究的人家采用青砖铺设坡道，有的修成便于人员出入的阶梯式，也有的修成便于畜力车上下的斜坡式，甚至是铺成人和车都方便通行的形式(图2.16)。

（a）阶梯式坡道（一）　　　　（b）阶梯式坡道（二）　　　　（c）阶梯式坡道（三）

图 2.16　阶梯式坡道

门洞入口是进入私家空间的开始，窑区居民非常重视入口的修饰，常见的做法是在明洞开始处的地面上用青砖或土坯修筑一对门墩，类似大户人家大门两旁的门鼓石（图2.17）。有时，门墩与明洞立面上方的拦马墙连为一体。

（a）门洞入口处的坡道（一）　　　　（b）门洞入口处的坡道（二）

图 2.17　门洞入口处的坡道

在坡道一侧通常会设置排水沟，其作用是将露天坡道的雨水汇集，并流向院内的渗井。排水沟有明沟和暗沟两种形式（图2.18和图2.19）。

图 2.18　青砖明沟　　　　　　　　　　图 2.19　带 PVC 管的暗沟

3. 门楼

门楼是由地面进入窑院的第一道门，也称大门或外门，也是入口门洞中明洞与暗洞的分界线。门楼主要由门券、门脸、大门、护崖檐、拦马墙等组成。门楼是家族的门面，居住者非常注重门楼的建筑细部处理。门券、门脸、护崖檐等部位是门楼的重点装饰部位，人们从其装饰的精致程度就能看出宅主人的身份地位、经济实力，门楼的门脸、出檐和拦马墙做得越复杂越讲究，说明宅主人的身份越显贵，家境越殷实。根据门楼各部分的装饰程度，门楼可分为全青砖青瓦砌筑门楼（图2.20）、部分青砖青瓦砌筑门楼（图2.21）、原状黄土及用胡墼加固后的胡墼门楼。

图 2.20　全青砖青瓦砌筑门楼　　　　　图 2.21　部分青砖青瓦砌筑门楼

4. 暗洞

顺坡道跨过门楼即进入暗洞，它的一端是门楼的大门，另一端进入庭院的院门（也称梢门）。暗洞与明洞的区别是洞顶上有无覆土。暗洞与明洞共同组成连接黄土塬面与地坑窑院的交通通道。暗洞与普通窑洞一样，由土拱围合出室内空间，有拱顶、窑脊和窑带等结构。与普通窑洞不同的是，由于地面有坡道，窑顶顺坡道坡度下行，窑脊和窑带也以相同的坡度下行。通常情况下，在暗洞侧面开挖一个短小的窑洞，称为拐窑，用于布置水井，如图 2.22 所示。

 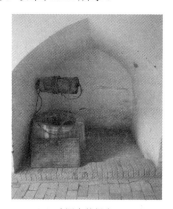

（a）暗洞中的拐窑（一）　　　　　（b）暗洞中的拐窑（二）

图 2.22　暗洞中的拐窑

5. 梢门

梢门是进入窑院的门（图 2.23），其位置极为重要。依据传统，站在梢门的位置，不应看见主窑。如果暗洞是弯曲形的，可适当调整梢门的位置。讲究的家庭会在正对主窑的入口处修一个影壁（图 2.24），可起到"屏障"的作用，避免一进梢门就将院内一览无余，在冬季还能抵御从梢门过来的寒风。

图 2.23　梢门　　　　　　　　　　　　图 2.24　影壁

2.2.2　建造

在院坑开挖完毕后，首先要完成入口门洞的建造，以方便人员进出和后续施工。入口门洞的建造过程主要分为以下几个步骤：确定门洞形式及走向→放线→门洞开挖→设置排水沟→修坡道和台阶→做拦马墙和护崖檐→门楼修饰及门的安装。

1. 门洞的入口形式

入口门洞占据宅院中一孔窑洞的位置，根据不同的宅院其所处的方位通常在窑院选址与定位时就已经完全确定了。但其入口的形式却会因宅基地的大小、相邻道路条件及宅主的喜好而有所不同。

地坑窑院入口门洞的入口形式归纳起来可分为雁行型（之字形）、折返型（U字形）、曲尺型（L字形）、直进型（一字形）等（图2.25）。

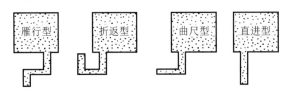

图 2.25　地坑窑院入口形式示意图

直进型入口是最简单的入口形式，但其对宅基地面积有较大的要求。以地坑窑院坑底标高比黄土塬面低 6m 为例，若入口坡道为 30°，则至少需要水平长度 10.4m 才能放下坡道。

当宅基地面积不足时，可采用雁行型入口。雁行型入口与直进型入口的区别是做了两个 90° 的转折。其地面入口与窑院入口方向一致，从布局上优于直进型，由于转折的存在，从入口的外面看不到院内，这种布局形式无须设置影壁。入口坡道若做成弯曲状，其坡度水平长度虽然没变，但大大缩短了起点和终点的距离，减小了坡道的占地面积。

曲尺型入口门洞拐了一个弯，地面入口与窑院入口呈 90°；折返型入口门洞拐了两个弯，地面入口与窑院入口呈 180°。曲尺型入口与折返型入口在平面上围绕着窑院，形成了规矩方正、团围向心的格局，其弯道的存在与雁行型入口的转折作用相似，可节省坡道的占地面积。

2. 门洞开挖前准备

（1）确定门洞入口形式

1）通过已经确定的地坑窑院深度，确定门洞坡道的坡度，并由此计算出坡道的水平距离。

2）根据门洞坡道的水平距离及宅基地大小确定门洞入口形式。

（2）放线

1）根据地形条件选择好入口门洞的形式之后，为方便控制其开挖尺寸，首先需要进行放线。

2）根据选择的入口形式及计算出的坡道水平距离，确定明洞及暗洞的水平尺寸。明洞及暗洞的水平尺寸并无严格的比例分配，多数情况下两者水平尺寸相等，明洞与暗洞的分界线就是门楼的位置。

3）确定其坡道宽度，入口宽度由外到内逐渐增加，一般为 50～80cm。以入口宽度 1.6m 为例，到地坑窑院的入口宽度就变成 2.6m，即门洞窑的窑洞宽度。

4）在门楼所在的崖面上画出入口门洞的平面形状，用石灰标出入口坡道及门洞的水平位置，施工工艺与窑洞开挖相似，详见 2.3 节，此处不再赘述。

3. 门洞的开挖

门洞的开挖分为两部分，一部分是明洞开挖，另一部分是暗洞开挖。需要指明的是，明洞与暗洞是同时开挖的，即一组人员在黄土塬面上由外向内挖明洞及部分暗洞，另一组人员从窑院内部向外挖暗洞，最后两组人员在转角处汇合。两组人员掌握好方向，待中间剩下一壁之隔时，一方敲击洞壁，另一方听声音找出通道口。打通通道（图 2.26）后，再慢慢修整洞壁至完全形成门洞（图 2.27）。

图 2.26　门洞开挖——打通通道

（a）修整洞壁（一）

（b）修整洞壁（二）

图 2.27　门洞开挖——修整洞壁

门洞窑被称为"出口窑"，其施工工艺与地坑窑院其他窑洞开挖相似，详见2.3节，此处不再赘述。与窑洞建造的不同之处在于，门洞地面具有一定坡度（坡度=通道总长/地坑深度），且空间截面尺寸不变，整体呈平行上升趋势。挖门洞应先挖成毛洞，然后按门洞窑标准进一步修缮。弯形阶梯式通道应窄些，一般为1.5m左右。开挖时窑匠先挖一个样板，深约0.5m，根据坡度确定窑轴线大致走向，以小于券形的尺寸往里挖。由于门楼下的暗洞至转折点的进深较小，因此可以一次成型。

图2.28　排水沟

4. 排水沟的开挖

在排水沟开挖时，一般将排水沟设置在门洞一边的边缘，宽度为15～20cm，深度约为10cm，底部做成"凹"形，从地面沿门洞直接通到窑院内部，然后挖排水沟，通至渗井处。排水沟应用砖砌或瓦铺，或直接在黄土上做水泥抹面，这样做不易堵塞，且有利于排水顺畅。排水沟如图2-28所示。

5. 坡道的整修

窑居区入口门洞的坡道形式常见的有三种，即漫坡式、台阶式（图2.29）、台阶与漫坡混合式（图2.30）。早期居民多使用漫坡式，坡道多为黄土；后期，人们为方便出行，在坡道中间加入碎石。台阶式比较常用，多用青砖铺砌。台阶与漫坡混合式方便架子车和自行车的出行。

图2.29　台阶式坡道

图2.30　台阶与漫坡混合式坡道

　　修坡道的工序：首先用土工工具清理门洞内的地面，高低不平的地方要尽量使其平整，避免出现凹坑；然后将砖或石砌块按照设计的坡度要求砌筑。砌筑时，要在门洞两侧预留出排水道的位置，便于地面上雨水回流入院子内部。

　　6. 拦马墙的设置

　　为保证人畜安全，同时防止雨水对门洞坡道造成破坏，需在坡道两侧顶部设置拦马墙，同时坡道顶部两侧土体也要进行相应处理。拦马墙建于除下坡处以外的其余三边，可用青砖砌筑成高 30～40cm 的矮墙（图 2.31）。其做法同窑院拦马墙的做法，详见 3.2 节。

图 2.31　入口坡道拦马墙

　　7. 门洞的修饰

　　入口门洞是地坑窑院极为重要的一部分，也是进入窑院的唯一通道，因此居民非常注重门洞各个组成部分的修饰。相对于门洞的装饰，门洞的开挖并不复杂，但在修饰方面要花费更多的精力。

　　洞内崖面的装饰与窑洞院落内部崖面的装饰施工方法相同，将在第 5 章介绍。门楼的修饰因宅主的经济实力的不同差异很大，具体施工方法与窑院护崖檐有异曲同工之处，可参见 3.1 节的相关内容。

2.3　窑洞开挖

　　窑院成型，门洞开挖完毕时，窑院四面的崖面还很潮湿，若立即进行窑洞开挖工作容易出现坍塌，所以在进行窑洞挖掘前，窑院必须要经过一个冬夏的自然风干，然后才可在窑院的崖面上开挖，这一过程俗称"歇茬"，根据风干程度一般需要 1～2 年的歇茬时间。一个窑洞需要经历确定开挖顺序、打窑、剔窑、泥窑、地面装饰等一系列复杂的工序才能初具规模。

2.3.1 确定开挖顺序

一座新的地坑窑院由 8～12 孔窑洞组成，合理地安排其开挖顺序至关重要。若安排不合理，会导致开挖工程中土体坍塌，既破坏了以前的劳动成果，又会影响作业人员的人身安全。例如，两相邻的窑洞同时开挖就会对局部土体有较大的扰动，容易导致局部坍塌。

一般情况下，按照对边开挖的顺序，选择 4 个崖面各挖一孔，然后依次挖凿其他侧窑。这样做有利于整个地坑窑院所在土体内部的应力重分配，既可以保证施工安全，又能使窑洞变得更加坚固、耐用。

第一年只能从 4 个崖面中选择一面，先挖其中的一孔窑洞（多数情况下都选择主要崖面，先挖主窑）。一孔窑洞一般由 7～8 人施工。窑洞挖成后要经过一个冬夏的自然风干、晾晒，直到窑洞土体干透后才能继续挖另外两孔侧窑，否则可能会因为内部土体潮湿、含水率较大，出现坍塌或裂缝，进而影响整个窑院的结构稳定。这个过程称为"晾窑"，一般晾窑时间为 1～2 年。在此期间不能同时在另一面崖面挖中间的那孔窑洞，即同一年只能在一面崖面挖中间窑洞，经过 1～2 年的晾窑后才可在另一面崖面上开挖中间窑洞；再经过 1～2 年的晾窑，方可在同面崖面上开挖两孔侧窑。周而复始地交替，才可完成整个地坑窑院窑洞的挖掘。这样的施工顺序完全是由黄土的特性所限定的，所以挖窑洞时一般遵循两点：一是不能同时开挖同一崖面相邻的两个窑洞；二是挖掘主窑时只能在崖面的一个面挖掘，不能在两个崖面或多个崖面上同时挖掘。

一座地坑窑院的修建时间主要由挖掘窑洞的数量和晾窑时间决定，除此之外，建造者的数量和技艺的熟练程度也是决定修建时间的因素之一，整个修建时间一般需要 5～10 年。

有时，人们在主窑完成后，经过晾窑，即在开工后的第 3～4 年时就进入地坑窑院生活了，剩下的窑洞随着晾窑时间逐一完成，在生产生活中逐步修建，直至完善整个地坑窑院。这也是人们先挖掘主窑的原因之一。

窑洞开挖的顺序通常为：上主窑→下主窑→左边上窑→右边下窑→左边下窑→右边上窑→上角窑→下角窑→牲畜窑→厕所窑等。

以西兑院为例，开挖顺序为：上主窑→下主窑→上北窑→下南窑→下北窑→上南窑→上角窑→下角窑→厕所窑（图 2.32）。下面以上主窑的开挖为例介绍其施工工序，其他各窑的施工步骤基本相同。

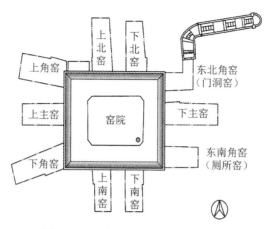

图 2.32　西兑院依次开挖各窑洞布局

2.3.2　打窑

打窑就是挖出窑洞的大致形状。

1）根据所挖院坑的平面尺寸，定出各个窑洞的尺寸。一般来说，主窑为九五窑，其他窑为八五窑，入口高度略低于上主窑。

2）由窑匠确定拱轴线、拱顶和两个拱脚的位置，并用木楔固定这三个位置，以使目标明确。这三个点是确定拱轴线的重要依据，确定了这三个点后，根据土质条件和窑院布局尺寸确定拱轴线的形状及窑腿尺寸，从而可确定窑洞的轮廓。先定出 A（拱顶）、B（拱脚）、C（拱脚）三点的位置（图 2.33）。

3）用镢头在崖面上画出洞室正立面的大致轮廓，并修正成窑形。

4）用羊镐或镢头沿着刻好的形状继续往里挖，开挖时要比实际的设计尺寸每边小 10～20cm（图 2.34 中 a、b、c），以便后期遇到特殊情况时进行调整。挖到 2～3m 后，须将窑洞晾一段时间，使窑壁新土风干坚硬；晾干之后，继续往深处挖 2～3m，再晾；这种工序往往要重复两三次，直到窑洞尺寸接近预定深度。此时的窑洞称为雏窑（毛窑）。需要注意的是，晾的时间过长，土体强度会过大，不利于开挖；晾的时间过短，土体含水率较大，则容易坍塌，不利于安全开挖。有经验的匠人通常可以掌握挖土的最佳时机，如黄土的含水率在 15%～20%时，既易于开挖又不会坍塌，其晾晒的时间一般为 20d。

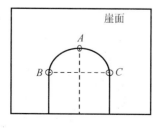

图 2.33　崖面拱轴线示意图

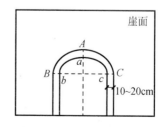

图 2.34　窑洞开挖位置示意图

5）打窑时要注意窑洞的尺寸，每挖一段距离需用土工尺进行窑洞尺寸的测量（图 2.35）。

图 2.35　现场测量窑洞内部尺寸

开挖窑洞的方法与开挖地坑窑院中院坑深层土的方法差不多，区别是院坑为竖向开挖，窑洞为横向开挖。一孔窑洞需 4 个人共同配合才能更有效率地开挖完成，1 人使用十字镐或者镢头挖土；1 人用筝筐或簸箕装土；2 人用辘轳将土从院坑运到黄土塬面（1 人在院坑里吊土，1 人在地坑塬面上运土）。4 个人各司其职，分工明确。辘轳一般安置在院坑的 4 个角，所开挖的窑洞距离哪个角近，就将辘轳安置于此角。

打窑时，窑洞内侧高度一般比外侧高度低 20cm 左右，即前高后低，这样做利于窑洞的湿气和在窑内做饭时的烟排出。

2.3.3　剔窑

雏窑完成后，由于内壁凹凸不平，窑匠要进行剔窑，即将窑洞内多余的土体剔除。经过剔窑处理后的窑洞基本达到预先设定的窑形。剔窑工序是从内壁窑顶开始，从上到下，先修削并剔出窑形，然后把窑壁剔光，使内壁平整。

1. 放线

剔窑前，首先要放三条线，即一条窑脊线、两条窑带线，如图 2.36 所示，L_1 为窑脊线，L_2 和 L_3 为窑带线。窑洞进深方向上的拱顶线称为窑脊线，进深方向上拱脚与窑腿接触而成的线称为窑带线。窑脊线是确定窑内拱顶的位置的线，窑带线是窑洞内壁开始起拱的基准线。施工时，根据打窑时立面上所定的三个点向窑洞内拉白线定位。

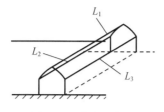

图 2.36　放线示意图

需要注意的是，由于打窑时窑洞内侧高度一般比外侧高度低 20cm 左右，因此窑带线并不是水平线，即窑口处窑带线比窑后部窑带线高 20cm 左右，应使窑脊线与窑带线平行，以保持同一平面拱矢高度不变，有利于拱顶受力均匀 [一般来说，九五窑要从地坪五尺五寸（1 寸≈0.033m）处起拱，八五窑从四尺八寸处起拱]。放线前，为了方便放线，还需搭架子。传统的架子由木棍、绳子、竹耙组成。

2. 精调洞口尺寸

放好线以后，窑脊处垂吊一铅垂线作为施工标志，据此来调整洞口尺寸，使内部对称、均衡（图 2.37）。

3. 开槽

先用铁锹将大块的土体盘出来，然后用羊镐整理窑脊线和窑带线上的土，沿着线的方向将多余的土用尖锹刮掉，剔出基准槽（图 2.38）。槽的宽度一般为 3～5cm；深度以能够调整粗挖窑形至实际窑形为准，一般为 10cm。三条放线位置的槽剔好以后，刷窑时以槽为标准。此时，只有基准槽和窑壁上的窑洞口是精确的。

图 2.37　现场精调洞口尺寸图

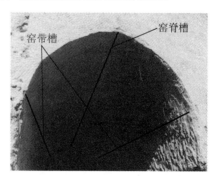

图 2.38　现场开槽示意图

4. 刷窑

依据窑脸上的精确窑形和垂直于崖面的基准槽，用四爪耙、十字镐、镢头精修窑洞内部尺寸及形状，直到形状规整且达到预定尺寸（图 2.39 和图 2.40）。刷窑时如果有局部坍塌，要先将坍塌部分清除，再用土坯填砌。

经过剔窑之后，窑室基本成型（图 2.41）。

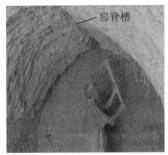

（a）十字镐刷窑（一）　　　　　　（b）十字镐刷窑（二）

图 2.39　十字镐刷窑

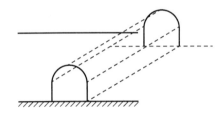

图 2.40　镢头刷窑　　　　　　图 2.41　成窑线条示意图

2.3.4　泥窑

剔好的窑洞表面并不平整，需要通过后期修饰，以达到美观要求。对窑洞表面进行粉刷的工序称为"泥窑"。通常要泥三层：第一层为 3cm 左右的麦秸秆和土搅拌成的泥浆；第二层为 2～2.5cm 的麦秸秆和土搅拌成的泥浆；第三层为石灰和细砂抹面，砂灰比约为 2∶1。

在泥窑过程中有以下几点需要注意：

1）泥窑之前窑洞一定要晾晒透彻，简易的判断标准是窑洞内距墙面厚度为 30cm 内的土层已经完全干透。

2）最好在冬季泥窑，因为不容易返潮。

3）和泥的土最好采用干土，土质要细，不能带有大的土块，使用之前用细筛过滤。干土和的泥韧性大，泥成的窑室表面较光滑。

4）泥第一层窑时不能抹光，且应在其稍微晾晒成形、湿气将退未退时，再泥第二层。

5）宜采用当年的稻草和麦秸秆，应坚韧、干燥、不含杂质，在使用前要把麦秸秆轧扁，之后用铡刀切成 2～2.5cm 长（其长度不应大于 3cm）。条件允许的情况下，稻草和麦秸秆可经石灰浆浸泡处理，可以防腐。

6）用黄土和碎麦秸秆掺加一定量的水搅拌可成麦秸泥。

2.3.5　地面装饰

窑洞内地面一般有两种做法：一种是黄土夯实，另一种是用砖铺地面。黄土夯实分两种，一种是直接采用黄土，另一种是采用黄土掺加石灰。早年人们大多采用黄土掺加石灰的方法来处理居住用窑洞的地面，以隔离潮湿；后来多采用砖铺地面。砖铺地面铺设的青砖有两种，一种是条形砖，另一种是方形砖；既可单一青砖铺设，也可混合铺设（图 2.42）。

图 2.42　条形砖、方形砖混合铺设

第3章 窑居细部建造技术

生土窑居有一些不可或缺的细部构造，如护崖檐、拦马墙、给排水系统和一些必要的辅助窑洞等，必须完善后方可满足居住需求。本章主要介绍这些构件的细部建造技术[8,9,19]。

3.1 护 崖 檐

崖面是生土窑居民居的立面，每个崖面是窑洞所在面的唯一外立面。组成外立面的主要元素有窑脸、护崖檐、拦马墙、戴帽、窑口、窑隔、门、窗、气窗、勒脚等（图3.1）。护崖檐（即檐口）是地坑窑院民居中最为重要的细部构件，是沿窑顶或明洞顶部、拦马墙根部挑出的部分，呈方形或矩形或直线布置[8]（图3.2）。

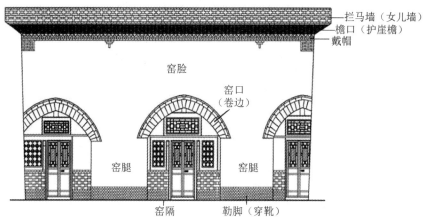

图 3.1 窑洞的外立面及构成

（a）地坑窑院护崖檐全景图

（b）靠崖窑护崖檐全景图

图 3.2 护崖檐

3.1.1 护崖檐的作用

护崖檐的主要作用：

1）功能作用。引导雨水流向，使崖面不被雨淋侵蚀，延长崖面使用寿命。

2）装饰作用。美观大方、错落有致的护崖檐给窑洞民居带来了一种独特的美感，使得窑院更富有生机。

3）标志与象征作用。每一种类型的护崖檐都代表了当时的一种建筑水平和审美标准，是传统窑居发展的重要标志。同时，护崖檐的品质也象征着窑院主人的身份地位。

3.1.2 护崖檐的构成与分类

护崖檐主要由瓦、下卧层、装饰部分构成。

1. 瓦

护崖檐的主要材料为瓦，根据瓦的外观，护崖檐又可分为小青瓦护崖檐、筒瓦护崖檐、脊瓦护崖檐和石棉瓦护崖檐等类型（图 3.3）。

（a）小青瓦护崖檐 （b）筒瓦护崖檐

（c）脊瓦护崖檐 （d）石棉瓦护崖檐

图 3.3 护崖檐的类型

（1）小青瓦护崖檐

小青瓦是将和好的稠度适中的泥在模板固定作用下做成一头大、一头小的锥形筒，然后晾干，将锥形筒从中间分成四份，然后烧制成型。因此小青瓦的截面是 1/4 的圆形，一头大、一头小这个两端不一的特点，让小青瓦在施工时紧密衔接。小青瓦造价低廉、取材便利，是一种常见的护崖檐。

（2）筒瓦护崖檐

筒瓦也是一种烧制瓦。其制作工艺是使用稠度较大的泥块做成圆筒形，圆筒高度约为 15cm，外径约为 10cm，内径约为 9cm，晾干以后从中间分成两半，然后烧制成形。筒瓦外形非常美观，错落有致，可以给窑洞外观带来更多的美感。但筒瓦护崖檐的造价相对较高。

施工时，筒瓦必须与小青瓦同时使用，做成屋檐系统。小青瓦在纵向上凹向上方，相邻的筒瓦凹向下方，两者紧紧相扣，连接部位用泥浆或砂浆填补，形成优良的防水、排水系统。

（3）脊瓦护崖檐

脊瓦也是烧制瓦，但其尺寸较大。其表面有凹槽，侧边缘有凸出，目的是让瓦与瓦之间能够紧密连接。端边缘有两个凸出的小块，施工时两个小块恰好放置在下一排瓦的凹槽内。脊瓦也可以作为滴水瓦使用。脊瓦护崖檐造价要高于小青瓦，但是比筒瓦低。一般来说，两排脊瓦就能够构成整个护崖檐。

脊瓦施工时，在横向和纵向两个方向上都要保证两两相扣，保证瓦缝之间不漏水。脊瓦与拦马墙之间主要靠泥浆和小青瓦来完成连接，小青瓦扣在拦马墙与脊瓦之间，避免发生雨水渗漏。

（4）石棉瓦护崖檐

石棉瓦是以石棉纤维与水泥为原料，经制板加压而成的屋顶防水材料，从规格上共分为大波、中波和小波三种。石棉瓦的特点是单张面积大，具有防火、防潮、防腐、耐热、耐寒、质轻等特性，生产简便，造价低廉。石棉瓦护崖檐相比前三种护崖檐，外形不够美观，往往用于简易护崖檐处理方式。一般来说，一排石棉瓦就能构成整个护崖檐。石棉瓦施工时，在横向和纵向两个方向上都要保证两两相扣，保证瓦缝之间不漏水。

2. 下卧层

下卧层通常用砖砌成不同的形状，常见的有"狗牙形""假椽头"（图 3.4）等形式。

（a）"狗牙形"下卧层　　　　　　　　　　（b）"假椽头"下卧层

图 3.4　护崖檐下卧层

（1）"狗牙形"下卧层

"狗牙形"下卧层，即在护崖檐下卧层砖的砌筑中，有一层砌筑的是狗牙砖。

其造价低廉，施工简单，是豫西窑居地区常见的一种护崖檐下卧层形式。

狗牙砖是普通烧结砖，其砌筑方式是斜向砌筑，凸出一个等腰三角块，腰长为砖的短边长度，即 115mm，故狗牙砖凸出下面一层砖的垂直距离等于等腰三角形斜边长度的一半，为 82mm，实际操作中狗牙砖凸出 80mm。狗牙砖之间紧挨砌筑，形成一排锯齿，人们形象地称其为"狗牙形"。

（2）"假椽头"下卧层

"假椽头"下卧层的造价较高，施工工艺复杂，要将砖进行修饰之后才能施工。"假椽头"的砖是将普通砖的一端切掉一个边长为 60mm 的立方体，剩余一小块，砌筑时将剩余的一小块凸出来，类似木结构中的椽子。

图 3.5（a）为"假椽头"砖示意图；图 3.5（b）为"假椽头"下卧层实景图。第一层伸出崖面 150mm，第二层砌筑丁砖悬挑 60mm，第三层砌筑"假椽头"砖悬挑 80mm，第四层砌筑丁砖悬挑 20mm。

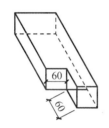　　

（a）"假椽头"砖示意图　　　　　（b）"假椽头"下卧层实景图

图 3.5　"假椽头"下卧层（mm）

（3）其他下卧层

护崖檐下卧层可以单独设计，也可以与其他下卧层形式组合设计；既可以两两组合，也可以多种下卧层形式组合。但是，无论是独立下卧层还是组合下卧层，在施工时必须先铺一层丁砖作为基层砖，然后选择相应的下卧层形式进行砌筑，要保证护崖檐的下卧层高度在三层砖以上，以给上部屋檐结构提供足够的支撑。

3．装饰部分

装饰部分位于下卧层下面，并不突出崖面。不同装饰具有不同寓意，根据当时的流行趋势和自身喜好，有许多的装饰形式，如"油斜方""水浪石""富贵不断头"（图 3.6）等。

（1）"油斜方"

"油斜方"是在青砖上雕刻出菱形的排列，每块砖上两个菱形，即在砖的一个侧面（240mm×53mm）上进行雕刻，阴影部分刻去的厚度约为 10mm，空白菱形部分不做修饰，以突出菱形图案。

（a）"油斜方"

（b）"水浪石"

（c）"富贵不断头"

图 3.6 装饰部分

（2）"水浪石"

"水浪石"也是在青砖上进行雕刻，在砖的一个侧面上刻上水波纹的形状，阴影部分刻去的厚度约为 10mm，外凸的部分即为水浪形，这种形式较美观，但施工工艺复杂，施工准备周期长，对匠人的技术水平要求较高。

（3）"富贵不断头"

"富贵不断头"是在青砖的一侧表面（240mm×115mm）雕刻成形，阴影部分刻去的厚度约为 10mm，以突出图形。待所有砖雕刻完成后，才能砌筑。这种形式施工工艺较复杂，施工前的准备工作较长，造价较高。"富贵不断头"相连砌筑在一起，图形相互连接，没有首尾，象征人们对于幸福生活的渴望与无尽的追求。

（4）细部装饰

生土窑居为了凸显主窑的地位，在其崖面上安置部分细部装饰，常见的有花束、顶天柱（图 3.7）等。其做法较简单，故不再赘述。

（a）花束

（b）顶天柱

图 3.7 细部装饰

在地坑窑院的两两相邻的崖面部分，为了美观，并同时兼顾角部的加固作用，一般会铺设砖墩（戴帽，图3.8）。

（a）砖墩（一）　　　　　　　　　　　　　　（b）砖墩（二）

图 3.8　地坑窑院民居角部砖墩（戴帽）

3.1.3　施工工艺

护崖檐类型不同，施工工艺也不尽相同。其中，"狗牙形"小青瓦护崖檐使用较多，故以此为例，详细讲述其施工工艺，其他类型仅简单介绍施工要点。

小青瓦有平瓦和滴水瓦两种（图3.9）。平瓦主要放置在屋檐的中间，滴水瓦主要放置在屋檐的最边缘部位，起引导雨水流向的作用。小青瓦纵向排列，1 列瓦的数量一般为奇数，主要有 5、7、9 和 11；也有特别的小青瓦护崖檐，如 1 列瓦的数量为 1 时，只有 1 排瓦。

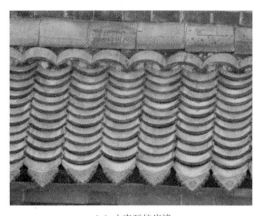 

（b）平瓦

（a）小青瓦护崖檐　　　　　　　　　　　　（c）滴水瓦

图 3.9　小青瓦护崖檐及小青瓦分类

1. 施工前准备

清理崖面顶部边缘宽度为 1m 内的杂物，铲除生活垃圾、碎石等，围绕窑院的四边分别挖出宽 1.0m、深 60～70cm 的凹槽，夯实凹槽底面，或在凹槽底面找平，并铺上一层土坯。

2. 施工流程

（1）砌筑扒砖

护崖檐的基础部位砌筑砖称为扒砖。一般来说，基层砖都采用丁砌的组砌方式，全部横向并列排放，这层砖要伸出崖面6cm，纵向共四排，总宽度为24cm×4，图3.10为纵向两排扒砖的模型图。

（2）砌筑狗牙砖

在第一层基础上砌筑第二层狗牙砖。

第二层边缘的一列砖倾斜45°砌筑，砖的一角凸出基层扒砖，为了美观起见，外凸部位要保证恰好为等腰直角三角形，像狗的牙齿一样（图3.11）。凸出三角形的直角边长为砖的短边，尺寸约为115mm，所以砖体凸出扒砖的垂直距离等于等腰三角形斜边长度的一半（约为82mm）。施工时，匠人在距离扒砖82mm处要拉一条线，作为第二层砖施工的标尺，这样既能提高施工质量，又能节约施工工期。狗牙砖内侧的第二列砖采用规则丁砌，与基层扒砖交错砌筑。由于狗牙砖组砌方式不规则，所以与第二列之间会留有三角形空隙，因此采用泥浆和碎石块、砖块填补完整，保证两列砖之间的有效黏结。

 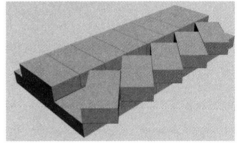

图3.10　纵向两排扒砖的模型图　　　　　图3.11　狗牙砖模型图

（3）砌筑"跑砖"

第三层砖称为跑砖。砌筑时，一丁一顺交替进行（图3.12），第一列外边缘伸出狗牙砖2cm，施工时拉一条标尺线，这样可以保证砌筑整齐，提高施工效率。本层砖的第二列在纵向紧挨着第一列直接砌筑，仍然采用丁砌。

（4）立槽瓦和扣板瓦

三层砖砌筑完成以后，接着在跑砖上部放置两层小青瓦。底层小青瓦凸向下方，形成凹槽，称为槽瓦（图3.13），其放置时水平方向要凸出跑砖6cm，竖直方向上高度为6cm；上层小青瓦凸向上方，与底层瓦相互错开，紧紧相扣，称为板瓦（图3.14）。槽瓦与板瓦之间用泥浆黏结，板瓦与第二列丁砖之间也用泥浆黏结。施工时，在距离跑砖6cm的位置拉一根线，作为施工的标尺，便于操作。

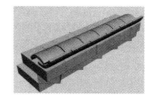

　图 3.12　跑砖模型图　　　　图 3.13　槽瓦模型图　　　　图 3.14　板瓦模型图

（5）砌筑护崖檐和找坡

完成槽瓦和板瓦的砌筑后，开始砌筑护崖檐本体。从第四层开始向上共需砌筑四层或五层，可以用砖也可以用土坯，砌筑时必须有适当的坡度，这个过程称为"找坡"。若用普通烧结砖砌筑，砌筑第五层时，第五层和第四层要错开 60mm 的距离，然后在砌筑第六、第七、第八层砖时，上一层要比下一层向后错开 120mm 的距离，这样便可形成坡度，便于撒瓦，使雨水形成自流。护崖檐的剖面图如图 3.15 所示。

（6）撒瓦

当地匠人将最外层瓦的砌筑过程称为撒瓦。下面以小青瓦为例说明撒瓦方法。撒瓦之前，将含水率适当的土过筛，除去杂质，加水搅拌，和成稠度适中的泥浆，作为撒瓦的黏结材料，这样既节省费用，又能满足强度要求。

撒瓦过程应自下而上进行。撒瓦时，最下边一层的滴水瓦通常凸出槽瓦约 60mm。横向上的相邻两个小青瓦必须错开放置，错开距离约为 30mm，但第一排除外，即靠近拦马墙的一排瓦和滴水的一排瓦应对齐施工；纵向上的每列小青瓦与相邻的一列应错开放置，错开距离约为 30mm。施工中应遵循"两排抬一排，一排压两排"的施工原则（图 3.16）。

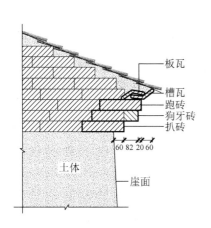
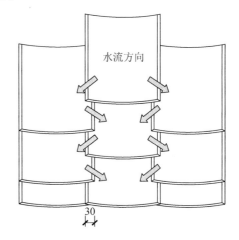

　图 3.15　护崖檐的剖面图（mm）　　　图 3.16　小青瓦护崖檐撒瓦的方法（mm）

这种交错布置的撒瓦方式，可使瓦与瓦之间相互制约，紧密相接，避免出现瓦缝，进而杜绝瓦缝渗水现象；还可引导雨水直接顺着瓦的方向向下流，防止雨水渗漏进土体内部，保护窑洞土体的强度和自支撑能力。与此同时，还可防止小瓦松动脱落，起到保护崖面、防止坍塌的作用。

（7）扣指甲瓦和搂瓦

撒瓦结束后，沿最后一层平瓦，先相错倒扣一层指甲瓦，在此基础上砌筑1～2层土坯，再在其上扣搂瓦（图3.17）。搂瓦的作用是遮盖土坯层及撒瓦之间产生的缝隙。施工时先拉一条标尺线，便于排列整齐。

图3.17　护崖檐中的搂瓦和指甲瓦

指甲瓦和搂瓦将拦马墙和护崖檐的平瓦有效连接成一个整体，二者与平瓦的有效搭接是窑洞长久屹立的重要保证。指甲瓦用泥浆黏结在平瓦上，搂瓦直接扣在拦马墙与指甲瓦上。搂瓦的设计直接保证雨水顺平瓦直流而下，防止从拦马墙根部缝隙下渗，既保证了土体干燥，又增强了窑洞的自支撑能力。

（8）角沟的处理

地坑窑院两两相邻的崖面均为阴角，护崖檐的相邻坡度相交处的角沟为45°，根据其排水方式可以分为两种处理方式：一是让角沟直接成为排水沟，铺设45°方向的排水沟，雨水汇集到排水沟直接排出（图3.18）；二是角沟部分的雨水不进行汇集，铺设瓦的高度明显高于两两相邻部分，沿其坡度分别排水（图3.19）。这两种方式在窑居区都比较常见，方式二对于相邻坡度相交处的崖面防水更为有利。

图3.18　角沟处理方式（一）　　　　　图3.19　角沟处理方式（二）

在靠崖窑的护崖檐中没有角沟，仅需对其端部进行处理。在其端部下部采用普通砖砌筑成3～6层的砖墩，悬挑部分可与护崖檐做法相同或采用瓦形砖进行砌筑（后者更为美观）。

3. 注意事项

1）砌筑砖时，两层砖间的灰缝多用纯石灰，厚度约 1cm。也有的用砂浆与石灰，配合比在 1∶1 或 1∶（2.5～3）。土坯与砖之间的缝隙用泥浆填实。泥浆的比例多依据经验调配。

2）坡度区间是自顶层土坯边沿到槽瓦的上边沿，为了便于排水和增加美观，坡度略向下凹。胶泥要有一定硬度，以利于撒瓦。

3）扣指甲瓦和搂瓦的时候，要先拉一条施工标尺线，便于排列整齐。

4）在黏结材料的选用过程中，当砌块为砖砌块时，宜使用水泥砂浆或掺石灰泥浆；选用土坯砌块时，宜采用麦秸泥浆。水泥砂浆中的水泥需密封保存，砂浆筛分后就近堆放。麦秸泥浆中的黄土需要过筛，麦秸长度修剪为 5cm 左右；除土坯砌块外，其余砌体在砌筑前应用水浇湿；小青瓦按照滴水瓦和平瓦分类放好，平瓦进行初步筛选分类放好。

3.2　拦　马　墙

传统生土窑洞民居中，沿崖面护崖檐上部会砌筑一种小矮墙，在窑居区称为拦马墙，其功能类似于当代建筑中的女儿墙。在地坑窑院民居中，拦马墙沿地坑窑院院坑及门洞的明洞顶部四周布置（图 3.20）；在靠崖窑民居中，拦马墙沿崖面及护崖檐上部设置[20]（图 3.21）。拦马墙与崖面平行且距崖面 40～60cm，是向地面以上砌筑高 30～50cm 的墙体。拦马墙的厚度可厚可薄，通常不小于 24cm（普通砖长）。

图 3.20　地坑窑院民居拦马墙　　　　　图 3.21　靠崖窑民居拦马墙

对于地坑窑院民居，拦马墙是唯一处于地面以上的部分，黄土塬上现存的传统地坑窑院村落，几乎无一例外地设置了拦马墙；同样，拦马墙也是靠崖窑的标志性构造。因此，窑居区的居民都格外重视拦马墙的建造，努力对其进行装扮和美化。窑居区的居民不遗余力地选用不同的材料及构筑形式来建造拦马墙，以突出它的专属性。从拦马墙的材料、构筑形式就可以确定窑院的建造年代。特别是在传统营造中，民间工匠们创造出的各类拦马墙的花形，大大强化了拦马墙在地坑窑院民居中的美学作用，使其蕴含了丰富的民间文化和民俗风貌。

在数千年的发展历程中，拦马墙已逐步演变成地坑窑院的标志。经过多年风雨的地坑窑院写满了沧桑，拦马墙也留下了岁月的痕迹，有的保存完好，有的几经修葺，有的只剩下一排土堆。而随着历史的变迁，拦马墙依旧是生土地坑窑院民居中不可或缺的组成部分。

3.2.1 拦马墙的作用

1. 安全作用

生土地坑窑院的窑顶（塬面）是人们的活动空间，人们在窑顶上行走、晾晒粮食或修整窑顶。然而地坑窑院的院坑深度通常大于 5m，人和牲畜若不慎掉落院坑将会造成严重的伤亡。在地坑窑院院坑及明洞四周设置拦马墙，既能显示窑院位置，又起到警醒作用，同时给接近地坑窑院边缘的人和牲畜设置了障碍，可防止行走在塬面上的人和牲畜不慎跌入院坑中，起到保护人和牲畜安全的作用。

2. 改善小气候

地坑窑院拦马墙可以有效改善窑院内的小气候。例如，豫西黄土塬区，气候干旱少雨，在风沙天气下，拦马墙可以阻挡风沙灰尘，能较好地保持窑院内部的空气质量，改善局部小气候。

3. 抗倾覆作用

生土地坑窑院民居中将护崖檐直接砌筑在崖面顶部开挖出的凹槽内，宽度为 60~80cm，有 20cm 以上凸出崖面处于悬空状态。拦马墙恰好位于窑院崖面 40~60cm 的土体处，压制住护崖檐尾部，大大降低了屋檐对崖面的弯矩，起到抗倾覆的作用。

4. 防水和引水作用

拦马墙建于护崖檐之上，封堵住了护崖檐与黄土之间的缝隙，避免雨水下渗使护崖檐下卧层与崖面顶部凹槽之间产生裂隙，造成护崖檐结构的破坏，同时也可以有效阻止窑顶上的雨水往窑院方向流，避免雨水夹带泥土流经护崖檐进入窑院。部分窑居会在拦马墙上留孔作为排水口（水舌），可在防水的同时引导窑顶的雨水通过护崖檐排出。

5. 装饰作用

生土窑居存于黄土之中，黄土窑洞结构形式固定不变，因此工匠们通常在附属构造方面下功夫来装饰窑院。拦马墙被镌刻上各式各样的花纹，丰富多彩的拦马墙给地坑窑院这种古老的居住形式带来了勃勃生机，它装点着窑院，也显示出窑院主人对美好生活的向往。

6. 标识作用

拦马墙作为地坑窑院民居唯一的地面构件，是不进入窑院就能了解窑院主人的唯一途径。一方面，当地居民按照自己的主观意愿修筑拦马墙，因此通过拦马墙不同的构筑形式可以传达窑院主人的各种信息，如窑院主人的性格喜好等；另一方面，通过窑院拦马墙的高低位置和花形可以判断地坑窑院的类型。在传统营造中，地坑窑院主窑所在方位的拦马墙的花形较之其他三面要复杂，其高度也比其他三面多出两皮砖；而靠崖窑中，拦马墙同处一面，则会在主窑上方凸起以显示主要的位置。因此，窑院拦马墙的构造标志着窑院的方位和类型。

3.2.2　拦马墙的构成与分类

从简单原始到精致美观，拦马墙有各种不同的类型，在不同的窑居中拦马墙也有一定的差别。以下从窑居类型、材料及花形三方面来划分拦马墙的种类。

1. 按窑居类型进行划分

（1）地坑窑院拦马墙

地坑窑院拦马墙围绕院坑四周及门洞周边建造（图 3.22）。地坑窑院院坑上的拦马墙有四面，其主窑面上拦马墙高度最高，其余三面拦马墙高度次之。门洞周边拦马墙围绕门洞形成漂亮的弧线，入口处则不再设立。

（a）院坑拦马墙　　　　　　　　　　（b）门洞拦马墙

图 3.22　地坑窑院拦马墙

院坑拦马墙高度变换的位置通常会从主窑面延伸至两侧的拦马墙，高度变化处，拦马墙形成过渡斜坡（图 3.23）。这种高度变化同样出现在门洞拦马墙上，形成一个渐进的造型，简约美观。特别地，当同一个窑院中住两户人家的，拦马墙的花饰及高度相差很大，辨识度极高。

（a）院坑处　　　　　　　　　　　　　　（b）门洞处

图 3.23　拦马墙高度变换过渡

（2）靠崖窑拦马墙

靠崖窑拦马墙（图 3.24）沿崖面修筑，拦马墙整体高度依据窑顶使用频率决定。当不过多使用窑顶时，拦马墙高度与地坑窑院高度类似，高 30～50cm［图 3.24（a）］；若窑顶（如多层靠崖窑）使用频率较高，拦马墙高度会达到 1m 左右［图 3.24（b）］，以保障人们活动的安全。同时，靠崖窑拦马墙在一个面上也有高低的变化，重要窑洞所在的位置，其上部拦马墙较高。

（a）窑顶使用较少的拦马墙　　　　　　　　（b）窑顶使用较多的拦马墙

图 3.24　靠崖窑拦马墙

靠崖窑拦马墙有一个特有的构造——立柱（图 3.25），立柱由砖砌筑而成，较拦马墙要高，横截面尺寸也大于拦马墙，在拦马墙上比较凸显。立柱位于拦马墙的两侧端部［图 3.25（a）］或中间［图 3.25（b）］，端部立柱标志着拦马墙的起止及一户人家窑院的范围。因此，当多户人家在同一个崖面上时，拦马墙中间会建造起砖立柱进行分隔，以显示为不同的人家。

（a）两侧端部拦马墙立柱　　　　　　　　　（b）中间拦马墙立柱

图 3.25　靠崖窑拦马墙立柱

2. 按材料进行划分

（1）土质拦马墙

土质拦马墙（图 3.26）是最原始简单的拦马墙，是指直接用土沿窑院四周堆砌的一圈土墙，主要作为简单的围护结构 [图 3.26（a）]。有的会在土墙中用瓦片镶几朵花做简单的装饰 [图 3.26（b）]。

（a）无花形的土质拦马墙　　　　　　　　　（b）有花形的土质拦马墙

图 3.26　土质拦马墙

（2）土坯拦马墙

土坯拦马墙（图 3.27）是用土坯砌筑的拦马墙。这样的拦马墙相比土质拦马墙显得整齐美观，也不易被雨水冲散发生变形。

图 3.27　土坯拦马墙

（3）砖砌拦马墙

砖砌拦马墙（图 3.28）有全砖砌筑和空斗墙砌筑两种。较为讲究的人家会在拦马墙上面做各种各样的花形来装饰，上主窑方向的拦马墙的花形会更复杂，其他三面相对简单一些，以彰显主窑所在的位置，帮助人们了解窑院的类型。

（4）其他材料的拦马墙

除了以上列举的拦马墙外，不同地区的生土窑居拦马墙使用的材料则充分利用当地常用的材料，如荥阳地区的石砌拦马墙、雕花石板拦马墙等。

图 3.28　砖砌拦马墙

3. 按花形进行划分

拦马墙的花形多种多样，富有浓厚的地域文化。豫西地区偏爱石榴花、十字花等简单大方的花形；豫中地区则偏爱复杂精致的雕花，如菊花、蜡梅、牡丹、万字如意纹等。这些花形赋予了生土窑居勃勃生机。

（1）无花形砖砌拦马墙

无花形砖砌拦马墙，无专门设置的花形，但可采用不同的砌筑方式。无花形砖砌拦马墙又分为全砖砌筑拦马墙和空斗拦马墙。

1）全砖砌筑拦马墙，其组砌方式有一顺一丁式、多顺一丁式、梅花丁式、全顺式、两平一侧式（图 3.29）。

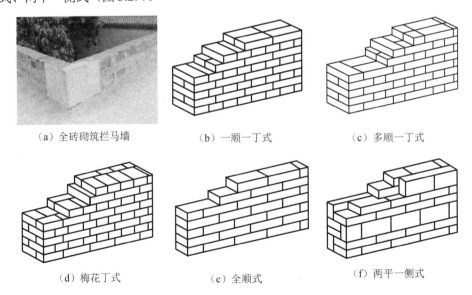

（a）全砖砌筑拦马墙　　　　（b）一顺一丁式　　　　（c）多顺一丁式

（d）梅花丁式　　　　（e）全顺式　　　　（f）两平一侧式

图 3.29　全砖砌筑拦马墙及组砌方式

2）空斗拦马墙的砌筑方法分为有眠空斗墙和无眠空斗墙两种。侧砌的砖称为斗砖，平砌的砖称为眠砖。有眠空斗墙是每隔 1～3 皮斗砖砌一皮眠砖，分别称为一眠一斗、一眠二斗、一眠三斗。无眠空斗墙只砌斗砖而无眠砖，所以又称为全斗墙。空斗拦马墙的中间夹心部分可以用土体或碎砖等填砌，这样可以节省砖材、降低造价（图 3.30）。

 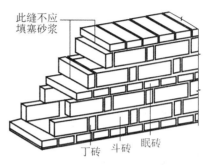

（a）空斗拦马墙实景图　　　　　　　（b）空斗拦马墙砌筑图

图 3.30　空斗拦马墙

（2）十字花形拦马墙

十字花形拦马墙是用砖砌筑起来的花形，砌筑单个花形时，砖与砖之间留有一定间距形成花形，然后每隔一定距离砌筑一个十字花形，这样就形成了漂亮的十字花形拦马墙（图 3.31）。十字花形有单层和多层，有时也会在十字花形的上面或下面再砌筑一层六分眼或其他花形来丰富拦马墙的造型，以加高拦马墙。

（a）单排十字花形　　　　　　　　　（b）双排十字花形

（c）六分眼单排十字花形　　　　　　（d）六分眼双排十字花形

图 3.31　十字花形拦马墙

十字嵌花形是在十字花形的基础上，在十字形孔洞中用小瓦拼砌各种各样的花形。相比十字花形拦马墙，十字嵌花形更为精致美观（图 3.32）。

（a）十字嵌花形（一）　　　　　　　　（b）十字嵌花形（二）

图 3.32　十字嵌花形拦马墙

（3）火葫芦形拦马墙

火葫芦形拦马墙用小青瓦构筑造型，美观大方，寓意窑居居民的生活越过越红火。火葫芦形拦马墙以砖砌拦马墙为基础，在面向窑院一侧预留孔洞，孔洞里面用小瓦拼砌火葫芦形（图 3.33）。孔洞大小由火葫芦数量决定，有的孔洞填一至三个火葫芦，有的可以填一排十几个火葫芦，较高的拦马墙可以填入两排火葫芦。

（a）火葫芦形（一）　　　　　　　　（b）火葫芦形（二）

图 3.33　火葫芦形拦马墙

（4）鱼肚形拦马墙

鱼肚形拦马墙用小瓦两两组合而成，就像一条条灵动的小鱼，象征着窑居居民生活富裕、年年有余。鱼肚形拦马墙是在砖砌拦马墙预留的孔洞内用小青瓦拼砌一排或多排“鱼肚”（图 3.34）。

（a）鱼肚形（一）　　　　　　　　（b）鱼肚形（二）

图 3.34　鱼肚形拦马墙

（5）鱼鳞形拦马墙

鱼鳞形拦马墙与鱼肚形拦马墙的砌筑方法类似，在砖砌拦马墙预留的孔洞中将小瓦凸向天空放置，相邻两排小瓦交错搭接，多排小瓦的搭接使花形图案如鱼鳞一般（图 3.35）。鱼鳞形拦马墙也寓意着人们生活富裕。也可砌成鱼鳞鱼肚组合形拦马墙（图 3.36）。

图 3.35　鱼鳞形拦马墙　　　　　　图 3.36　鱼鳞鱼肚组合形拦马墙

（6）柳叶形拦马墙

柳叶形拦马墙用小青瓦两两组合成一个椭圆，以 45°的角度摆放在砖砌预留的孔洞中（图 3.37）。

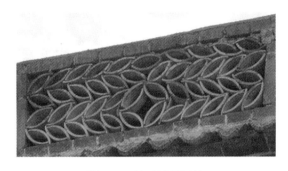

图 3.37　柳叶形拦马墙

（7）石榴花形拦马墙

石榴花形拦马墙是在火葫芦形的上面再放置 2～3 个两两组合的小椭圆，石榴花形有正置和倒置两种摆放方法（图 3.38）。石榴是一种多籽的水果，而且成熟的石榴籽像红宝石一样，有着多子多福的寓意。

（a）正石榴花形　　　　　　　　　　（b）倒石榴花形

图 3.38　石榴花形拦马墙

（8）蜂巢形拦马墙

蜂巢形拦马墙是用成形瓦材拼砌形成的，可以拼砌一排或多排（图 3.39），看上去就像蜂巢一样，象征着窑居居民的勤劳与智慧。

（a）蜂巢形（一）　　　　　　　　　　（b）蜂巢形（二）

图 3.39　蜂巢形拦马墙

（9）链环形拦马墙

链环形拦马墙的青瓦之间正反互相紧扣，相邻两个青瓦有一半重叠，一块凹向天空，另一块凹向地面（图 3.40）。

（a）链环形（一）　　　　　　　　　　（b）链环形（二）

图 3.40　链环形拦马墙

（10）砖雕刻形拦马墙

砖雕刻形拦马墙采用的是在青砖上雕刻花纹的形式，工匠们会在砖上雕刻带有吉祥寓意的汉字或其他各类花纹（图 3.41）。

（a）汉字砖雕刻　　　　　　　　　　（b）菊花砖雕刻

图 3.41　砖雕刻形拦马墙

（11）斜砌砖形拦马墙

斜砌砖形拦马墙是用砖块旋转一定的角度在预留孔洞中砌筑的，砖块摆放会采用向同一个方向斜砌，或相邻两个砖块向不同的方向斜砌的方式，有的还会在斜砌砖形的上部砌一层六分眼（图 3.42）。

（a）同方向斜砌　　　　　　　　　　　　　　　（b）不同方向斜砌

图 3.42　斜砌砖形拦马墙

（12）立柱形拦马墙

立柱形拦马墙是用一砖竖立，然后在砖的上下两端各砌一块丁砖，或是在砖的上下两端各砌一个筒瓦构成的（图 3.43）。立柱形的砌筑方法是在面向窑院院心的内侧用砖砌筑，在放置小立柱处留置矩形孔洞，然后在孔洞里面用砖砌立柱花形，最后在其上砌筑丁砖封顶。

（a）立柱花形（一）　　　　　　　　　　　　　（b）立柱花形（二）

图 3.43　立柱形拦马墙

为了得到更好的装饰效果，人们常在立柱间嵌花，在间隙里面用青瓦拼砌出不同类型的花形（图 3.44）。

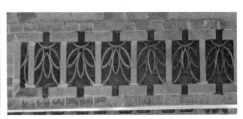

（a）柱间嵌花形（一）　　　　　　　　　　　　（b）柱间嵌花形（二）

图 3.44　柱间嵌花形拦马墙

3.2.3　施工工艺

以十字花形拦马墙及斜砌砖形拦马墙为例，介绍拦马墙的施工工艺，其中墙体材料采用普通烧结青砖或红砖。

（1）施工前准备

设计拦马墙花形，确定拦马墙的高度及宽度。根据拦马墙尺寸准备砌筑用的砖、青瓦、砂浆等材料。

（2）施工流程

1）砌跑砖。拦马墙最底层的砖，即十字花形下面的基层砖体，被当地人称为跑砖。将砖顺砌，两排顺砌砖并列排放（图3.45）。如果要砌筑比较厚的拦马墙（大于一砖长的厚度）时，可以砌筑多排跑砖，或采用空斗墙的砌筑方式，并在两排顺砌的砖中夹砌土坯。

2）砌扒砖。第2层砖被当地人称为扒砖。通常将这层砖全部丁砌，用泥或砂浆整齐地与跑砖砌成一体，这两层砖将屋檐与拦马墙紧密连接（图3.46）。

图3.45　跑砖砌筑　　　　　　　　　　图3.46　扒砖砌筑

3）花形的砌筑。

① 十字花形。第3～5层砖是砌筑十字花的关键。十字花是由这3层砖自下而上排列组合而成的。第3层砖的砌筑方法是砌1层顺砖，顺砖分两列，呈花形一侧的每块顺砖间隔6cm；另外一侧正常砌筑，中间不留间隔［图3.47（a）］。第4层砖砌筑时也分两列，花形一侧用半砖砌筑，放置在第3层顺砖的中间，半砖间距为18cm；外侧1列正常砌筑不留间隔，且与第3层的顺砖相互错缝［图3.47（b）］。第5层仍然是分2列顺砖砌筑，其砌筑方式同第3层。第3～5层砖砌筑完成后，十字花就成形凸显出来［图3.47（c）］。

为了美观或增加拦马墙的高度，在十字花形拦马墙中会留有边长为6cm的方形小洞，称为六分眼。十字花形拦马墙在十字花的上部或下部有一层或多层六分眼，下面以其上有一层六分眼为例［图3.47（d）］说明砌筑方法。六分眼顺砖砌筑分两列，花形一侧每块顺砖之间的距离为6cm，并封闭十字花形上口，另一侧不留间隔。由于所留洞口宽度为6cm，为砖厚加砌筑浆层的尺寸，所砌筑而成的小洞恰好是边长为6cm的正方形，这也是六分眼名称的由来。

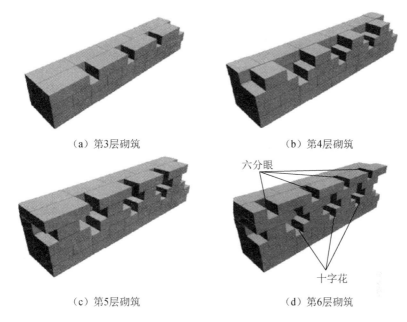

（a）第3层砌筑　　　　　　　　　　　　　　　　（b）第4层砌筑

六分眼

十字花

（c）第5层砌筑　　　　　　　　　　　　　　　　（d）第6层砌筑

图 3.47　十字花形砌筑

②斜砌砖形。砌第 3 层砖［图 3.48（a）］。第 3 层砖顺砌，分砌两列。花形一侧预留出砌筑斜砌砖的矩形孔洞位置不铺砌砖块，通常预留矩形孔洞的宽度在 1m 左右，同一面拦马墙上可留多个孔洞，孔洞之间间隔相等；另一侧正常砌筑，砖块之间无间隙。

砌第 4～8 层砖［图 3.48（b）］。为保持矩形孔洞形状、尺寸不变，第 4 层砌筑时，在孔洞两侧采用一顺一丁的砌筑方式，孔洞后部砖块、相邻砖块之间的铺砌错开灰缝，边缘部位加半砖。砌筑第 5～8 层砖时，5、7 等单数层砖重复第 3 层的砌筑方式，6、8 等双数层砖重复第 4 层砖的砌筑方式，直到砌筑第 8 层砖结束或到达想要的高度位置。

砌筑矩形孔洞的底边，将砖顺放砌筑，对孔洞两端端部的砖块进行切角处理，切角以 45° 为宜［图 3.48（c）］。砌筑矩形孔洞两侧的砖，将砖竖直砌筑，竖砌砖块的上下两端均进行切角处理，其切角与水平放置的孔洞底边砖的切角相契合［图 3.48（d）］。切角连接处填筑砂浆，使砖块紧密连接。另外，矩形孔洞也可用于砌筑其他不同的花形。

在矩形孔洞中摆砌斜砌砖花形［图 3.48（e）］。斜砌砖块的倾斜角度根据砖块大小进行调整，保证砖块平稳立于孔洞中且不凸出矩形孔洞外沿；斜砌砖块之间有一定的搭接长度，搭接长度不小于砖宽的 1/5。为保证斜砌砖块的稳固，在砖块与矩形孔洞接触的部位及砖块搭接的部位填砌砂浆连接。斜砌砖块的数量应与矩形孔洞尺寸相匹配，需预先进行设计。

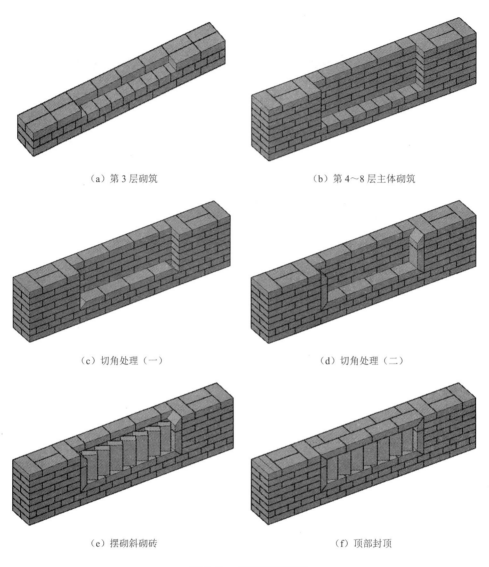

（a）第 3 层砌筑　　　　　　　　　（b）第 4～8 层主体砌筑

（c）切角处理（一）　　　　　　　　（d）切角处理（二）

（e）摆砌斜砌砖　　　　　　　　　　（f）顶部封顶

图 3.48　斜砌砖形砌筑

斜砌砖花形顶部封顶 [图 3.48（f）]。在摆砌好花形后，在矩形孔洞顶部将砖块顺砌封顶，顺砌时注意与后侧顺砌砖错缝，填砌砂浆以保证与同一层砖稳定连接。封顶砖也做切角处理，并与两端竖直砖的切角相契合。注意在下侧斜砌花形砖块之间涂抹砂浆进行黏结。

4）砌封顶扒砖。最后一层是封顶扒砖，与第 2 层的扒砖砌筑方式相同。至此，十字花形拦马墙或斜砌砖形拦马墙砌筑完毕（图 3.49 和图 3.50）。

图 3.49　砌封顶扒砖（十字花形）

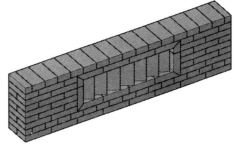

图 3.50　砌封顶扒砖（斜砌砖形）

（3）注意事项

1）砌筑拦马墙时应注意拦马墙与护崖檐基础的位置，拦马墙应位于护崖檐下卧层的后部，与后部平齐或稍留一定的间隙，以使拦马墙发挥最大抗倾覆作用（图 3.51）。

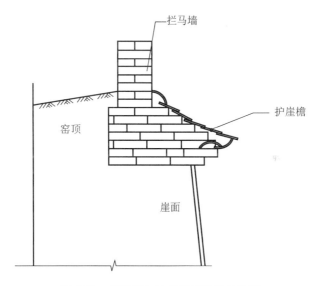

图 3.51　拦马墙与护崖檐基础相对位置

2）拦马墙和护崖檐下卧层与窑顶土体接触处用黄土填充封闭间隙，用石碾碾压或木杵夯实，并在其上设置防水坡，防止雨水浸入土体与砖块的连接处，产生裂隙而影响拦马墙的稳定性。

3）砌筑时注意拦马墙的标识作用，主窑上的拦马墙较其余三面高出 2～3 皮砖，并在高度的过渡衔接处用砂浆砌成小斜坡。过渡衔接处通常位于主窑面左右两侧面的 1/5 长度处。

4）注意砌筑灰缝砂浆的饱满度不应小于 98%，特别是空斗拦马墙；应避免雨水浸入造成拦马墙的破坏。

3.3　排　水　系　统

排水系统是建筑中极为重要的部分，关系到建筑的结构安全及正常使用。《管子》中曾提到"凡立国都，非于大山之下，必于广川之上；高毋近旱，而水用足；下毋近水，而沟防省。"古人的智慧向来不单单存在于学术与文化之中，它无所不在，不仅静默于建筑天长地久的守候，也流转于百姓细水长流的生活之中。时至今日，回顾传统建筑中流传千年的构造设施，不得不惊叹于古人的智慧。传统生土窑居中，不同窑居的排水设施大不相同。其中，传统生土地坑窑院民居的排水系统极富特色，充分体现了黄土高原劳动人民的智慧[21]。

一方面，生土地坑窑院民居所有的建筑空间位于地面以下，居住空间隐没于地面下的深坑中，"水往低处流"的规律使地坑窑院较之其他居住形式更容易积水和遭受水害的侵袭；另一方面，由于地坑窑院民居的支撑体系以黄土为基础，结构体系完全以挖凿成型的纯原状土拱体作为窑居的自支撑体系，对土体的承载能力是有一定要求的。当土体遇水时，土的密实性迅速瓦解，土体的承载能力迅速下降，导致窑洞的坍塌和破坏。因此，排水问题对于居住在地坑窑院里的居民来说不仅是生存质量问题，更是生存安全问题。

令人惊奇的是，窑居区的匠人们合理利用黄土的渗流特性，在长期的居住和建造实践中，构造了一套完整、系统、科学、适用的地坑窑院民居的立体排水系统，能快速地排出雨水，并有效地防止雨水侵蚀造成窑院的破坏。这套排水系统关系着窑院民居建造和维护的方方面面，由多个构造集成实现，具体包括窑顶排水坡、护崖檐、护崖檐角沟、门洞排水沟、渗井、坷台等（图3.52）。地坑窑院排水系统中的排水方式分为有组织排水和无组织排水，防排结合，可有效排水，使地坑窑院民居在历次暴雨作用下得以保存。

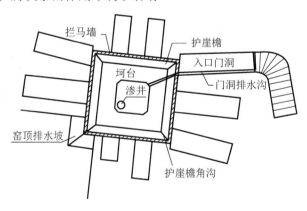

图3.52　生土地坑窑院民居排水系统的平面构造

生土靠崖窑民居也有着自己独特的排水方式，与地坑窑院民居既有相似之处，又有明显的区别。靠崖窑依山而建，窑洞从山体外壁进行挖凿，一般仅需在崖面顶部设置护崖檐，防止崖面被雨水淋湿即可。但大部分靠崖窑为了合理利用山势，建造了多层窑院，这样就会出现平台，平台既是下层窑洞的窑顶，又是上层窑洞的地面。因此，平台的排水必须做好。

靠崖窑排水系统由平台排水口、水舌、护崖檐及排水沟构成。水舌位于靠崖窑拦马墙中；排水沟直接连接窑顶平台及地面，是传统生土窑居中最为明显的排水沟。雨水汇集于窑前地面，最后流入黄土川沟中，有效地保护了靠崖窑不受雨水侵蚀（图 3.53 中箭头标明了雨水流淌的方向）。

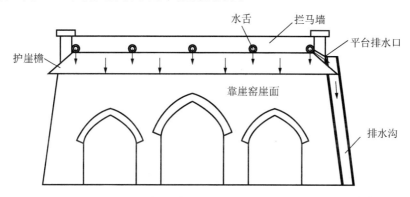

图 3.53　生土靠崖窑民居排水系统的立面构造

3.3.1　传统地坑窑院排水系统的构成

排水系统主要用于引导水流，有效排走雨水，从而保证地坑窑院不受水患干扰。有效的排水系统，一方面保护窑居结构在降雨的作用下不受雨水侵蚀，保证土体结构稳定安全；另一方面避免门洞或院心雨水淤积及窑院泥泞，从而保持窑居环境干净整洁，降雨作用下不影响窑居结构的正常使用。除排水作用外，排水系统还有一定的防水作用，窑顶及坷台的材料选用和构造设置能有效地防止雨水渗入土体。

地坑窑院民居排水系统的导向是将水集中引流入院，这与地坑窑院民居空间布局的"向心性"一脉相承。

传统地坑窑院民居排水系统的构成包括窑顶散水，院心防水、排水构造，坷台，门洞排水沟，崖面和护崖檐（护崖檐角沟）等。本书其他章节中对崖面和护崖檐已有详细介绍，此处不再赘述。

1. 窑顶散水

窑顶散水设置于拦马墙外围（图3.54），宽度为500～600mm，排水坡度不小于3%。散水宽度范围内，先做基层素土夯实的防水层，后铺不小于60mm的素混凝土或浆砌片石、砖等；水泥砂浆散水面层可采用1：3水泥砂浆压光抹平。素土散水需夯实压光抹平。

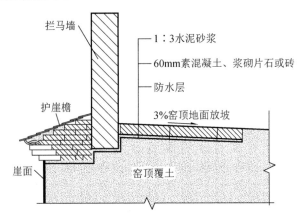

图3.54　窑顶散水的构造

窑顶地面是窑洞的覆盖层，窑顶地面渗水会破坏窑洞的土质结构。为了保证窑洞覆盖土层的土质密实，窑顶不种植作物而用于打场晒粮。同时，为了防止雨水倒灌和积存，窑顶地面必须保持一定的坡度，以便于排水，自拦马墙向窑洞进深方向的坡度不小于3%，放坡长度不小于各方向窑洞的进深长度（图3.55）。为了保持窑顶地面光洁、土质密实，需定期进行碾压除草。每年至少要用碾子进行一次碾平压光；逢雨过后，需及时进行碾平压光处理。

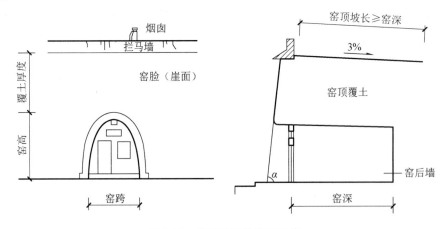

图3.55　窑顶地面的放坡长度

2. 院心防水、排水构造

地坑窑院院心在降雨过程中主要起到聚积雨水的作用，传统营造中设置了一系列的防水、排水构造，排走院心雨水，并有效避免雨水侵蚀窑腿土体。坷台、勒脚、渗井是院心防水、排水构造的核心组成部分（图 3.56）。

地坑窑院民居是全生土的结构形式，与雨水直接接触会大大降低土体的强度，严重影响结构安全。窑院内部最容易触及雨水的部分是勒脚（图 3.57），因此在勒脚嵌入防水材料（砖、石等），形成防水、防潮保护层（俗称"穿靴"），这是提高勒脚防水、防潮能力的有效方法。

图 3.56　院心防水、排水构造

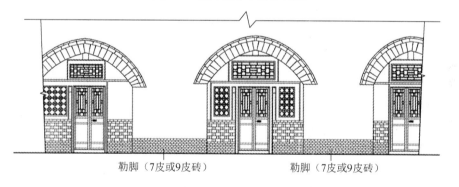

图 3.57　窑院的勒脚

勒脚的构造尺寸：主窑面勒脚高度为 540mm（约 9 皮标准砖厚），其他面为 420mm（约 7 皮标准砖厚）；宽度为窑腿全宽度；嵌入厚度为半砖，即 120mm。勒脚的施工工艺：将窑腿全宽度范围内的土体削掉半砖厚，将砖嵌入，用水泥砂浆平砌，并填实嵌入体与本体的接缝。

3. 坷台

坷台的作用是引导雨水汇集于院心并在雨天里方便人们在院内行走。坷台是窑院内部沿院落四周布置的、用砖石等材料砌筑的高于院心的部分（图 3.58）。

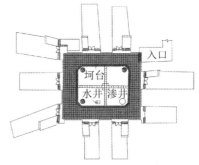

图 3.58　窑院的坆台

坆台将院心区域分为两个动静不同的空间，在院心四周形成一个平整美观的区域，在满足排水要求的同时，也满足人们在院内的行走需求。窑居建造通过变换坆台的形状，不但装饰了窑院，而且使其富有生机，灵活多变，为窑洞院落提供错落有致、干净清爽的内部空间。坆台可分为平面式坆台及围挡式坆台两类。

平面式坆台是一种用青砖或石板铺砌于院心四周且高于院心地面的构造，朝向院心方向有不小于 3% 的坡度，高为两皮砖或石板的厚度，其宽度依院心大小确定。坆台高出院心可避免雨水倒流入窑洞，接收护崖檐下落的雨水，引导雨水汇入院心 [图 3.59（a）]。

围挡式坆台在平面式坆台的基础上加砌了一圈围挡的小矮栏，仿佛在院心处设置了一个花坛，使窑居生活充满意境。当然，为了满足排水要求，会在矮栏的底部每隔一段距离设置排水孔洞 [图 3.59（b）]。

（a）平面式坆台　　　　　　　　　　　（b）围挡式坆台

图 3.59　坆台类型

窑居建造者在处理坆台时赋予了其装饰作用，坆台的平面形式是多种多样的，有不同花式的、正方形的、矩形的（图 3.60）。坆台的形状丰富多变，极具美学价值。同时，建造者还运用不同的材料，铺砌出既符合主人风格又美观大方的坆台。

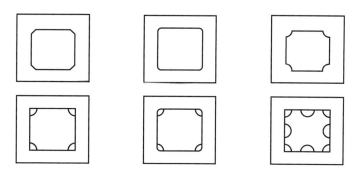

图 3.60　坷台的平面形式

4. 门洞排水沟

门洞排水沟是入口门洞防、排水的重要构
造，由明暗洞交接部位开始，沿暗洞边缘一直
延伸至院心（图 3.61）。

门洞排水沟由雨水汇集处、暗洞排水沟两
部分组成。雨水汇集处在明暗洞交接部位贴着
明洞的最后一节台阶，用青砖平铺一道一砖宽
的雨水汇聚坡，雨水汇聚坡的坡度大于 1%并向

图 3.61　门洞排水沟

排水沟入口处倾斜，坡脚与排水沟口平齐或高于排水沟口。沿平行水流方向紧贴
着雨水汇聚坡立砌一排砖，防止雨水流入暗洞内。暗洞排水沟沿暗洞边缘设置，
宽度为 15～20cm，深 10cm，呈"凹"字形，两侧立砌砖，底部用青砖铺砌或青
瓦搭接（图 3.62）。雨水通过暗洞排水沟入院时，将直接流至坷台上，再流入渗井，
或通过埋设的暗沟直接流入渗井。

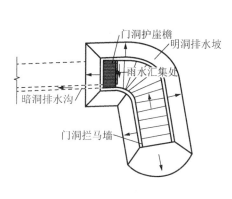

（a）门洞排水沟平面构造

（b）门洞排水沟雨水汇集处构造

图 3.62　门洞排水沟构造

门洞排水沟根据水流入院的方式可分为暗排水沟、明排水沟两类。暗排水沟的水流经门洞排水沟的引导后，由暗洞排至院心或渗井［图3.63（a）］，有的排水沟在进入院门后直接埋设成暗排水沟直至院心；而明排水沟的水流在门洞暗洞与窑院的交接处直接流至坷台再排入院心［图3.63（b）］。

（a）暗排水沟　　　　　　　　　　　　　　　　（b）明排水沟

图3.63　门洞排水沟水流入院的形式

3.3.2　传统靠崖窑排水系统的构成

传统靠崖窑排水系统的构成包括护崖檐、排水沟、排水口及水舌。

1. 护崖檐

与地坑窑院排水类似，靠崖窑也在崖面上设置护崖檐以排走雨水和保护崖面不受侵蚀［图3.64（a）］。受地域文化的影响，豫西地坑窑院与靠崖窑的护崖檐构筑方法类似。因靠崖窑崖面较高，护崖檐的出挑距离也较地坑窑院护崖檐的出挑距离要长。特别地，在靠崖窑中发现了檐廊式护崖檐［图3.64（b）］，其以木架支撑，类似地上建筑的坡屋檐形式，其防水效果比普通护崖檐要好，窑居也更为坚固耐久。不同地区的护崖檐也各不相同，如豫中地区靠崖窑的护崖檐短小精致，因该地常用石块箍砌崖面，崖面自身防水性能即可满足要求，因此此处的护崖檐更多的是起到装饰的作用［图3.64（c）］，护崖檐多设置在窑隔门窗上部，并进行精美的雕饰。

（a）普通护崖檐　　　　　　　（b）檐廊式护崖檐　　　　　　　（c）装饰性护崖檐

图3.64　靠崖窑护崖檐

2. 排水沟

靠崖窑修建时会先在山体崖面上修筑平台作为靠崖窑的窑顶，窑顶后端连接大山，前端设置拦马墙，要使平台上的水顺利排出，就需要设置一个连接窑顶平台及地面的排水渠道。有的靠崖窑会在崖面的侧面依靠山势铺设排水沟，而有的靠崖窑则是在窑顶平台的角落部位设置排水沟，直接通向一侧的空地。

3. 排水口及水舌

排水口直接与靠崖窑侧面的排水沟连接以引导水流（图 3.65）。为了使排水口有效排水，窑顶平台设置放坡，坡度倾斜至排水口处。靠崖窑会在护崖檐上部与拦马墙连接的部位设置排水口，称为水舌（图 3.66）。水舌为上下两块瓦片搭接而成，贯穿拦马墙，每 2m 左右设置一个水舌，与现代建筑中的屋面排水口颇为相似。水舌位置及详细构造如图 3.67 所示。

图 3.65　靠崖窑窑顶平面排水口

图 3.66　靠崖窑立面排水口（水舌）

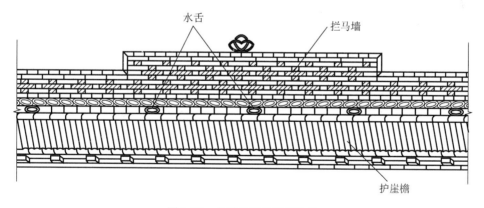

图 3.67　水舌位置及详细构造

3.3.3　施工工艺

下面以地坑窑院的排水系统为例（院心防水、排水构造不再详述）讲述排水系统的施工工艺。

1. 窑顶散水

（1）施工前准备

测量窑洞进深在窑顶上对应的距离，以确定窑顶土体放坡的长度，并用石灰进行标记。

（2）施工流程

1）窑顶找坡。用锄头等工具修整窑顶土体的坡度，修整范围为自拦马墙到窑洞底部对应的窑顶，该方向上的窑顶坡度不应小于 3%。

2）夯实窑顶土壤。经修整后，对窑顶土壤进行夯实处理，采用石磙碾压（图 3.68）。

3）做排水坡。在紧靠拦马墙的位置铺砌青砖或石板作为排水坡，砌筑时保持坡度不小于 3%，且排水坡宽度为 1～2m。

（3）注意事项

在窑顶排水坡建造完成后，需要定时对其进行修护，去除杂草并定期碾压。在每次降雨过后，都需要用石磙碾压一次，如图 3.69 所示。

图 3.68　石磙碾压过的窑顶

图 3.69　石磙碾压

2. 坷台

下面以平面式坷台为例进行说明。

（1）施工前准备

1）清理地面。清理坷台所在范围内的地面，适当整平使地面干净整洁，没有杂物影响施工。

2）定尺寸和放线。确定坷台的尺寸，即从崖面窑腿到坷台院心地面交界处的长度；用皮尺进行测量，根据坷台的尺寸确定坷台位置，并在确定的位置处用石灰撒线进行放线。

3）拌制三七灰土。在筛除杂质的精选黄土上撒一定量的石灰，比例为 7 分黄土 3 分石灰，并用铁锹和锄头等工具拌制均匀备用。

（2）施工流程

1）基层夯实并找坡。用木杵敲击坷台所在部位的院心地面，对基层进行夯实处理。用三七灰土做垫层，使垫层由崖面向院心方向的坡度为 2%～3%，用水平尺杆刮平，垫层最薄处厚度应大于 2cm。

2）铺砌防水砌块。首先，摆放青砖或石块，在坷台的位置可按照建造者的意愿进行排布，要求排列的砖块整齐紧凑，砖块之间缝隙尽可能小，砖块要全部填充坷台占据的位置，不可留有空位。其次，砌筑坷台堵头，待灰土有了一定强度以后，在坷台的外侧边缘用水泥砂浆砌筑一圈砖块。最后，撒灰土填缝，在砖块的上表面撒一层灰土，用扫帚把灰土扫到缝隙中，填满缝隙。还可以在铺砖上部再抹一层水泥抹面，这样排水不仅更加流畅，而且也保证了卫生、整洁。

3）修筑院心过道。在坷台所围的院心土体上，沿坷台每边中点至对边中点，用砖块或石板铺砌一条横穿院心的过道，两条过道在院子正中心交汇。院心过道一般不用砂浆砌筑，只需将石板或青砖整齐地铺嵌入院心土体中即可，过道宽度约为 500mm。

（3）注意事项

1）当门洞排水沟由暗洞引流至院心时，需要在砌筑坷台时预先留设孔道，或直接砌筑好排水暗道并在门洞排水沟出口处做好接头。

2）坷台采用水泥砂浆抹面时，为了防止面层开裂，要保证面层中具有适当的分隔缝，以延长坷台的使用寿命。

3）砌体砂浆必须密实饱满，实心砖砌体水平灰缝的砂浆饱满度不小于 80%。砌筑形成的坷台要求表面平整，外观整洁。

3. 门洞排水沟

（1）施工前准备

门洞排水沟的施工时间为门洞开挖完成之后，门洞暗洞室内地面铺砌之前。建造门洞排水沟之前，需先确定排水沟的流线，用石灰定位。排水沟一般紧贴暗洞一侧，排水沟走向由暗洞走向确定。施工前，先清理门洞暗洞排水沟范围内的地面，准备好砌筑所用的青砖、石块等材料，以及錾子、泥抹子、瓦刀等工具。

（2）施工流程

门洞排水沟做法如图 3.70 所示。

1）沟槽开挖。用錾子开挖沟槽，沟槽紧贴暗洞室内的壁面底部，沟槽宽度为 15～20cm，深度为 10cm，呈"凹"字形。

开挖后进行沟槽壁的人工修整，要确保沟槽壁平整、竖直。挖好的沟槽，底部要夯实。若沟槽底不慎超挖，须用三七灰土填充超挖处并进行夯实；若沟槽壁不慎超挖，则无须修补。

2）砌雨水汇聚坡及立砖。贴着明洞最后一节台阶用青砖平铺一道一砖宽的雨水汇聚坡，面向排水沟入口处的倾斜坡度应大于 1%，坡脚与排水沟口平齐或高于排水沟口；同时，平行水流方向紧贴雨水汇聚坡立砌一排砖，防止雨水流入暗洞内。

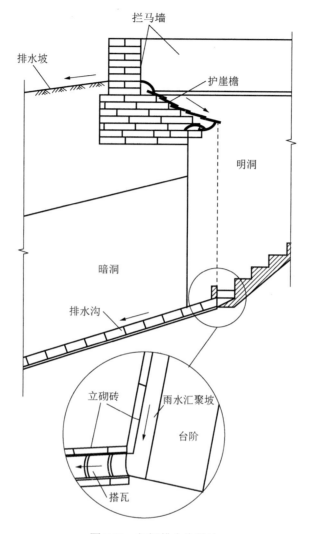

图 3.70 门洞排水沟做法

3）铺砌排水沟。采用青砖或青瓦铺砌排水沟。首先铺砌沟槽底部，青砖铺砌时应使砖块之间的缝隙尽量小；而采用青瓦铺砌时，前后两块青瓦之间可对接或相互搭接，搭接长度不小于青瓦长度的 1/5。

4）构筑引流暗洞。当设置暗排水沟时，需要在坷台预留孔道的位置铺砌青砖或瓦片，铺砌在预留孔道的地面及侧面。当铺砌完成后，用石板或青砖覆盖暗排水沟。

（3）注意事项

1）雨水汇集处的位置必须与门洞护崖檐相适应，雨水从门洞护崖檐下落时不可浸湿暗洞入口处的崖面，且下落位置必须在雨水汇集处以外，防止雨水直接流入暗洞（在施工过程中可以使用铅锤进行确定）。

2）排水沟过水断面不宜过小，避免排水量较大时，雨水溢出排水沟。

3）注意处理暗洞转角处排水沟的坡度，要保持一定的坡度，防止雨水在角落部位淤积外涌。

3.4 拐 窑

拐窑是为了满足不同需要所构筑的小尺寸空间，也是传统生土窑居结构中不可缺少的一部分。本章中的拐窑不只局限于传统意义上的储物拐窑，还包括窑洞间的交通过道。拐窑分布在生土窑居的不同部位，且其轴线与主要窑洞轴线有垂直、平行、斜交等不同的情况。拐窑的主要种类有位于窑洞内部的用于储物或拓展使用空间的拐窑，如套窑、子母窑；位于入口门洞部位的水井拐窑及存放薪柴的门洞储物拐窑；位于两窑洞或窑院之间的通道拐窑；位于崖面部位的窑院内储物或放置祭祀物品的拐窑等。

拐窑位于传统窑居中的不同部位，不同部位的拐窑，其功能、作用也各不相同，拐窑的存在丰富了窑居的使用功能。常见拐窑的位置如图 3.71 所示。

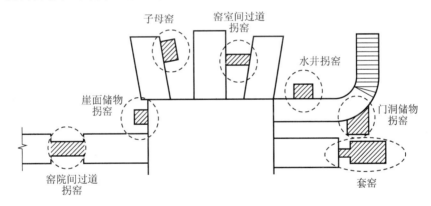

图 3.71 拐窑示意图

3.4.1 拐窑的构成与分类

1. 水井拐窑

水井拐窑（图 3.72）位于入口门洞的一侧，是为了安放水井而专门营造的空间。窑院用水是居民的大事，水井是家庭用水的保障。在窑院入口通道上进入院子的位置专门开出一个空间设置水井，体现了水井的重要地位。这种设置主要有以下用意：①水是生命之源，水从入口处来，有取之不竭之意；②水需要保持干净，院落露天易染灰尘杂物，而在入口的通道处横向挖出一个小单间设置水井可以很好地解决这些问题；③地下水的流向多为从窑居入口处流向院内，入口处地下水位较高，利于挖井出水，也可以有效避免院中污水向水井中渗透，保证了水井中水的洁净；④入口处设置水井方便居民生活用水，居民不用到窑院之外取水，避免了进出窑院上下挑水的不便。

图 3.72　水井拐窑

　　水井拐窑尺寸较普通窑洞尺寸要小，但外形与其他窑洞没有什么不同。水井拐窑的构造尺寸以满足水井在建造及使用过程中的需要为原则，水井拐窑的窑洞地面一般应高于门洞地面，以防止灰尘污染井水。

　　2. 储物拐窑

　　储物拐窑（图 3.73）一般位于崖面空闲的部位、主窑洞（一般意义上的主窑及次窑）靠近底部的位置或入口门洞明洞与暗洞的交接处。

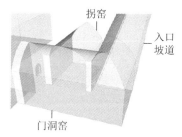

（a）崖面储物拐窑　　　　　　（b）窑洞储物拐窑　　　　　　（c）门洞储物拐窑

图 3.73　储物拐窑

　　位于崖面空闲位置的拐窑，其轴线一般与主窑洞轴线平行，但受到崖面空间的限制，因此仅能以较小的尺寸来建造，其窑洞轮廓线也与主要窑洞类似，进深方向由宅基地大小及拐窑使用功能决定。

　　位于主窑洞靠近底部位置的拐窑，用于储藏主人家的贵重物品，其尺寸一般较小。而位于入口门洞处的储物拐窑则用于放置农具和薪柴，人们不用进入，所以其尺寸一般也较小。

　　当拐窑用于放置佛像祭祀时，进深一般小于 0.2m；而储物用时，有的拐窑进深达 11m。

3. 交通过道拐窑

　　交通过道拐窑主要用于连接同一窑院内的相邻两个窑洞或相邻两座窑院，方便生土窑居居民的通行。随着生土窑居的发展，多个窑院同属一户人家，交通过道拐窑的建造也越来越普遍。作为交通过道的拐窑有两种类型，一类拐窑的轴线与主窑洞轴线垂直或平行（图 3.74 和图 3.75）；另一类拐窑的轴线与主窑洞轴线斜交（图 3.76）。

（a）轴线垂直拐窑　　　　　　　　　　　　（b）轴线平行拐窑

图 3.74　轴线垂直或平行的交通过道拐窑

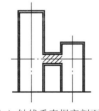

（a）轴线垂直拐窑剖面图　　　　　　　　　（b）轴线平行拐窑剖面图

图 3.75　轴线垂直或平行的交通过道拐窑剖面图

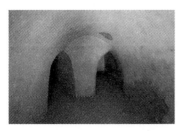

（a）轴线斜交拐窑（一）　　（b）轴线斜交拐窑（二）　　（c）轴线斜交拐窑（三）

图 3.76　轴线斜交的交通过道拐窑

　　轴线垂直拐窑从窑洞侧壁开挖，轴线平行拐窑则一般从窑洞底部开挖。当连通不在规则平面的两窑洞时，拐窑的轴线不采用直线而采用能够到达彼此窑洞的曲线或折线路线。

　　交通过道拐窑的高度应与人的身高相匹配，宽度应大于 900mm，最小尺寸应容许单人单向通行。但部分生土窑居中的交通过道比较隐蔽且狭窄，人们需要低着身子才能通行，虽不利于通行，但对于防盗和躲避灾难却发挥着特殊的作用。

　　4. 拓展空间拐窑

　　为了满足窑洞的使用功能，有时需要对窑洞空间进行拓展。拓展的做法有两类：一类是在主窑洞的各个侧面上开挖小尺寸的弧形空间，这类拐窑也称子母窑 [图 3.77（a）]；另一类是由主要窑洞底部开始，挖一个轴线与主要窑洞在同一方向的短过道，而后在其后侧再挖一个与主窑洞尺寸相当的大窑洞，以形成一个隐蔽的大拓展空间 [图 3.77（b）]，这类拐窑也称套窑。

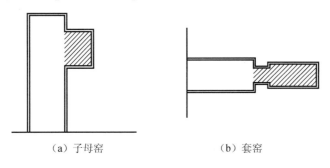

（a）子母窑　　　　　　　　　（b）套窑

图 3.77　拓展空间拐窑

　　子母窑的进深较小，通常用于放置灶具、碗筷、床等家具、物品，因此其较小的进深已经可以满足人们日常生活的需求。放置床的子母窑（图 3.78），其宽度及进深的大小与床的尺寸相当，可在其中盘炕，人们进入时均脱鞋上炕，盘坐在拐窑中的炕上。

图 3.78　放置床的子母窑

套窑比子母窑更为隐蔽，但有通风不畅、采光不足的缺点。套窑不适合日常生活起居，而适合躲避战乱或储藏物品。

3.4.2　施工工艺

拐窑的施工类似于其他窑洞的施工，也包括定位标识、打窑、剔窑、泥窑、铺砌室内地面等工艺过程，在此不再赘述。

在拐窑的施工中，还应注意以下问题：

1）确定拐窑尺寸时以不影响开挖主窑洞的结构安全为原则。拐窑高度低于主窑洞窑拱高度 1/3 处，应尽量保证主窑洞土拱结构的完整性。挖掘较深的拐窑时，应考虑其上部是否有门洞等空腔室的存在，避免因挖掘拐窑导致门洞的坍塌。

2）拐窑的外饰不必刻意追求与主窑洞的统一，只需做到整洁干净，满足其使用功能即可。

3）泥窑之前窑洞一定要晾晒透彻，简易的判断标准是窑洞内距墙面厚度为30cm 内的土层已经完全干透。一般选择在冬季泥窑，这样面层不容易返潮。

4）泥第一层窑时不能抹光，在第一层泥稍微晾晒成形，湿气将退未退时再泥第二层。

第4章 窑居附属设施建造

4.1 水井与渗井

水井与渗井是生土窑居中不可缺少的附属设施，满足人们日常生活中对用水和排水的需求。水井与渗井组成了窑居的水循环系统，即水井给水，渗井排水，与现代建筑中的"给水排水"类似。生土窑居中这一套独特的水循环系统运行机制，不仅完好地承担了民居的用水和排污压力，也与当地环境融合成了一个良好的小生态圈[21, 22]。

水井是窑居区居民的自取水井，在地下水条件满足使用要求的传统地坑窑院民居地区，几乎每座窑院都会打一口井来满足日常的生活用水，通常水井位于入口门洞内的一个专门的水井拐窑（图4.1）。而有些黄土台塬地势较高的地区，地下水位较深，每户打一口井耗资巨大，一般是几户人家合用一口水井。靠崖窑聚落中也都是每个村落拥有一至两口水井，水井位于村落中央。生土合院民居中则两种形式都有，部分人家单独开挖水井，村落中央也有公共水井[23]（图4.2）。

图4.1 地坑窑院独户水井　　　　　　　图4.2 村落公共水井

水井的设置显示了不同窑居居民的生活轨迹：地坑窑院位于地面以下，上下搬运重物较为困难，因而聚落式水井的设置方法不方便取水，不能满足地坑窑院居民的生活需求，而独户水井更适合地坑窑院的生活方式；靠崖窑较之地坑窑院出行更为自由，因此村落共用水井即能满足住民的用水要求。打井是耗费人力物力的工作，富庶的村落中，村民们有更多的选择，因此独户水井和聚落水井在此处均有体现。水井滋养了窑居居民，也使远离地表水源地居住在黄土高原上成为可能。从这个角度也可以说，窑居的水井孕育了黄土塬窑居的文明。

　　与水井构造极其相似的另一个窑居附属设施为渗井（图 4.3），也称集水井，是传统生土窑居建筑中排水排污的重要设施。掩藏于塬下的生土地坑窑院无法建造引流至外的排水排污管道，且集中污水至塬面耗时耗力、难以实现，排水排污问题难以解决，因此通过渗井将雨水及污水排至深层地下是合理可行的选择。渗井是地坑窑院水循环系统的一个重要组成部分，设置渗井是为了排出地坑窑院中的雨水及污水，即在降雨过程中储水，并在后续过程中将集聚的雨水或污水排至深层黄土之中，有效地解决了窑居排水排污的问题。

图 4.3　生土地坑窑院渗井

4.1.1　水井与渗井的作用

　　地坑窑院中的水井与渗井最具代表性，因此以其为例加以探讨。地坑窑院水井与渗井平面布置示意图如图 4.4 所示。

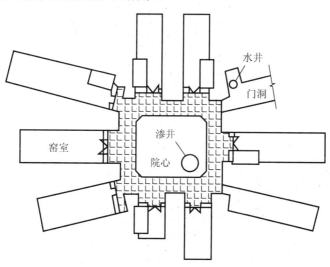

图 4.4　地坑窑院水井与渗井平面布置示意图

水井通常设在门洞入口处的一个特别的小窑洞中，而渗井在院心中的布置较为自由，通常在院心空地的角落部位。

1. 水井的作用

（1）日常生活用水

人们的日常生活离不开水，水井的出现使人们逐渐摆脱了对地表水的依赖和制约，也使远离河流的地方有了人类定居的聚落，更使黄土高原地区窑居的形成成为可能。水井自发明以来，就成为中华民族繁衍生息的重要水源之一。窑居中的水井使人们定居的地方不再局限在江河旁边的台地，可以选择在远离江河的地方定居生活，能够更有效地躲避洪水灾害，有了更大的生存与发展空间。与此同时，井水较河流之水更为清洁，对人类的健康长寿大有好处。窑居的水井是家庭用水的保障。

（2）消防用水

消防设施是建筑设施中不可缺少的部分，尽管生土窑居的建筑结构具有防火的特性，但窑居居民还是需要更多的消防保障。水井处于窑院中，在发生火灾时可以及时取水、及时灭火，最大限度地减轻火灾造成的破坏，保障窑居居民的生命财产安全。水井在窑居消防方面有着重要作用。

（3）食物保存

窑居地区的水井深度一般为 20～40m，水面附近远离地表，温度较低且恒定。在科技不发达的时代，窑居居民利用水井较低的温度使食物得以保持新鲜。通常的做法是在水井边用提篮盛上食物，然后系在辘轳上，送至井下水面附近，使提篮悬挂在井水上或浮在冰凉的井水中。这种食物保存的做法方便有效，至今在一些地区仍在使用。

2. 渗井的作用

（1）储水及排水

生土窑居通常分布在干旱少雨的地区。地坑窑院分布于黄河中下游地区，属于暖温带半湿润半干旱气候，降雨季节性较强，且变化较大，一般 5～10 月是降雨的集中时期。夏季湿热，雨量丰富，约占全年的一半，降雨量为 320～380mm；冬季寒冷干燥，降水量只有 20～30mm。窑居地区全年通常干旱少雨，但偶尔出现的短时强降雨直接威胁窑居的结构安全。在短时强降雨作用下，降雨过程中窑居渗井的入渗水平较低，渗井主要起储水作用。待降雨结束后，渗井发挥其渗流作用，将雨水渗透排至深层土壤。

（2）生活排污

除雨水外，日常生活中的污水也通过渗井排出。为方便窑居居民日常生活，生活污水直接排至渗井中渗透流走，避免了上下窑院的麻烦。渗井需要进行定期清污，避免淤积。

4.1.2　水井与渗井的构成

1. 水井的构成

水井由井身、井圈（井沿）、辘轳（提水工具）三部分构成（图4.5）。

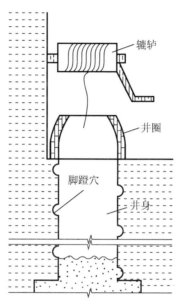

图 4.5　水井的构成

（1）井身

井身是窑居水井的主要部分，掘井时向下挖凿形成的竖向直筒孔穴即为井身（图 4.6）。井身井口处的直径为 0.8～1.0m，这个尺寸可以满足单人掘井操作且便于转身，即需要有足够的工作空间。井身深度为 20.0～35.0m，深度的控制以有水涌出为标准。井身侧壁是挖凿修整后的原状黄土。传统窑居中的水井侧壁未做衬砌，因此为原始的土井。井身侧壁四周由上至下设有浅坑，称为脚蹬穴，供挖井人攀爬。脚蹬穴间隔在 30cm 左右，左右相间排布。井身底部做适当的扩展，以使水井有更大的出水量。

图 4.6　水井井身

（2）井圈

井圈，也称井沿，是水井井身顶部环绕井口的部位，在地面上用砖或石块砌筑，或用大块石头雕刻而成，用来保护水井井口（图4.7）。井圈呈环状，高50.0cm左右，沿高度方向具有一定弧度，弧线向上收拢。井圈可以有效保护水井，防止泥土等杂质落入井中，也防止儿童玩耍不慎掉入。

（a）砖砌水井井圈　　　　　　　　　　　　（b）石雕水井井圈

图4.7　水井井圈

（3）辘轳

辘轳是窑居地区用于提水的工具，由辘轳头、支架、曲杆手柄、圆木转轴、配重、井绳构成（图4.8）。其中，圆木转轴长50cm，直径约为20cm；井绳由草编织，直径约为1cm。辘轳是人们利用轮轴原理制成的井上汲水的起重装置，水井上竖立支架，支架上架立圆木转轴并配置重物以保持平衡，圆木转轴一头安装辘轳头，其上装有曲杆手柄。辘轳头上绕绳索，井绳一端系水桶。摇转手柄时，辘轳头可以绕圆木转轴旋转，使水桶起落。

 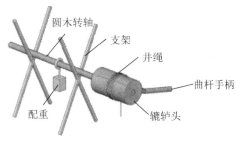

（a）水井与辘轳　　　　　　　　　　　　　（b）辘轳

图4.8　水井辘轳

在挖井身的过程中即可架设辘轳，以便用竹篮提升挖井施工中挖出的土，保持挖掘持续进行。水井建造完成后，辘轳则用于取水。辘轳支架有两种搭设方法：第一种是在井边架设木架，交叉三角形的木支架支撑立于地面，圆木转轴搭在交叉木架上，一头固定辘轳头，另一头绑扎配重以保持木架的稳定；第二种是将横杆直接插进水井拐窑的土体中，将圆木转轴固定在水井上。

2. 渗井的构成

渗井由井身、砖砌井环与窨井盖三个部分构成。渗井井身直径通常在 1.0m 左右，尺寸通常略大于水井，较为宽阔的井口使渗井有较大的容积，能大量地储水、排水。根据经验，渗井的深度和地坑窑院的深度大致相等，其深度的设定也与当地的气候相适应，能够满足最不利降雨条件下的储水量。例如，6.0m 深的地坑窑院中的渗井深 6.5m，多出的 0.5m 用煤渣铺底，这样可以加快地坑窑院的污水和雨水的渗漏，获得较好的渗水效果。与水井类似，渗井的四壁上也设置有脚蹬穴，以供建造者在挖掘时上下攀爬，脚蹬穴间隔在 30cm 左右，左右相间排布（图 4.9）。

渗井井身的顶部通常会围绕井口用砖块环砌一周，称为砖砌井环（图 4.10），其可避免在汇水过程中水流带走井口的土壤，阻止井口土体向井内塌落，从而保护渗井集水排水的能力。同时，井环还起到了加固渗井上部土体结构，分散渗井上方的载荷压力的作用。砖砌井环有多种组砌方式，如图 4.11 所示。

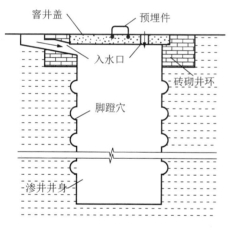

图 4.9　渗井构造

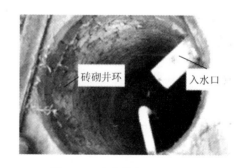

图 4.10　渗井井身的砖砌井环

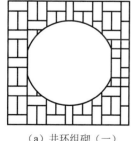

（a）井环组砌（一）

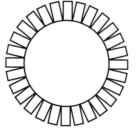

（b）井环组砌（二）

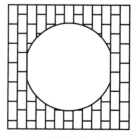

（c）井环组砌（三）

图 4.11　砖砌井环的组砌方式

　　砖砌井环内部设置有汇水口，汇水口与门洞排水沟或生活排污口连接，以便雨水、污水能直接汇入渗井。

　　渗井的上方设置窨井盖，窨井盖直接搭在砖砌井环上。窨井盖可防止碎杂物品掉落入井。同时，在窨井盖四周打排水口可方便雨水顺利流入。窨井盖通常是圆形石板［中间部位打 1～2 个孔洞作为入水孔，图 4.12（a）］或废弃的石磨盘（中间带有孔洞）。窨井盖有时也会用混凝土板制成，中间设预埋件以方便移动［图 4.12（b）］。窨井盖厚度为 10cm 左右，1～2 人的力量可以轻松提起。

（a）石板窨井盖　　　　　　　　　　　　（b）混凝土板窨井盖

图 4.12　窨井盖

　　环绕渗井口应设置 1～2 个入水口，这些入水口通常位于院内地势相对偏低的位置。

4.1.3　施工工艺

　　水井与渗井构造形式类似，但运行原理不同，因此建造过程也不尽相同，故分别介绍水井与渗井的施工工艺。

　　1. 水井的施工工艺

　　（1）施工前准备

　　对于整个地坑窑院建造流程来说，窑院、门洞完成之后，当务之急就是水井的挖掘，这样便于后续建造中用水。因此，门洞建造完成后，水井开挖之前，先要完成水井拐窑的开挖。为方便晚间打水，通常会在水井拐窑的壁墙上掏一个放灯盏的壁龛。开挖水井前的主要准备工作包括确定水井位置、清理水井拐窑地面、准备好开挖工具和砌筑材料。通常用石灰标出水井形状及中心，并在水井中心上部设置一个固定点悬挂重锤，以便在水井开挖过程中确定中心，保证井身竖直。砖砌体浇湿备用，砂浆材料准备待用，要准备的工具包括锄头、铁锹、铲子、錾子、竹篮、瓦刀、泥抹子、泥桶。

　　（2）施工流程

　　1）挖井身：从地面标记的位置开始，用锄头开始掘土。掘土尺寸较石灰边界小 2～5cm，由上而下进行挖掘。当井身深度大于 0.5m 时，开始用錾子在侧壁挖掘脚蹬穴，同一侧每隔 30cm 左右挖凿一个脚蹬穴，另一侧与之间隔布置。在掘井过程中用垂吊的重锤确定水井中心。当所挖土壤湿度逐渐变大，呈泥浆状态时，可适当加大井身尺寸，以扩大出水面积。当有水大量涌出时，井身挖掘停止。

2）架辘轳：先放置立架，立架由直木杆削制，中间采用榫卯连接或绑结形式。挑选长直的细圆木作为转轴，直径较大的圆木中心打孔作为辘轳头，圆木转轴与辘轳头连接处、辘轳头孔洞内壁需打磨光滑。辘轳头直径要满足圆木转轴在其内壁上灵活转动的需要。将辘轳头和圆木转轴放置在立架上，并在立架上绑扎配重，调节配重使圆木转轴平衡，在辘轳头上安装曲杆手柄并绑系绳索。

3）砌井圈：当井身挖掘完毕后，在井口边缘用砖砌筑井圈。井圈用青砖、普通烧结砖砌筑。砌筑时，围绕井口从下而上顺层砌筑；砌筑时的组砌方式可以采用一层立砌、一层平砌，或每层全顺式砌筑，或内层立砌平砌组合而外层全顺式砌筑等方式。平砌时若全部采用单块整砖则无法围成圆环，应将砖砍成合适的大小砌筑入内。应注意的是，每层砌筑时向井口中心方向靠近 1～2cm，以使井圈成为向内聚拢的形状。

（3）注意事项

1）井身圆正，井身直径不得小于 600mm；井身垂直，井斜不得超过 5°，顶角和方位角不得有突变。

2）井身挖掘的施工过程中，井身挖掘深度大于 10m 时，工匠在井下的工作时间应小于 30min。由于窑居水井较深，井下空气中的氧气含量不足，工作时间过长会发生危险。若深度大于 35m 仍未发现涌水，应放弃人工挖井。

2. 渗井的施工工艺

（1）施工前准备

确定渗井位置，进行定位放线，定出渗井中心轴线、轮廓线和渗井井环轮廓线，这是渗井开挖定位的依据。砖砌体浇湿备用，砂浆材料准备待用，挖掘和砌筑工具准备待用。

（2）施工流程

1）挖井身：渗井井身挖掘方法与水井挖掘类似，渗井直径不应小于 1m，深度应不小于 6m。由上而下进行挖掘，用錾子在侧壁挖掘脚蹬穴，同一侧每隔 30cm 左右挖凿一个脚蹬穴，另一侧与之间隔布置。

渗井井身分为两个部分：上部拓展为圆形或方形浅坑用于砌筑井环，拓展的浅坑长度较渗井直径大一砖，深为 4～5 层砖；下部为圆筒（图 4.13）。

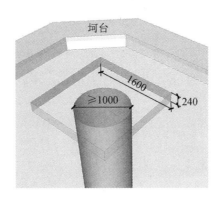

图 4.13　渗井井身（mm）

渗井挖掘过程中，要在渗井外部地面及井壁顶部四面设置纵横十字中心控制线、水准基点，以控制平面位置和标高。在井筒内按 8 等分标出垂直轴线，通过垂吊的重锤对准下面的标板来控制。挖土时，随时观测垂直度，当线锤偏离墨线 50mm 或四周标高不一致时，应立即纠正。

2）渗井垫层：当渗井井身挖掘完成后，清理井壁及井底多余泥土，在渗井底部铺砌一层垫层，垫层可由单一或多种材料组成，如煤渣单一垫层、碎石与煤渣混合垫层。垫层厚度为 50cm 左右，垫层铺设时应均匀平整。

3）砌井环：渗井井环用普通烧结砖或石块砌筑。外围与井环拓展的浅坑边界相契合，中心预留出与渗井尺寸相同且中心轴线保持一致的孔洞。井环砌筑由内向外进行，先砌筑好圆形孔洞外围，再依次向外拓展。为了保证砌体搭接良好，砌筑方式采用全顺式或梅花丁砌筑组合方式［图 4.14（a）］。往外顺砌的时候，用砍砖填砌缝隙，并用砂浆填实。井环中若有排水管道穿过，在砌筑过程中预留排水口或直接将排水管道砌筑在井环内［图 4.14（b）］。

4）放置窨井盖：窨井盖由石板打磨或在圆形模具中浇筑混凝土而成，将制备好的窨井盖覆盖在井环上方［图 4.14（c）］。窨井盖直径较井环预留孔直径大 5～10cm。窨井盖中部打孔或放置预埋件，以便后期挪动。中部打有孔洞的窨井盖可以方便雨水的流入，预埋件井盖需在井盖底部四周凿砌排水口，排水口应不少于 4 个。

  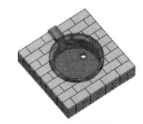

（a）砌筑井环　　　　　　　　（b）预留排水口　　　　　　　　（c）放置窨井盖

图 4.14　渗井施工

（3）注意事项

1）渗井位置选在靠近坷台的院心角落位置，选择门洞排水沟及有排水排污需求的窑洞附近。

2）渗井污水对地下有一定范围的影响，因此应使渗井的位置尽量远离水井，避免井水受到污染。

3）渗井需要定期清污，避免污物堵塞，影响其渗水能力。

4.2　火　　炕

《辞源》中对炕的解释是"北方的一种床。用土坯或砖石砌成，下有孔道，可生火取暖。"炕是一种宽 1.7～2.3m，长可随居室长度确定的以生土或砖石为材料的建筑设施。南方睡床，北方睡炕，均是地域气候不同而导致的生活习惯不同。南方炎热且潮湿，人睡在竹、木床上，上下悬空，利于空气流动，既凉快又不易受潮。北方寒冷，人们都在居室中置一炕取暖避寒。

火炕，历史悠久，并逐步演化，其确切的来源尚需考究。据说炕来源于旧石器时代的取暖设施——"火窝子"，也称"掘坑取火"，即在住所内挖一个坑，在坑中点燃柴草生火，等坑变热后，就在坑内铺上兽皮、草叶睡觉。从火窝子演变至火炕，一般经历了以下阶段：第一阶段，先民垒土为洞，上面支撑着天然石板用于格挡火星，以免发生火灾；第二阶段，将做饭的锅灶与坑相连；第三阶段，在地下设置烟道，发展成火炕，并在炕上架设烟囱以利于排烟。

在窑洞集聚区，火炕是极为重要的生活设施。俗话说："三十亩地一头牛，老婆孩子热炕头。"这不仅是普通农家追求幸福生活的形象描绘，同时也反映了农耕社会中炕给居民带来的满足和欢乐。热炕头和老婆、孩子、土地、耕牛相提并论，火炕在百姓心目中的地位相当重要。火炕在窑洞民居中较流行，这是因为炕相对于床来说具有施工简单、造价低廉、冬暖夏凉、坐卧宽敞舒适等优点[24-28]。

4.2.1　火炕的作用

1. 居民就寝、取暖避寒

火炕的主要功能是就寝，同时它也是一张床，还是一张可以取暖避寒的床。在寒冷的冬季，它是窑洞内唯一的热源；在湿冷的阴雨天气，它是天然的除湿器。烧炕几乎不需要成本，把树叶、柴火渣，甚至干透的猪粪、马粪、牛粪等可燃物填入炕洞里，就可以保持长期供热。温暖的火炕不仅提高了室温，驱逐了寒冷，而且长期睡火炕还可以促进人体血液循环，去除体内寒气。

2. 吃饭休息、维系感情的场所

夜晚降临，居民睡觉，休息在炕上；一日三餐，炕上摆上餐桌，吃在炕上；节假日和农闲时，家人聚集在炕上，谈话聊天拉家常；贵客来访、邻居串门都上炕请坐；家庭的重大决策、生老病死的重大安排，通常也是围坐在炕上作出的；妇女们在炕上做针线活；孩子们在炕上嬉戏。千百年来，窑居居民的生活已经和窑炕紧紧地联系在一起，如果窑居中没有火炕，很难想象当地居民的生活，火炕在居民生活中已经成为不可或缺的文化载体。

3. 能源再利用

窑洞民居冬暖夏凉，一年四季不需要空调。但在冬季严寒和阴雨湿冷的天气，如果没有任何取暖设施，窑洞的舒适度不高。窑居区的居民常将烧饭用的锅台与火炕连通。烧饭过程中，燃料所释放出的多余能量可以被窑炕充分利用，再次服务于居民。这不但解决了取暖问题，还节省了能源。

在冬季，寒冷的天气使得窑洞内部比较潮湿，给人们带来了诸多的不便，衣物晾晒，特别是幼童的被褥换洗成了一大难题，火炕的存在很好地解决了这样的麻烦，因为火炕是天然的烘干机。

4.2.2　火炕的构成与分类

1. 火炕的构成

火炕的结构远较床复杂，形式也多种多样，与社会经济状况、人的生活条件和需求息息相关。火炕主要由三大部分构成（图 4.15）：一是用来添加燃料的炕口；二是炕体，即炕面和炕内部烟道；三是排烟的烟囱。设置在火炕短边方向的炕口称为"顺灶"，设置在火炕长边方向的炕口称为"怀灶"；烟道的结构为"几"字形，这就形成了炕头和炕梢，烟气的入口称为炕头，烟气的出口称为炕梢，这也是炕头热、炕梢凉的原因。其原理是利用做饭时木材或玉米芯等燃烧产生的热量，以烟气的形式传播，对火炕炕面进行加热，提升炕面温度，通过炕面板向室内散热，然后通过烟道由烟囱将烟气排出[29]。

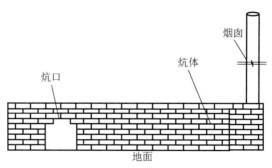

图 4.15　火炕示意图

采用与炉灶相连的火炕，通过炉灶的出烟口与炕的进烟口相连，使做饭时产生的热量通过火炕的内部烟道，最后从火炕的烟囱排出。这样，秋冬季、阴雨天烧饭过程中燃料所释放出的多余能量被火炕充分利用，再次服务于窑居人民，一举两得。

2. 火炕的分类

我国居民在长时间的居住实践中，传承和积累了丰富的建造火炕的经验，从结构上可划分为落地炕、架空炕等；从烟道的布置方式上可划分为直洞炕、花洞炕、回洞炕（本小节未详细介绍）等，从材料上可分为胡墼火炕和砖砌火炕（本小节未详细介绍）。下面简要叙述一下窑居区使用较为广泛的火炕。

（1）落地炕

落地炕是火炕较古老的形式之一，也是窑洞民居中常见的形式。其特点是炕的底部直接与地面接触，炕墙用青砖或者胡墼搭砌，砌出炕洞和烟道，炕洞空间用于烟气的流通和加热炕板，炕表面也用砖或胡墼平铺，炕面以草泥抹面，上面铺设炕席。炕宽通常为 1.2～1.6m，高度为 50～60cm，长度大小由房间长度决定。落地炕有表面温度不均、热效率低、污染室内环境等缺点。

（2）架空炕

架空炕，又称吊炕，是一种修正了落地炕的缺点的火炕形式（图 4.16）。架空炕在底部放置用砖或胡墼做成的支柱来支撑炕底板，使得火炕架空，高于地面20～30cm。炕板可以用石板、混凝土、胡墼等材料制作。

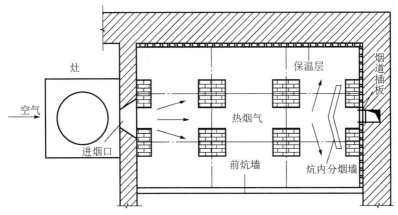

（a）架空炕平面示意图

图 4.16   架空炕示意图

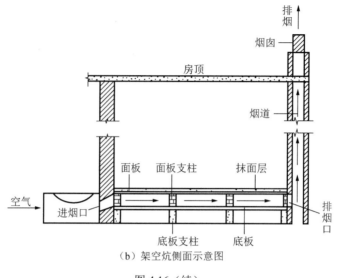

（b）架空炕侧面示意图

图 4.16（续）

（3）直洞炕

直洞炕是在炕位置处用胡墼或青砖将空间隔成几条烟道，两端留空使烟道相通，上面平砌土坯、石板或青砖作为炕顶，顶上用砂泥或石灰等抹平。

直洞炕按照青砖（或胡墼）的砌筑方式，可分为直筒式和花筒式（图 4.17 和图 4.18）。直筒式的砌筑方式是将青砖（或胡墼）紧挨着砌筑，不留空隙。而花筒式的砌筑方式是首层青砖（或胡墼）与青砖（或胡墼）之间有半个砖的距离，第二层砖将第一层的口压住，仍然保持半个砖的距离，以隔层保持一致的方式砌筑至火炕高度。花筒式的青砖与青砖之间有间隙，因此相对于直筒式来说，可以更好地利用热能。

（4）花洞炕

花洞炕（图 4.19）是在直洞炕的基础上发展而来的形式。具体砌筑方式：首先在火炕底部砌筑 3～4 层青砖（或胡墼），然后将青砖（或胡墼）立砌做支撑，最后用胡墼、石板或青砖作为炕顶，顶上用砂泥或石灰等抹平。

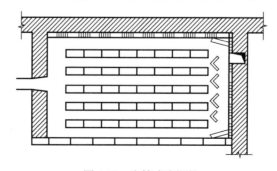

图 4.17　直筒式直洞炕

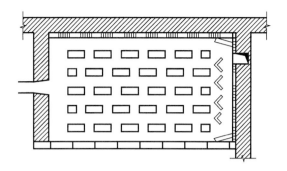

图 4.18　花筒式直洞炕

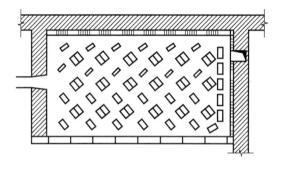

图 4.19　花洞炕

（5）胡墼火炕

胡墼火炕采用胡墼作为炕体材料，胡墼采用生土经过打夯之后成型，盘炕所用的胡墼是矩形胡墼，火炕中胡墼的摆放一般是平行于炕长方向，有时也会采用平行炕长和垂直炕长相结合的摆放形式。

当用胡墼盘炕时，先沿炕长方向紧挨着摆放两排胡墼，使得其顶上刚好可以放一块胡墼，这样的摆放方式称为"一通"；紧挨着再放一通，则称为"两通"。因此，一般情况下，炕的宽度都以通计量，炕的最小宽度不能小于四通（图 4.20）。

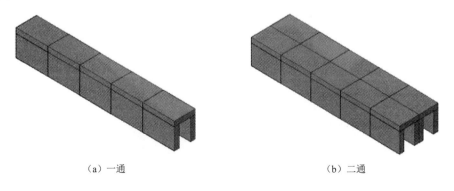

（a）一通　　　　　　　　　　　　　（b）二通

图 4.20　胡墼摆放模型图

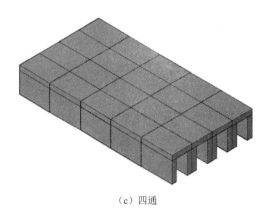

（c）四通

图 4.20（续）

4.2.3 施工工艺

由于火炕的种类多种多样，其施工工艺也有所差别，下面以窑洞民居中使用较为广泛的以胡墼为材料的传统落地炕为例，详细叙述其施工工艺。火炕的施工流程：制作胡墼→确定盘炕的日期与尺寸→确定火炕的位置→砌筑烟囱→砌筑炕墙→做垫层→做炕口胡墼→设置烟道→做炕面→试烧。

1. 制作胡墼

（1）胡墼简介

胡墼（图4.21）是一种古老的土坯砖，是当地居民用模子和杵子制成的。其尺寸在不同时代、不同地区各不相同，其体积不宜太大，大了不易搬运且易损坏；不宜太厚，厚了不易晾干。胡墼的原材料主要是当地黄土，经过浸水、拌和、翻晒、糅合、进模、成型、脱模、晾晒等工序制作完成。

图 4.21　胡墼

（2）胡墼模具简介

制作胡墼所用模具（图 4.22）由当地木工或窑匠制作。

以图 4.22 为例，模具由 5 根条状木块制作而成。木块 1 与木块 3 的两端，一端开矩形孔，另一端开槽。木块 2 两端削成矩形，以便穿过木块 1 与木块 3 的矩形孔并加以固定，使得木块 1 与木块 3 相平行且净距离为胡墼宽度。木块 4 与木块 2 之间的净距离为胡墼长度。木块 4 的长度是可以调整的，做

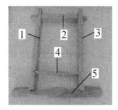

图 4.22 胡墼模具

矩形胡墼时，木块 4 嵌进木块 1 与木块 3 的长度与木块 2 相等；做楔形胡墼时，木块 4 两端嵌进的尺寸比木块 2 小 1 寸。木块 5 两端开口是为了在制作胡墼时固定木块 1 与木块 3，以保证土坯的尺寸。

（3）胡墼的制作

1）制作前准备。胡墼制作时需要几个特定的条件：一是要有宽敞的地方，以便摆放晾晒；二是土必须是碱土或黄土；三是必须有水源；四是要离放牧区远一些，以防牲畜踩踏。

2）制作过程：

① 取材（图 4.23）。制作胡墼的原材料就是黄土。黏土是黄土中重要的组成部分，因为它的黏性，黏土变湿后能够把土壤中各种成分黏结在一起。黏土在水中容易散开，但干燥时则变硬。制作胡墼的黏土质量基本决定了胡墼的质量和耐久性，所以黏土的选择十分重要，要选择质纯、没有杂质的纯黄土、黄黏土等，并含有少量细砂。细砂的含量在土质中占三成左右时比较适合用来做胡墼，但砂的含量太大则会影响胡墼的抗水性。有时可掺和适量的草筋或麦糠，有的地方还添加木棍、蒿秆等，以增加胡墼的拉结力。

② 过筛。用铁锹将挖好的黄土过筛（图 4.24），去除杂质，要求土体内部不含有大于 20mm 的土块。

图 4.23 取材

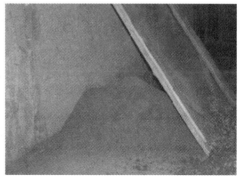

图 4.24 过筛

③ 加水润湿。将筛好后的土体堆成一个土堆，在土堆中间挖一个浅坑，用脚或铁锹将浅坑上面的虚土压实，之后加入一定量的水，水量由有经验的工匠掌控，然后浸泡 7～8h，使土达到预定的含水率，以保证制成的土坯的强度（图 4.25～图 4.27）。

④ 拌和。从土堆中取出一定量的土，用铁锹将干土与湿土进行拌和（图 4.28），使土体尽可能达到最优含水率，具体施工过程中的拌和程度依窑匠的经验确定，达到"手握成团，落地开花"即可。

图 4.25　土堆

图 4.26　压实

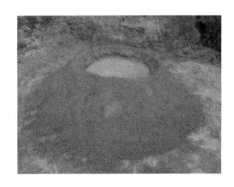

图 4.27　加水润湿

图 4.28　拌和

⑤ 确定放置位置。在附近宽敞的环境中，找出一个放置土坯砖的位置，如果地面不平，可补上一层土，以保证地面平整（图 4.29）。

⑥ 摆放胡墼模具。固定一边尺寸，如做矩形土坯，可将另一端调整为 260mm，做楔形土坯则调为 230mm，按照使用方法摆放模具（图 4.30）。

⑦ 撒灰。为防止胡墼夯打后与模具四周和地面黏在一起，预先在模具和地面上均匀地撒一层石灰或草木灰（图 4.31）。

⑧ 填土。用铁锹将拌和好的土铲入模具内，一般三锹可填满，故称为"三锹"（图 4.32）。

图 4.29　抹平地面

图 4.30　摆放模具

图 4.31　撒灰

图 4.32　填土

⑨ 踩土。用脚将土踏实，通常移动脚步六次，称为"六脚"（图 4.33）。

⑩ 夯实。用夯锤将土夯实，夯好的土坯表面会出现"十二个窝窝"（图 4.34）。

图 4.33　踩土

图 4.34　夯实

"三锨、六脚、十二个窝窝"是胡墼制作的基本要领，也是技术要求。

⑪ 拆模与晾晒：将胡墼夯实之后，由于其土是潮土，不是稀泥，因此具有一

定强度，可直接拆模（图 4.35）。拆模具时，将未固定的一端打开，将胡墼取出来，托在肩上，放置到指定地点，侧立晾晒一段时间，即可使用（图 4.36）。拆模具的时候由于胡墼强度并不是很大，操作不当很容易将刚拆模的胡墼弄坏。

打好的胡墼不能沾水，沾水即坏。因此，在多雨季节，需拿防水塑料将胡墼盖住，用来防雨，以免功亏一篑（图 4.37）。

（a）拆模（一）

（b）拆模（二）

图 4.35　拆模

（a）托在肩上

（b）侧立晾晒

图 4.36　晾晒

图 4.37　防雨措施

2. 确定盘炕的日期与尺寸

盘炕前需选择好时间并确定好尺寸，日期和尺寸都要求含"七"，如炕长为七尺或六尺七寸、宽为四尺七寸。因为"七"与"妻"谐音，寓意"与妻同床，白头偕老"。考虑到人们对内部空间的使用需要，一般情况下会在窑炕内侧扩充 250mm 的距离，看起来好像是窑炕嵌在窑壁上一样，窑炕外侧一般在窑洞宽度中线附近。

3. 确定火炕的位置

豫西地坑窑院的火炕一般在窑洞内部靠窗且紧贴窑脸的位置。这种布局有两个好处：一是采光充分，妇女在热炕上做针线活、儿童玩耍、成人聚会用餐有良好的光线，靠窗布置可使阳光直接照射到被褥上，减少了晾晒的次数；二是有利于炕体内部烟尘的排出，紧贴窑脸的布局使排烟通道的设计更为简单。其通常的做法是将烟道隐藏在窑脸的边墙处，烟道沿着窑脸边框向上延伸至地面，窑脸边框布置窑炕烟囱是为了出烟快，防止窑洞内存烟。火炕的平面布置图如图 4.38 所示。

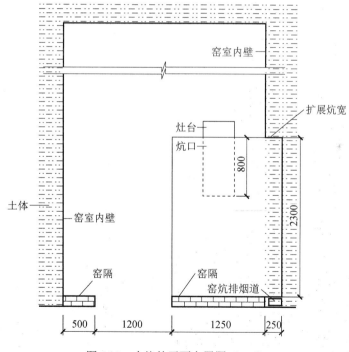

图 4.38　火炕的平面布置图（mm）

4. 砌筑烟囱

烟囱一般在窑隔旁边，上通到拦马墙正中的位置，下通到窑腿内部（图 4.39）。挖烟囱时，应用洛阳铲（图 4.40）在预定位置从下向上垂直掏挖一个圆孔，通至院坑底部，其垂直度用铅锤控制。

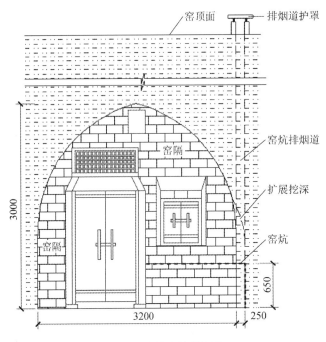

图 4.39　隐匿于崖体中的排烟道（mm）　　　　图 4.40　洛阳铲

在开挖过程中，经常会发现烟囱并不是竖直的，有时候会歪斜，这时候应从顶部沿烟囱向下挖深 0.5～1m 的槽，然后用砖或者胡墼在烟囱原来的位置重新竖直砌筑烟囱。

5. 砌筑炕墙

火炕外侧的墙体成为炕墙，一般采用青砖砌筑，炕外侧墙体宽度为 120mm，高度为 600mm 左右。炕头处墙体宽度为 240mm，高度比炕外侧墙体高出 5 皮砖的厚度，即 900mm。砌筑时为保持每一层砖的标高相同，需挂线砌筑，砌筑形式并不固定。砌筑时需注意留出炕口的位置，以便添柴加料。炕口的位置距离炕头外墙边线 800mm 处，炕口宽度为 300～400mm，深度为 1000～1200mm。

6. 做垫层

垫层按材料分为两种，一种是素土垫层，一种是胡墼垫层。用不同的材料做垫层，其施工技艺也不相同。如果采用素土垫层，那么炕口部分砌 3 皮砖（皮数由炕的高度确定），与外侧炕墙相连围成一圈，在圈内倒入黄土，分 3 层夯实，然后抹一层虚土找平（图 4.41）。如果用胡墼做垫层，

图 4.41　做垫层

只需将胡墼并排平砌4~5层，用草泥浆黏结，中间在炕口的位置留出炕口。

7. 做炕口胡墼

炕口胡墼需做成拱形（图4.42），这样做既可以增大炕口立面空间，便于添柴加料，又可以使炕口看起来美观。其做法是由窑匠先凭经验在胡墼上画出拱形曲线，用锯条或锥子沿曲线将局部土体去掉，再用小刀对其曲线进行修整。

图 4.42　做炕口胡墼

8. 设置烟道

烟道壁采用两个并排的胡墼侧立起来，每隔一段距离放置（图4.43和图4.44）。这样，一方面有利于烟尘快速到达排烟通道；另一方面使烟尘迅速向四周扩散，同时有利于上部胡墼的搭接。其具体做法：先将胡墼沿火炕周围摆放一圈。此过程需预留出烟囱口的位置且在炕口处摆放炕口胡墼。

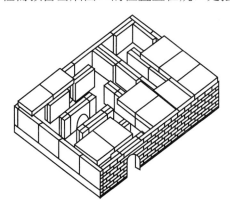

图 4.43　胡墼摆放示意图

图 4.44　摆放胡墼

根据上部胡墼平铺时的摆放来确定并排胡墼横向的间隔长度，胡墼宽为260mm，两边搭接尺寸都为60mm，则需间隔260－60×2＝140（mm）。胡墼纵向摆放无特别要求，距离一般为100～200mm。胡墼的摆放形式可根据要求设置，如果想改变烟道走向，只需调整胡墼的方向即可。上下两层胡墼的铺砌方式不一样，铺设时，下部胡墼先摆放一部分，然后平铺上部胡墼。如果摆到最后，胡墼尺寸大于所剩距离，可截掉多余的部分。

9. 做炕面

将石灰和土以2∶8的比例拌和，并加入定量的水，和成泥。将和好的泥或用草泥浆平铺在胡墼面上，厚度一般为70～80mm，并将其抹平（图4.45）。为了使炕面温度均匀，炕头部分可采用双层炕面或表面抹厚一些，炕梢部分可抹薄一些。

10. 试烧

试烧（图4.46）的目的是将火炕上的泥烤干。烧的过程中，由于炕面上的泥受热不均匀，炕口处上方最先烤干，因此在铁锹上压一块青砖放在炕面使之移动，以保证炕面的平整。试烧时要小火，否则炕面抹泥会开裂。等炕干透后再大火烧，烧到没有水蒸气产生时即可使用。

图4.45　做炕面　　　　　　　　　图4.46　试烧

火炕是窑洞居民在长期实践中智慧的结晶，与豪华的床相比，其朴素简单，但冬暖夏凉、宽敞干爽，非常有益于人的身体健康。实用朴素的火炕与窑洞居民的起居密切相关，可以说，只要窑洞存在，火炕就不会消失。

4.3　炉　　灶

炉灶是民居形式中不可或缺的重要组成部分，也是窑洞民居中极为重要的生活设施。炉灶历史悠久，最初是由泥土垒起来的灶台，相传由燧人氏发明。后来，人们改用土砖、红砖建造，再用瓷砖嵌灶面。随着社会经济的发展，炉灶渐渐由电饭煲、煤气灶替代而退出了历史的舞台。有条件的居民还用上了天然气灶具，现在已经很难看到农村房顶上袅袅炊烟的景象。然而，在黄土高原的窑洞民居内，仍然可以看到人们用炉灶做饭的情景。

4.3.1　炉灶的作用

1. 炊事功能

无论是靠崖窑还是地坑窑院，窑院中都有一座用于烧火做饭的炉灶。炉灶作为一种燃具，最基本的作用就是做饭。

2. 取暖作用

在冬季严寒天气，窑洞居民可以围在炉灶的周围烤火取暖。

3. 提供热源

炉灶与火炕可以有机结合在一起，组成"灶连炕"。为了取暖，居民充分利用煮饭时所产生的热量和柴烟加热火炕，以供人们休息，既节省了为火炕加热的工序，又节约了燃料。

4. 烘干作用

与火炕作用相似，炉灶在冬季既可以解决窑洞内部潮湿的问题，也可以烘干潮湿的鞋子、毛巾、衣服等生活必需品，提高居民生活的舒适性。

4.3.2　炉灶的构成与分类

1. 炉灶的构成

炉灶的类型不同，其构成也不尽相同。由于吸风灶较旧式灶来说结构更合理，构造更复杂，且使用较多，故以此为例详细讲述其构成。

炉灶的基本构成可分为外部构成和内部构成。外部构成包括灶体（灶台）、灶门、烟囱；内部构成包括灶膛、拦火圈、进风道、出烟口、炉算、吊火等。灶剖面图与炉算分别如图 4.47 和图 4.48 所示。

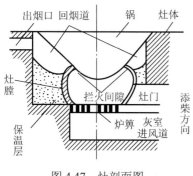

图 4.47　灶剖面图

图 4.48　炉算

灶门的作用是添加燃料和观察燃烧情况,其位置应低于出烟口 3～4cm,若高于出烟口,就会出现燎烟现象。一般农村民居的灶门高 13～15cm、宽 16～20cm,烧草的灶门可大一些,烧煤的灶门可小一些。为了防止热能从灶门散失,灶门上应安装活动的、带有观察孔的铁挡板。

炉箅位于炉灶的下部,它是燃料燃烧供氧的通风口,通风道内的空气穿过炉箅进入燃烧室内,使灶内的燃料得到充分燃烧。炉箅的大小与通风效果会直接影响到燃料的燃烧效果。因此,合理设计炉箅的尺寸是非常重要的。根据经验确定,锅面积与炉箅面积的比一般为(6:1)～(8:1)。

灶膛,也称燃烧室,是指围着炉箅上方到拦火圈之间的空间,宽 12～14cm,高 6～8cm,其上口内缘与锅底之间留出 5～6cm 的间隙。灶膛可以设计成各种形状,但总的原则是形成最佳的燃烧空间,从而提高灶膛温度,增强灶内火焰和高温烟气的传热。灶膛是灶体内部极为重要的空间部分,灶膛的尺寸是否合理直接影响灶体的热效率。灶膛过大,燃料消耗就会增加,否则灶膛温度就不够;灶膛过小,空间不够,燃料添加次数就会增多,加大散热损失。根据经验,当燃料是煤或木柴类时,灶膛就小一些;当燃料为稻草、玉米秸、高粱秸时,灶膛就适当大一些。

拦火圈可使高温烟气和火焰在灶膛流动,使火焰和高温烟气直接扑向锅底,增大锅底的受热面积,延长火焰和高温烟气在灶内的停留时间,使燃料中的炭和烟气中的可燃气体能够充分燃烧,提高灶内温度。

进风道是炉箅以下的空间,其作用是向灶膛内通风,供氧助燃,并贮存灰渣。进风道高度一般与锅直径相近,宽度为锅直径的 1/2 左右。进风道形状一般多为长方形或上窄下宽的梯形,有时为了保温而砌筑成上部封闭、下部可开关的形式,有时会将进风道的下部作为清灰坑。

2. 炉灶的分类

按建造材料,炉灶可分为生土灶和砖灶;按通风助燃方式,炉灶可分为带风箱灶和不带风箱灶;对于带风箱灶,按烟囱和灶门的相对位置,可分为前拉风灶(烟囱口和灶门在同侧)和后拉风灶(烟囱口和灶门在对侧);按可放置锅的数量,可分为单灶(图 4.49)、双灶(图 4.50)、多锅灶;按与火炕的结合方式,可分为炕连单灶(图 4.51)、炕连双灶(图 4.52);按照功能的综合性,还可以分为穿山灶、旧灶和吸风灶。下面介绍炕连双灶、穿山灶和吸风灶。

窑洞中的炉灶与火炕虽是两个不同功能的设施,却也是不可分割的结合体。冬季为了取暖并充分利用煮饭时所产生的热能,炉灶与火炕便有机结合形成"炕连灶"。炉灶内产生的热量和柴烟,经过灶内烟道,首先进入火炕的中层,在火炕内折返多次后,最后才由火炕另一端的排烟口与窑隔隔墙夹角处的烟囱排到窑洞外。其原理与烟囱排烟的原理基本相同。炕灶相连，共同组成了窑居内的取暖系统。

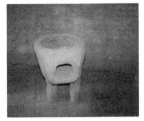
（a）单灶（一）

（b）单灶（二）

（c）单灶（三）

图 4.49　单灶实景图

图 4.50　双灶实景图

图 4.51　炕连单灶

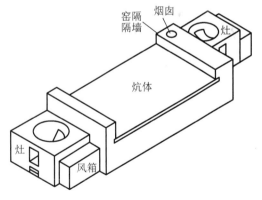

图 4.52　炕连双灶

（1）炕连双灶

炕连双灶是炕连灶形式的一种。炉灶设置在火炕的两端，一个设置在窑洞内，用于冬季做饭；另一个设置在窑洞外，用于夏季做饭。烟囱由窑隔隔墙通到窑顶。在寒冷的冬天，窑炕需要加热，此时只需使用窑洞内部的炉灶即可。在炎热的夏天，火炕不需要加热，用窑洞外的炉灶做饭，可以避免窑洞内聚集热量和油烟，提高居住的舒适度。

（2）穿山灶

穿山灶，又称"穿山火"，属于多锅灶的一种。穿山灶可根据放置锅的数量分为"四连灶""六连灶"……"九连灶"（图4.53～图4.55）。九连灶功能最全，因此下面以九连灶（图4.55）为主进行穿山灶的介绍。穿山灶是地坑窑院民居特有的炉灶，呈斜坡状依次向上排列，灶心相通，根据热气往上走的原理，依次有九个灶孔，可以同时放置九个锅，炉温逐减，可根据火候烹饪当地美食"十碗席"。当地有"七紧""八慢""九消停"之说，意思是宴请宾客做流水席时，七个锅有点紧张，八个锅有些慢，九个锅刚刚好。穿山灶的头两个火最旺，适合蒸、煮；随着火力的依次减弱，分别有炖、焖、保温等功能。穿山灶充分利用了热能，几个锅同时操作，非常高效。穿山灶虽然外观粗糙、朴素，但其结构巧妙、功能强大，充满了地坑窑院居民的智慧。穿山灶不经常使用，一般在家中办喜事或丧事的时候才用。

图4.53　四连灶　　　　　　　　　　　图4.54　六连灶

图4.55　九连灶

（3）吸风灶

黄土高原窑洞民居中常见的灶就是传统的旧式灶。旧式灶缺点较多，其结构有"两大、两无、一高"等不合理的地方，即灶膛空间大、添加燃料的灶门大，灶膛下无炉箅、无烟囱，吊火高。旧式炉灶的不合理导致灶内燃烧不完全，保温性能差，热源利用率较低，比较浪费燃料，做饭也比较耗时，经常导致烟熏火燎。有的炉灶排出的烟可把墙体熏得乌黑，不卫生。

吸风灶（图 4.56），又称"省柴灶"，是针对旧式灶的缺点进行改造的灶。利用烟火发热后的密度变轻、火往上行的原理进行"拉风"，从灶膛到灶门再到烟囱进行密封处理，做到密不透风，形成一个自身循环的通风系统，使燃料得到充分燃烧。吸风灶还设置了保温层，增加了拦火圈，延长了高温烟气流在灶膛里的回旋路程和时间，从而使热损失减少，热效率提高，既省燃料又省时间，并且安全卫生、使用方便。根据测试与调查，吸风灶比一般旧式灶节省 1/3～1/2 的燃料，做饭时间减少 1/4～1/3。

 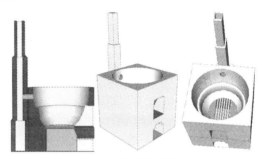

（a）吸风灶实景图　　　　　　　　　（b）吸风灶示意图

图 4.56　吸风灶

4.3.3　施工工艺

1. 砌炉灶前的准备

砌炉灶前，首先要根据锅的直径、深度来初步确定炉灶的尺寸。然后根据生活习惯及操作方便（一般以做饭不弯腰为准）来确定炉灶的高度，高度多为 80cm 左右。灶台（灶体）的大小主要根据锅直径和居民的需要确定，要在灶台上放置物品的，炉灶的整体尺寸就应该大一些，但也应考虑到美观，布局要适当。

需要注意的是，如果是炕连灶，需要与火炕相连，因此炉灶的高度就要受火炕的高度制约。俗话说"七层灶台八层炕"，意思是灶台要比火炕低一层砖或胡墼的高度，这是为了让灶烟能够更好地通往炕体内部。否则，烟气流动受影响，炉灶不好烧，会出现倒烟的现象。

炉灶的总高度应该是锅的深度、吊火高度及进风道高度之和。如果这个高度与操作方便的高度有冲突，可采取向地下挖进风道的方法，以保证地面上部的高度满足操作方便的要求（图 4.57）。

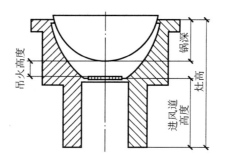

图 4.57　炉灶高度控制示意图

吊火高度,即炉箅平面至锅底之间的距离。吊火高度是吸风灶的一个重要技术指标,它直接影响着灶的热性能和用户的使用效果。吊火高度过高会浪费燃料,吊火高度过低会导致频繁添燃料。因此,吊火高度的确定需要考虑炉灶的热性能和使用方便。通常吊火高度是这样确定的:烧软柴为主的炉灶,吊火高度为 14~17cm;烧硬柴为主的炉灶,吊火高度为 12~14cm;烧煤为主的炉灶,吊火高度为 10~12cm。

砌炉灶前还应预估所用的材料数量,把需要的材料提前准备齐全,如砌筑炉灶所用的胡墼或砖、草泥浆或水泥砂浆、炉箅等。

2. 定位

灶体的位置应根据锅的大小、进烟口的位置及厨窑的布局要求综合考虑确定。砌前先量好锅的直径尺寸,要求大锅与火炕的墙体或其他靠近的墙体必须保持100mm 以上的距离,然后考虑通风道的位置。灶体外形放样和灶体位置确定的合适与否会直接影响到燃烧效果、使用效果和美观效果。

定位就是对灶体进行水平放线和立体放线,目的是控制灶台各组成部分的几何尺寸,使其符合设计要求。

水平放线,可以准确控制锅具、炉箅、进风道及其他构件的平面位置。水平放线的步骤是在选定的地面上,将锅反扣在地面上,沿锅口周边画线,使线到炕墙或其他墙的距离不少于 100mm,即确定好锅的位置(图 4.58)。然后在锅外 100mm处画出灶脚线,即灶台外轮廓线,灶脚线可根据宅主的需要或喜好设计成长方形或其他形状。

立体放线,主要是为了在施工中控制各部位的高度,即在墙上画出灶体高度、锅深度、吊火高度(锅底与炉箅之间的距离)大致的比例高度。根据一般人的身高,将灶体高度确定为 78cm;锅深度为 22.5cm;吊火高度为 16cm;进风道高度为锅直径的 1/4,一般为 16~17cm;余下的空间可以作为清灰坑(图 4.59)。在施工中不要随意改变炉灶的尺寸,以免影响炉灶的成形质量。

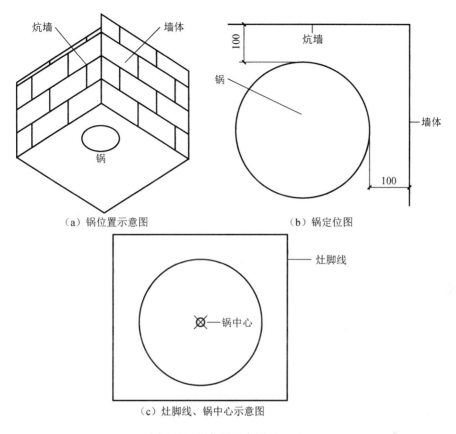

（a）锅位置示意图　　　　　　　　　（b）锅定位图

（c）灶脚线、锅中心示意图

图 4.58　锅位置示意图（mm）

78	
锅深度	22.5
吊火高度	16
进风道高度	17
清灰坑	22.5
地面	

图 4.59　立体放线示意图（cm）

　　进行进风道位置的确定时，先找出锅的中心位置，钉中心桩；然后根据烟囱吸（抽）力的大小、烟囱的位置来确定炉箅的位置。把炉箅放在中心点上，将炉箅全长的 1/3 朝向出烟口，2/3 朝向进风道放好，用粉笔在炉箅四周画线，画出炉箅平面位置，将炉箅拿开之后，沿炉箅的垂直方向引线，确定进风道的位置（图 4.60）。

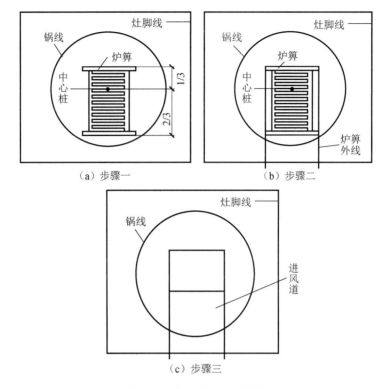

图 4.60　进风道定位示意图

3. 砌筑进风道和灶脚

沿着放好的线砌筑砖或胡墼，但不论使用哪种材料，进风道都应砌筑得坚固耐用，内壁平滑无缝，以减少进风阻力。进风道的高度取锅直径的 1/4，纵深与炉箅里端平齐，以利于进风。其底部大多砌成斜坡式，以增强引风效果。砌筑灶脚时应严格按照水平放样施工，当砌筑到大约 5 层砖高度时，可向外凸 4cm（图 4.61）。最后用水平杆测量其高度是否与放线位置的进风道高度一致。灶脚内部空隙部分用碎砖或者碎土坯填平，边填边捣实。等炉箅安装完毕后，在上面抹一层水泥砂浆。

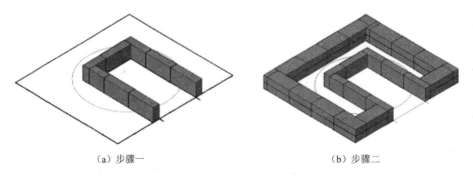

图 4.61　进风道和灶脚砌筑模型

（c）步骤三

图 4.61（续）

4. 安装炉箅

除按照水平放线的位置放好外，炉箅朝向灶门的一头要高于灶膛里面的一头，其倾斜角度为 12°～18°。当烟囱的位置和灶门是一个方向时，这个夹角要小于 12°；也可以将炉箅放平，然后在炉箅和砖之间抹一层砂浆，使得炉箅和砖黏结在一起（图 4.62）。炉箅做好后，对里面的空隙部分填入胡墼或者碎砖作为填充，边填边捣实，然后与炉箅一起用水泥砂浆抹面。

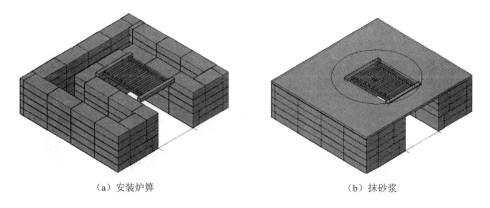

（a）安装炉箅　　　　　　　　　　　　　　（b）抹砂浆

图 4.62　炉箅安装模型

5. 建灶膛

首先，要确定灶膛的位置。先找出炉箅的中心点，然后以炉箅的中心点为圆心，以锅直径的 1/4 为半径画圆，这个圆就是灶膛内径的位置。然后用砖或胡墼沿画好的圆砌筑灶膛，建造时应注意保证灶膛所有的缝隙都填充饱满，防止使用一段时间后发生松脱，造成破损。灶膛的砌筑尺寸应遵循设计要求。为保证施工的准确和规范，应经常用水平尺进行测量，如有偏差，及时进行调整。灶膛建造示意图如图 4.63 所示。

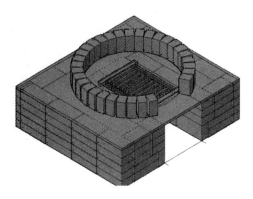

图 4.63　灶膛建造示意图

6. 设置保温层

在灶膛外 10cm 左右砌筑一圈宽 50mm 的保温层，高度略低于灶膛。用炉渣、草木灰、锯末等保温材料将保温层填满，可适当加水捣实。有条件的可选用矿渣棉和珍珠岩等。

7. 安装灶门挡板

先对挡板进行调整，然后插入灶门边缘的缝隙中，上部可用一块砖压住，使之固定，并在灶面进行水泥砂浆抹面。

8. 再次确定锅的位置

将锅反扣到灶体上，注意应使锅口边线与炕墙或者其他墙之间的距离与水平放线时保持一致，然后用粉笔沿锅边在水泥砂浆上画线。

9. 砌出烟口

出烟口的面积应等于或稍大于灶门的面积，应位于灶膛的最高处，其上沿应低于灶体整体高度 3～4cm，灶门的尺寸为 12cm×12cm。砌筑出烟口之前应先将其入口处砌平，出烟口最好做成喇叭形，靠烟囱的部位要窄些。

10. 砌筑灶体

灶体主要起保温和承受锅台质量的作用。先将灶体的四周砌筑至立体放线时指定的高度，即砌出锅身的高度。一般情况下，灶台应凸出灶身 4～8cm，这样既方便使用，又可以美化灶型。灶体砌好后，将锅放上去，用水平尺检查锅口是否水平。然后在出烟口放瓷砖或者铁皮密封，在上面绑两根钢丝进行加固。最后将整个灶体的外壁用水泥砂浆抹平。有条件的宅主还可以在外壁贴上瓷砖，方便清洁。

第5章 窑居装饰

5.1 崖面修整

传统生土窑居中常将窑居的外立面称为崖面,在生土地坑窑院民居中,崖面就是窑院围合的四个立面,每个崖面是生土窑居所在面的唯一外立面(图5.1),外立面的装饰水平是体现宅主家境的重要载体。不论家境如何,窑居建造者都要通过对崖面的修整表达对生活的热爱和期盼。不论是简朴粗犷的耙纹装饰,还是精致整洁的饰面装饰,都充分凸显了黄土高原的窑居建筑文化及人文气息[30]。

图5.1 传统生土窑居的崖面

崖面要经受风吹、日晒、盐雾腐蚀、雨淋、冷热变化等作用,立面的材料是黄土,黄土材料遇水后强度降低,会造成窑居的坍塌和破坏。除做好护崖檐(详见第3章)、控制崖面抹度外,还应在崖面上构造保护层,以保护崖面土体,使其不受风雨的侵蚀,从而保证窑居结构的安全[31, 32]。

5.1.1 崖面的构成与分类

组成崖面的主要元素有窑脸、护崖檐、拦马墙、窑口、窑隔(门、窗、气窗等)、窑腿、勒脚等,有些崖面还布置有天窗。

1. 基本构成

1)窑脸是窑拱周边区域的总称,是崖面的主要区域,也是家庭的门面,需要重点修饰。

2）护崖檐也称檐口，是沿崖面四周用青砖、瓦等材料修筑的挑出构件，用于保护窑脸，使其不受雨水侵袭，同时也是装饰的重点（详见第 3 章）。护崖檐的设置很需要技巧，设置过于厚重，会产生不均匀的倾覆力矩，造成崖面的坍塌破坏；设置过于单薄，不能有效地抵挡雨水的侵袭，且会导致窑脸的坍塌破坏。

3）拦马墙是沿崖面四周在地面以上砌筑的小矮墙，类似于现代建筑屋顶四周的女儿墙，用于防止人和牲畜跌入院坑，也可以挡住风和灰尘，防止杂物吹进院落。拦马墙也是窑洞装饰的重要部位（详见第 3 章）。

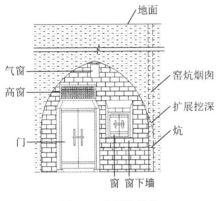

图 5.2　窑隔的构成

4）窑口是指沿窑洞拱券周边所做的装饰部分，也称卷边。

5）窑隔是窑洞洞口的隔墙，是庭院空间和室内私密空间的分界，相当于窑洞的前墙，包括门、窗、窗下墙、高窗、气窗等（图 5.2）。窑隔通常与室内的炕连接在一起，炕的烟囱也隐藏在窑隔中。为了便于设置烟囱，窑隔与崖面不在同一平面，位于窑洞内部距崖面 60～80cm 并与崖面平行的位置。

6）窑腿是相邻两孔窑洞之间的墙体部分，是保证窑洞安全的关键。

7）勒脚，俗称穿靴，是窑腿底部的修饰部分。用嵌砖的方式在窑腿根部予以装饰，环绕院落一周，看上去像是整个院落的踢脚线，美观大方，同时还可以有效地防止雨水对窑墙的侵蚀。

8）传统生土窑居在建造过程中，有些崖面会建造天窗。天窗是指在主崖面正中建造的一个小窑，用以代替主窑（图 5.3）。

（a）天窗（一）

（b）天窗（二）

图 5.3　天窗

在对传统生土地坑窑院民居的窑居建筑进行空间布局时，有三种窑是不可缺少的，即主窑、门洞窑和厨窑。主窑代表窑院的核心定位，门洞窑和厨窑是人们生活所必需的。主窑在窑居中占有重要地位，不可缺少。因此窑居建造时必须规范有序，哪种窑院开几孔窑洞是有规定的，特别是主窑的位置需要慎重安排。有些院子由于面积和形制的限制，主方位上只能开两孔窑，建造者就会在崖面上两孔窑中间距地面 3~4m 处挖一孔小窑，高约 80cm，宽约 50cm，进深不超过 70cm。以此作为主窑，即天窑。这孔小窑没有使用功能，但占据主窑的地位，代表院落的核心。

随着地坑窑院民居的不断发展，人们除赋予天窑精神地位外，还逐步发掘了天窑的使用功能，即可以用它来藏身或存放粮食和贵重物品。随着建造技术的发展，天窑的位置不再局限于主窑面的正中部位，而是可以建造在任何崖面的空闲部位上，且天窑的尺寸依据窑洞之间窑腿的宽度和使用功能确定。例如，传统地坑窑院的崖面高度低于靠崖窑的崖面高度，且窑腿宽度也相对较窄，则地坑窑院中的天窑大多用于填补主窑空缺的象征作用，尺寸较小，常用来放置佛像等小型物品。而在建靠崖窑时，人们会在窑腿中上部的土体中挖凿天窑，使靠崖窑宽大的窑腿得到充分利用。这类天窑尺寸较大，一方面，构造出靠崖窑的立面效果；另一方面，在天窑中放置农具或者存放粮食，充分而合理地利用崖面空间。储存于天窑中的粮食，一方面，可以保持干燥，有效避免受潮；另一方面，由于天窑位置较高，降低了粮食被偷盗的风险[10,33,34]。

2. 崖面的分类

窑脸占崖面总面积最大，也是不可缺少的部分。崖面以对窑脸保护层的营造方式为依据进行分类，可分为原始黄土崖面、饰面式崖面和砌筑式崖面三种类型。

（1）原始黄土崖面

原始黄土崖面（图 5.4）是在进行崖面修整时，保留原始的、有韵律的刨削痕迹，不采用任何装饰材料，宛若天成，自然之美体现得淋漓尽致。这密密麻麻、整整齐齐的刨削痕迹体现了窑居建造的手工之美，为其烙上了劳动的烙印。

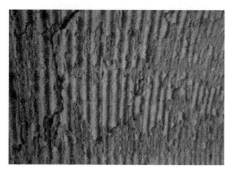

（a）原始黄土崖面（一） （b）原始黄土崖面（二）

图 5.4 原始黄土崖面

原始黄土崖面的做法：将崖面进行刮花处理，使崖面形成充满钉耙纹路的花纹。刮花崖面是原始黄土崖面施工中最重要的步骤，通常建造者使用四齿的钉耙或镢头将窑居崖面土体中较大的料姜石去除，然后刮出一道道纹路。尽管是土崖面，建造者通过制造崖面纹路形成花纹却能使其显得整洁而美观。刮花操作时，建造者会有意排列耙纹或镢印，有的在崖面上留下明显有一定韵律的纹路，纹路间距大致相同，或交叉或平行；有的在崖面上形成花纹，这些花纹像一类原始的图腾，形成一种粗犷天然而有韵味的质地，浑厚有力。

（2）饰面式崖面

饰面式崖面（图5.5）一般采用草泥涂抹崖面，相当于现代建筑中的粉刷。原始黄土崖面的土体未得到任何保护而暴露于室外，要经受风吹、日晒、降雨、温度变化等作用，天长日久，崖面极易被侵蚀而发生开裂、粉化、剥落等破坏。因此，在崖面外部构筑保护层可以有效保护窑洞外立面，延长其使用寿命。草泥抹面是一种简单、经济、常用的形式。草泥抹面除保护崖面免遭风吹、日晒、雨淋作用外，还起到装饰崖面，使其外观干净整洁的作用。

图 5.5　饰面式崖面

草泥抹面的使用寿命有限，在发现侵蚀破坏严重的情况下需要及时更换。更换时，需要将原抹面层铲除，再重新涂抹。除草泥抹面外，饰面式崖面还会在抹面泥浆中掺入石灰等材料。

在进行草泥抹面时，在距离地面1.5m左右处做好墙裙线，或在靠近护崖檐处设置"颈线"，这些线条打破了大面积的崖面，造成视觉上的起伏，在崖面上给人以参差错落的感觉，形成丰富的视觉效果。

（3）砌筑式崖面

砌筑式崖面由砖石、胡墼等材料在崖面土体外侧砌筑而成。砌体材料能很好地保护崖面土体，因此砌筑式崖面具有耐冲刷、耐风化等特点，相较饰面式崖面，其对崖面土体保护能力更强，维护周期更长，但短期造价偏高，考虑长期的维护修理，砌筑式崖面有无法比似的优点。就装饰方面而言，砌体也对崖面起装饰作用，使整个崖面整洁统一。砌筑式崖面的常用砌筑材料有胡墼和砖石。常见的砌筑式崖面有以下几种。

1）砖砌筑崖面（图 5.6）。砖砌筑崖面是把崖面砌筑成清水墙，即表面不做粉刷和抹灰处理，只勾砖缝。这种崖面以砖的本色和砖缝为装饰，朴素简洁。砖块规整，砌筑工艺成熟，因此砖砌筑的崖面工艺细腻，变化丰富，具有与其他砌筑崖面同样的装饰表现。砖砌筑崖面的装饰方式除砖的本色外，还依靠砖缝装饰。砖的组砌方式决定了砖缝的样式，主要有一顺一丁、十字缝、三顺一丁等。最后崖面砖缝形成一个连续的、有规律的网状阵列，外观简洁朴素。

2）石砌筑崖面（图 5.7）。石砌筑崖面以不规则的山石块砌筑，石块之间以石灰砂浆勾缝，形成自然花纹。石材具有一定的防水性能，在表面浸湿的情况下，雨水不会渗入，能保证崖面结构免受雨水侵蚀。石块通常就地取材，在石材较多的地区才会采用，如河南省郑州市上街区方顶村的传统生土窑居，使用石块砌筑崖面。这类崖面显现出石材的天然肌理，石材的颜色丰富了崖面的色调；石砌块饰面将崖面整体勾勒得粗犷、浑厚且富于变化，体现了其生态特性。

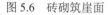

图 5.6 砖砌筑崖面

图 5.7 石砌筑崖面

3）砖石砌筑崖面（图 5.8）。砖石砌筑崖面利用石块及砖两种材料结合砌筑而成。石块砌筑崖面下部，砖砌筑崖面上部，通过材料的对比，突出了窑居结构的个性。

4）胡墼砌筑崖面（图 5.9）。在崖面土体外部砌筑胡墼，就形成了胡墼砌筑崖面。胡墼砌筑崖面较原始黄土崖面稳定，但不及砖石砌筑崖面坚固。其在风雨侵蚀下容易发生剥蚀，但崖面内部土体还是得到了保护。胡墼砌筑崖面延续了生土风格，建筑材料可循环利用。

图 5.8　砖石砌筑崖面

图 5.9　胡墼砌筑崖面

5.1.2　崖面修整的作用

1. 维护作用

　　崖面长期暴露在外界，直接与外界环境接触，受到风吹、日晒、降雨、温度变化等作用，极易发生破坏。通过崖面修整可以构筑保护层，保护崖面土体，提高其耐久性；对于未构筑保护层的崖面，通过定期维护修整，铲除已破坏的崖面土体，避免进一步的破坏。

2. 结构安全作用

在开挖窑院时，特别是开挖生土地坑窑院，会在崖面部位的土体中产生新的临空面；土体的受力方式发生改变，在横向失去约束作用，因而产生向院心方向运动的趋势，通过修整，使崖面保持一定角度的倾斜，以使崖面在重力的作用下抵消土体向院心方向运动的趋势，保持稳定性。

3. 装饰作用

作为窑居结构的唯一外立面，崖面在装饰窑居上起到重要的作用。原始黄土崖面保留了耙痕或镢印，凸显一种原始而粗犷的韵味；砖砌筑崖面，整齐归一；石砌筑崖面，用石块装点崖面；草泥抹面在保留生土风格的同时使崖面更为整洁。不同的崖面有不同的装饰作用，彰显了窑居的特色及窑居主人的个性特征。

5.1.3　施工工艺

1. 崖面抹度及其施工工艺

（1）崖面抹度

为保证崖面土体的稳定，窑院的崖面并不是垂直向下的，而是向院心方向从上往下沿高度方向线性凸出的，在整个崖面形成了一个坡度，这个坡度即为崖面抹度（图 5.10）。

图 5.10　崖面抹度

开挖窑院时，必须合理控制崖面抹度。若崖面抹度过小，则崖面上土体在重力作用下容易脱落；若崖面抹度过大，则雨水会直接冲刷崖面，产生崖面剥蚀病害现象。其控制原则是保证窑腿根部不超出护崖檐边沿的垂点，以保证整个崖面都在护崖檐的庇护之下。

（2）崖面抹度的确定

崖面修整的第一项工作就是崖面抹度的修整。崖面无论做不做保护层，或做什么样的保护层，都需要首先进行崖面抹度的修整。其中最难掌握的技术就是崖面抹度的控制。

崖面抹度根据崖面的高度及护崖檐的挑出宽度确定。一般情况下，抹度与院深存在着一定的数量关系，自上而下（自塬面到院坑地面），前 3m 深度，每 1m 抹度为 1 寸（约 3.33cm）；深度在 3m 以上时，不管有多深，前 3m 以下，每 1m 抹度为 1 寸半（约 5.00cm）。

崖面抹度的确定是在修崖面的过程中通过度量尺寸来进行的（图 5.11）。首先，在地面上（塬面）贴地面平放一根尺杆，尺杆上挂有一根带有铅锤的长线。然后，将尺杆伸进窑院，并慢慢移动尺杆，使铅锤与崖面接触并保证垂线不弯曲，此时可以测量尺杆伸出崖面的距离和铅锤距尺杆的距离，两个距离测出来后，抹度就可以计算出来了。根据计算出来的尺寸修整崖面，就可以达到所需要的抹度。

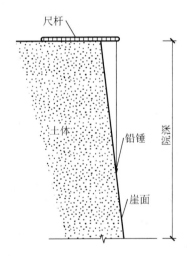

图 5.11　崖面抹度的确定

为了保证不同位置有不同的抹度，需要运用上述方法分段控制，并对崖面进行分段修整。分段控制崖面抹度的目的是保证土体有更好的稳定性。

崖面抹度的施工步骤如下。

1）施工前准备。首先计算不同位置的崖面抹度，并测量毛崖面原始抹度。

① 根据窑院的深度计算出总的抹度，即崖顶处抹出距离 a 及窑深 3m 处的抹出距离 b。假定窑院深度为 h（m），计算方法如下：

$$a = 3 \times 3.33 + (h-3) \times 5$$
$$b = (h-3) \times 5$$

② 在塬面对应崖面的一侧角落的位置平放一尺杆，尺杆上挂有一根带铅锤的长线。然后将尺杆伸入窑院，并慢慢移动尺杆，使铅锤在竖直方向上与崖面的底部接触并保持垂线不弯曲，此时停止移动尺杆且尺杆要放平，读取毛崖面崖顶处的原始抹出距离 c 和窑深 3m 处的原始抹出距离 d。用同样的方法测量崖面另一侧角落处的抹度。

2）施工过程。

① 挖竖向定位凹槽（图 5.12），设置定位线。在崖面左侧角落处挖一竖向深度渐变的凹槽，顶部凹槽深度为（$a-c$），3m 处深度为（$b-d$），底部深度为 0，凹槽横截面宽度为 5cm，同样在崖面右侧角落也挖凿一个竖向定位凹槽。

为保证凹槽底部土体尺寸变化均匀，首先在凹槽顶部、底部、3m 深度处竖向开孔，孔深度为该部位的抹出距离，并各揳入一个小木桩或钉入一个钉子；然后用绳子连接木桩或钉子底部靠近土体的部位，设置定位线，注意使绳子处于紧绷状态；再沿绳子方向刷出宽 5cm 的凹槽，一直刷到紧绷的绳子与崖面正好不接触为止（在刷的过程中，要不断调整绳子，使绳子一直处于紧绷的状态）；最后当定位绳处于直线状态时，完成定位凹槽的挖掘及定位线的设置。

② 挖水平向定位凹槽（图 5.13），设置定位线。在崖顶水平方向挖一凹槽，凹槽深度为（$a-c$）；凹槽横截面宽度为 5cm，用同样的方法在窑深 3m 处水平挖一凹槽，最终确定平均深度为（$b-d$），凹槽横截面宽度为 5cm。设置横向定位线时，用一根绳子连接两侧的竖向定位线，此绳子可以沿着竖向定位线滑动。

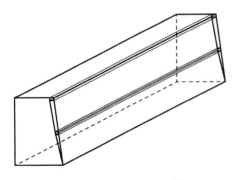

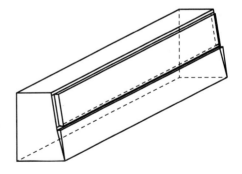

图 5.12 挖竖向定位凹槽　　　　　　图 5.13 挖水平向定位凹槽

③ 刷崖面抹度。开始刷窑深小于 3m 的崖面，用羊镐从上往下刷，边刷边把水平的绳子沿斜向的两根绳子向下滑动，刷崖面的标准是使水平的绳子与崖面正好不接触。以上工作结束后，就可以开始刷窑深大于 3m 的崖面，刷的方法与刷窑深小于 3m 的相同（图 5.14）。当高度范围内崖面抹度刷完后，再用耙子进行轻微修整，使崖面更平整一些。

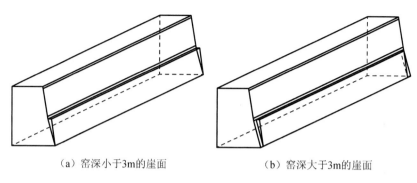

　　（a）窑深小于3m的崖面　　　　　　　　（b）窑深大于3m的崖面

图 5.14　刷崖面抹度

2. 窑隔的施工

　　窑隔是窑洞洞口隔墙的总称，是庭院空间和窑洞空间的分界，也是窑洞的前墙，包括窑口、门、窗、窗下墙、高窗和气窗等。

　　（1）做窑隔

　　窑隔要在窑洞挖成并基本晾干后才能施工。

　　做窑隔时必须保证地面平整。一般先铺一层砖，然后放置门墩、安装门框，待窑隔砌筑到适当高度时放置窗框。门框和窗框的放置很有考究，有些地区是"俯门仰窗"，意思是安装门框时，要让门框上部向外稍微倾斜一点，即俯门；安装高窗（门框上面的窗户）框时，要让高窗上部稍微向里倾斜一点，即仰窗。其原因是门一般向内开，门框上部向外倾斜时，门关上不会自动打开，关闭较紧；高窗上部向内倾斜，看起来比较美观。但是，如果有风门的话，门框一定不能倾斜，因为风门是向外开的，如果门框倾斜，风门就会自动打开而起不到风门的作用，所以凡是有风门的门框都不能倾斜。窑隔与旁边的土壁靠泥黏结在一起，外部的砖和内部的胡墼是同时施工的，在施工的过程中要预留出窗框。在砌墙的过程中，砖墙与胡墼砌筑必须协调。当窑隔砌筑到一定高度时，可安装窗框。需注意，安装门窗前，窗框应保证水平。在窑隔上部，即高窗正上方，窑脊部位需留设一个"稍眼"，其两边用砖填上，主要用来通风透气。

　　（2）修窑口

　　窑洞前墙绕拱矢的部分称为窑口。窑口通常用一层砖包砌，上面还挑出一层砖或形成完美的线脚等。墙面用砖拼成图案，清晰美观，拼砌砖花要由专业窑匠完成。由于崖面有抹度，窑口略向后倾斜，砖面很稳定。

　　（3）安门窗

　　窑隔的窗下墙建起后，就可以安装门窗框、门槛、中槛等，然后装上门和窗。上主窑一门三窗，门为双扇门，设上部半圆高窗与下部左右两侧开窗（图 5.1）；其他窑一门二窗，门为单扇门，窗为高窗和侧窗，可设上部半圆高窗与下部右侧开窗，左侧为长方形的门。窗多以木条制成几何形窗棂，或镶玻璃，或以纸糊窗。

门多为无任何雕饰的木框板门；还有实板门、上部为透空的窗格式门，门的上部又做成实板横批；也有做成格栅的横批，与窗连成一体。

3. 崖面保护层的施工

下面以草泥抹面的崖面为例说明崖面保护层的施工。

（1）施工前准备

准备抹面所用的草泥浆，草泥浆的制备需要细黄土、稻草或麦秸秆等材料。草泥浆制备所用的材料较为讲究，应选择杂质含量少的黏性土。对一般天然土质，要把土壤晒干，过筛将杂质筛掉，经敲碎研细后，放置一段时间晾晒发酵，再加入麦秸秆等，加水反复搅拌，达到均匀黏稠的程度。

细黄土可以采用原始挖窑土，但需要研磨过筛，使其不含杂质。稻草或麦秸秆则最好选用当年的，需坚韧、干燥，且不含杂质。在使用前，要把麦秸秆轧扁并用铡刀切成长 2～2.5cm 的尺寸，其长度不应大于 3cm。条件允许的情况下，稻草、麦秸秆可经石灰浆浸泡处理，以起到防腐作用。

主要使用的工具有铁锹、筛子、锄头、五齿耙、铅锤、方尺杆、托泥板、泥抹子、钉子、铡刀等。

准备好抹灰高凳或脚手架，架子应离开崖面及角部 200～250mm，以便操作。

（2）施工过程

1）崖面处理。崖面刮过之后，应形成预定的抹度。抹灰前清扫崖面虚土，确保崖面平整无杂质。用钉耙或镢头在崖面上挂出一定的刮痕，这样可以加强崖面土体与草泥抹面之间的结合能力。

2）和泥。在筛除杂质的精选黄土上撒上一定量的麦秸秆，土与麦秸秆的比例为 3∶1。加入其他材料，中间刨坑浇清水，用铁锹和锄头、二齿耙等工具和匀，边和泥，边观察材料比例和稠度，反复搅拌，达到均匀黏稠的程度即可（主要靠经验确定）。

3）抹面。根据崖面粉刷要求，以及基层表面的平整、垂直情况，确定抹灰厚度。崖面凹度较大时要分层衬平，用靠尺板检测抹面的垂直与平整。

抹面的传统做法有两种：单层做法与双层做法。单层做法是涂抹一道约 15mm 厚的草泥浆。双层做法是先用 1∶1 草泥浆打底，打底厚 10～15mm，麦秸秆或草的长度为 10～30cm；再用 1∶1 草泥浆做 5mm 厚的抹面，这时的草泥浆是由麦秸秆（长 2～2.5cm）和黄土按比例制备的。

（3）注意事项

1）崖面抹度修整是在挖窑院时进行的，而崖面其他修整应在窑洞挖好后，等崖面晾晒一段时间，土壤水分充分蒸发之后再进行。

2）拌制草泥抹面时，注意草泥中掺和料——草、水、土的比例。所选用的料草应用铡刀切成一寸左右的长度，泥土必须为散土。抹面应注意厚度控制，不宜过薄，抹面过薄起不到保护崖面的作用；也不宜过厚，抹面过厚容易在重力作用下自动脱落。

3）崖面保护层需要经常维护，当发现保护层破坏时应进行修复、维护，维护周期在3～5年。维护方法是铲除已被侵蚀破坏的草泥抹面或土坯等，重新进行抹面或砌筑处理。

4）严格控制崖面抹度。结合护崖檐出挑尺寸及传统抹度做法，在确保崖面稳定的同时，使下落雨水滴落在窑腿以外，避免雨水冲刷崖面造成破坏。

5.2　室　内　装　饰

中国传统民居在建筑审美行为方面偏于抒情，乐于寄托理想，这种人文创作的方法有着深厚的文化渊源。例如，在传统建筑中常有的龙凤雕饰、以"吉祥如意"为主题的"福、禄、寿、喜"及诗画装饰等都充分体现了中国传统建筑的以人为本的理念，反映了人们对现实生活的热爱和对美好生活的憧憬。

作为传统建筑中一个重要的分支——生土窑居，为了满足窑居居民的社会活动及生活需求，传统生土窑居会通过对室内进行精心的装饰（图5.15），来塑造具有美感而又符合人们生活习惯的生活空间。窑洞室内装饰是为满足人们生产、生活的要求而有意识地营造出来的一种理想化、舒适化的内部环境[35]。

图 5.15　传统窑居室内装饰

室内装饰主要指窑洞内部空间的装饰，包括室内布置格局、室内空间造型、壁龛、室内地面、吊顶和顶棚、壁面剪纸多个方面。窑居室内装饰充满丰富的表现形式，将传统窑居地区的人文风俗体现得淋漓尽致。

5.2.1　室内布置格局

　　窑洞为一个开口的口袋式房间，门口处由窑隔与外界分隔。窑洞是窑居中主

要的生活空间，而主窑与次窑的格局布置
因其使用功能的不同而各不相同。

　　主窑：主窑是院子中最大的一口
窑，为家庭中的重要公共活动场所，用
于家庭过年、重要议事、办理丧事等。
主窑一般不用于居住，因而在主窑中不
盘炕，窑底陈列有祠堂牌位，两侧则对
称放置多把太师椅，太师椅之间用几案
隔开（图 5.16）。

图 5.16　主窑布置格局

　　次窑：除主窑外，其余用于居住的窑
都可以称为次窑，其室内布置格局大致相同。土质的窑炕占据入口处窗前的重要
位置，起居和储存空间依次向内。在空间的使用上，明亮而干燥的区域用于卧睡，
阴冷黑暗的区域用于粮食的存放，中间炉灶将两个部分隔开，作为活动区域。
这样的布置格局充分利用了窑洞的特点，使窑洞在使用过程中有通畅的流线，
方便合理（图 5.17）。

　　炕箱：由于窑炕的宽度一般接近甚至超过窑洞一半的宽度，考虑到窑隔门窗
的设置，以及室内过道的宽度；根据对内部空间使用的需要，窑炕靠着窗墙的一
面通常会向窑洞内壁扩展深挖一小段，称为炕箱，看起来像是将窑炕嵌入窑墙中
一样（图 5.18）。

图 5.17　次窑布置格局

图 5.18　炕箱布置格局

　　综上所述，窑洞一般按照主人的偏好及需求对内部空间进行布置，空间格

局基本遵从由外至内依次是起居活动空间（包括火炕和炉灶）、活动区域、储物空间的顺序来进行布置。大体原则是由外至内依次为火炕、炉灶、储物空间。

5.2.2　室内空间造型

除炕箱外，传统窑居的窑洞内还常有一些较小的拓展空间，用于放置一些生活用品。这些拓展空间除有使用功能外，在某种意义上也装点了窑洞空间，作为一种空间艺术类型，传递了美的韵律和节奏，成为窑洞室内装饰的亮点。

传统生土窑居的空间造型基于生土结构的特色，采用拱曲线的形式进行装饰，较小的弧形拓展空间与整个窑洞的拱券曲线相呼应，以简洁的线条产生了丰富而活泼的视觉效果。同时，合理的比例与尺度也使窑居内部的空间造型给人以舒展开阔的感觉（图5.19）。

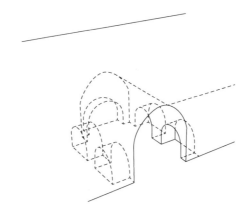

图5.19　窑洞室内空间造型

5.2.3　壁龛

壁龛源自佛龛、神龛，是嵌入墙体的一种小尺寸装饰构造。壁龛在生土窑居中较为常见，主要用于放置佛像、灯盏，设置在水井窑、门洞窑及一般窑洞中（图5.20）。

（a）门洞壁龛　　　　　　（b）室内壁龛（一）　　　　　（c）室内壁龛（二）

图5.20　传统生土窑居壁龛

　　壁龛具有扩大室内空间的功能。凹入墙面的壁龛使人的视觉得到延伸。一般窑居的壁龛直接开凿成内嵌土洞，有的壁龛还在土洞四周用木条镶边。为了符合窑居结构的整体风格，壁龛的形状也与窑居形状类似。

　　壁龛是一个细部装饰，点缀着生土窑居，放置灯盏时，除用于照明外，也制造出了光影重合的效果，烘托出室内的氛围。同时，不同的灯光造就出不一样的格调，使壁面不再单调，窑洞也更加"温暖"。

5.2.4　室内壁面

　　窑洞壁面在挖窑的初期，通常会做草泥抹面，草泥抹面的窑洞干燥而整洁。除草泥抹面外，有些窑洞室内壁面也做成砖砌壁面、石砌壁面等（图 5.21）。

（a）草泥抹面　　　　　　　（b）砖砌壁面　　　　　　　（c）石砌壁面

图 5.21　传统窑居室内壁面

　　材料选择的不同，决定了室内壁面带来的视觉感受的不同，材料的材质与颜色烘托出窑居的不同氛围。草泥抹面窑洞质朴而粗犷，充满黄土高原的生活气息；砖砌壁面给人以干净整洁、清凉独立的感觉，整齐的砌块又带来严肃而简约的风格；而石砌壁面中，石砌块的颜色渲染了窑居，使窑居的色彩丰富多变，石砌块形状并不统一，因此这类壁面更为灵活生动。

5.2.5　室内地面

　　室内地面一般有两种做法：一种是黄土夯实，另一种是砖铺地面（图 5.22）。黄土夯实又可分为两种，一种是直接用黄土夯实，另一种是在黄土中掺石灰夯实。

（a）黄土夯实　　　　　　　　　　　　　（b）砖铺地面

图 5.22　室内地面

早期人们生活水平比较低，大多采用黄土掺石灰进行夯实来处理地面，以防潮湿。后期仅在一些非居住用的窑洞采用黄土夯实地面，而在人们活动较为频繁的窑洞采用砖铺地面。砖铺地面的铺设形式有条形砖铺设、方形砖铺设、条形砖与方形砖混合铺设等。

室内地面的标高也有一定的讲究：为了使炕和室内的排烟更加顺畅，从而使炕火更旺，室内地坪一般为外高内低（一般相差 10cm），而窑底拱高不变，与此对应，窑洞洞顶也存在相同的坡度。若室内地面做成平的，在挖窑时就需考虑窑洞的构造，使窑底处的窑腿低 10cm，矢高也低 10cm，即窑底拱高比窑口拱高低 20cm，此时窑底跨度也应该减少 10cm，宽高相应，受力合理。

5.2.6　吊顶和顶棚

1. 吊顶

吊顶是建筑中较为常见的一类室内装饰，在传统生土窑居中，吊顶也是一项重要的窑居室内装饰。吊顶主要装饰窑居的起居空间，位于靠近窑隔的窑洞前半部分空间的上部和窑炕上部（图 5.23）。值得注意的是，为了保证窑洞的通风，在蒙面层时需要在中部留空［图 5.23（b）］。这样，窑隔气窗与窑洞后端的通风孔才能有通畅的连接，保持窑洞内部空气的流通。

（a）吊顶实景图　　　　　　　　　　　　　　（b）吊顶细部图

图 5.23　生土窑居的吊顶

吊顶高度位于窑隔高窗的 1/2 高度处；其尺寸根据窑洞布置确定，完全覆盖住窑洞起居空间的上部，与窑洞拱线相交部分完全贴合。吊顶沿进深方向尺寸与窑炕长度相同或稍长于窑炕，开间方向尺寸为高窗的 1/2 高度处窑洞拱线对应的割线长度。

（1）吊顶的组成

吊顶主要由顶楔、吊绳、横纵杆、木签、纸糊面层五部分构成（图 5.24）。

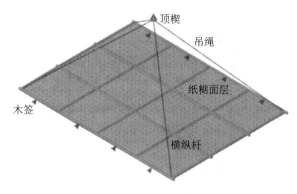

图 5.24　吊顶组成

1）顶楔由木楔制成，长度大于 15cm，顶楔端头可绑结吊绳。为了使顶楔与窑洞顶部土体受力均衡，顶楔打入位置为吊顶平面中央正上方，揳入窑顶土体的方向为斜向以保证不会脱落。顶楔揳入长度应尽可能大，从而使其有足够的强度支撑起吊顶的质量。

2）吊绳采用结实的麻线制成，一端拴住顶楔，另一端拴住吊顶的四角。

3）横纵杆，即吊顶平面的骨架，早期人们采用芦苇秆制作。芦苇秆竖直中空，含有大量的纤维，有较强的韧性，且其轻质、平直，强度也满足要求，非常适合作为吊顶骨架。后来人们采用细竹竿代替。相较于芦苇秆，细竹竿质量较大。用芦苇秆制成的横纵杆在通常情况下，每根横纵杆由两根芦苇秆组成，在外侧用硬质白纸缠绕连接（图 5.25）。当芦苇秆长度不足时也可用绑结的方式添加芦苇秆以增长杆长。缠绕白纸也方便后续面层的粘贴。

4）木签由木条或竹子削制而成，形态扁平细长。木签用于将芦苇网固定在窑洞内壁上，木签穿过纵杆的两条芦苇秆之间，钉入窑洞内壁土体中，每隔一段距离钉一个木签，将左右两侧两根纵杆固定在窑洞内壁上。

图 5.25　横纵杆

5）纸糊面层，即粘贴在吊顶中由横纵杆构成的骨架下部的吊顶面层。通常面层共糊两层纸，底层为白纸或报纸，面层则糊上带有花纹的花纸。面层上常贴有剪纸作为装饰[36,37]。

（2）吊顶与起居空间装饰

吊顶位于生土窑居起居活动空间的上部，对窑居的装饰作用尤为重要，精细的装饰能给住户及访客带来愉悦的生活感受。吊顶与起居空间装饰主要突出在以下几个部分。

1）吊顶贴纸。吊顶的面层全部由白纸或花纸糊裱，其不同位置会粘贴不同花饰的剪纸作为装饰。

吊顶面层中央粘贴大幅剪纸，剪纸常采用中心对称的图案，四周有展翅的蝴蝶或燕子围绕。剪纸题材丰富，有着美好的寓意，如蝴蝶剪纸寓意有福降临，老虎剪纸寓意虎虎生威，山羊剪纸寓意三阳开泰（图5.26）。

（a）蝴蝶剪纸　　　　　　（b）老虎剪纸　　　　　　（c）山羊剪纸

图5.26　吊顶中央剪纸

吊顶面层的四个角上也会粘贴蝴蝶或燕子剪纸（图5.27），以与中心处相对应。

2）流苏。吊顶内侧边缘处会悬挂流苏（图5.28），流苏的颜色可以是单色和五彩的。流苏可由纸碎、棉线、绸等多种材料制成。流苏在微风中会轻轻飘摇，给窑居晕上一层柔美的色彩。

图5.27　吊顶面层四角剪纸　　　　　　图5.28　吊顶流苏

3）起居空间贴纸。窑洞起居空间侧壁贴纸（图5.29）也是室内装饰的一种，通常会粘贴白纸或花纸作为底层，面层上则粘贴不同的剪纸或贴画。

一般的习惯是右侧作为中堂，摆放四仙桌或八仙桌，桌子两侧配太师椅，而侧壁上张贴中堂字画，有"福、寿、龙、虎"等寓意的字帖，有时还会配上对联、格言、祖训等；而左侧的贴纸相对更自由活泼一些，表达吉祥寓意的字画都可以粘贴。

（3）吊顶的施工

吊顶施工流程：打顶楔→吊绳→固定四周横纵杆→搭设纵杆→搭设横杆→绑结横纵杆网→绑结吊绳→糊面层纸。

（a）右侧壁中堂贴纸　　　　　　　　　　（b）左侧壁贴纸

图 5.29　窑洞起居空间侧壁贴纸

将顶楔打入吊顶平面中央正上方，揳入窑顶土体的方向为斜向以保证不会脱落。顶楔揳入长度应尽可能大，使之有足够的强度支撑起吊顶的质量。

选择足够长度的麻线制成四根吊绳，分别将四根吊绳的一端拴住顶楔，另一端拴住吊顶的四角。

按照窑居尺寸准备原材料（芦苇秆或竹竿）并制作横纵杆。横纵杆缠纸后在连接处需要满足一定的刚度和强度要求，不可折断。按顺序，先固定四周的四根横纵杆，将横纵杆搭接处用细钢丝或麻线绑紧，并用吊绳吊起四周横纵杆，高度为 1/2 高窗处，使两根纵杆与侧壁贴合。贴合后用木签穿过纵杆的两条芦苇秆之间，钉入窑洞内壁土体中，每隔一段距离钉一个木签，将左右两侧两根纵杆固定在窑洞内壁上。

搭设横纵杆形成吊顶网格，搭设顺序为先纵杆，再横杆，且边搭接边将连接处绑结牢靠。横纵杆的间距根据实际尺寸确定，不宜过大，也不宜过小，过大会影响面层粘贴，过小则会加大吊顶重量。

吊顶网格架设完成后，进行面层施工，将贴纸粘贴在吊顶中由横纵杆构成的骨架下部。面层共糊两层纸，底层为白纸或报纸，面层则糊上带有花纹的花纸。

2. 顶棚

除装饰作用的吊顶外，还有一类构造称为顶棚（图 5.30）。顶棚可位于窑洞的前部、中部或者后部。对于有储物作用的窑洞，顶棚一般位于窑洞前部；而对于兼具生活起居作用的主要窑洞，前部空间设置有吊顶，因此顶棚一般设置在窑洞后部储物空间的上部。

顶棚由一排粗原木杆嵌入窑室两侧

图 5.30　顶棚

黄土中，在窑洞上部形成一个储物空间。顶棚选用粗壮结实的原木木杆，因而可以放置较重的物品。但木杆嵌入黄土的长度有一定要求，通常情况下嵌入长度不小于 20cm。

顶棚的施工流程：打孔→插入木杆→调节木杆长度。

5.2.7　壁面剪纸

传统窑居地区的剪纸文化也渗透到了传统窑居的室内装饰中。例如，在黄河南岸有一个以民俗剪纸（图 5.31）闻名的古老村落——南沟村，南沟村的剪纸以黑色、红色为主色调，构图饱满，寓意深刻，其用于窑居的室内装饰，使窑居室内环境多了一分韵味[37]。

（a）民俗剪纸（一）　　　　　　　　　　　（b）民俗剪纸（二）

图 5.31　民俗剪纸

剪纸主要贴于窑洞靠近窑隔的位置，即窑洞的起居空间内，这是因为该部分是人们的主要生活场所，起居、社交均发生在此处，所以是重点装饰部位。剪纸壁画素材以花草虫鱼为主，其构图极生动地体现了中原农耕文化的特征。

5.3　窑 居 地 面

建筑地面是指建筑物内部和周围地表的铺筑层。人们在地面上从事各项活动，安放各种家具和设备，地面要经受各种侵蚀、摩擦和冲击作用，因此既要求地面有足够的强度和耐腐蚀性，又要注重其美观与舒适性，以及与环境相协调[38]。

窑居地面按环境分类有窑洞地面与窑院地面，按结构形式分为夯土地面与砖地面（图 5.32～图 5.35）。不同的窑居地面形式共同确定了窑居空间地面的不同形态，形成了不同的窑居空间环境。其作为人们生活起居的重要设施，与居住者的生活质量密切相关[10]。

图 5.32 窑洞内部夯土地面

图 5.33 窑院夯土地面

图 5.34 窑洞内部砖地面

图 5.35 窑院地面砖地面

5.3.1 窑居地面的作用

1. 功能作用

窑洞地面作为窑居起居空间的底界面，增加了窑洞底部空间的平整性，同时具有耐磨、防水、防潮、防滑、耐腐蚀、易清扫等基本功能；窑院地面要引导雨水的流向，防止下雨时道路泥泞，保护窑院地面不被雨淋侵蚀，为窑居院落提供错落有致、干净清爽的空间；还可以通过色彩、质感和线形的对比变换空间造型，改善窑院环境，方便窑居人民的日常生活，为人们提供高质量的生活空间。

2. 装饰作用

地面是建筑空间界面的重要组成部分，空间环境和感观印象的不同来源于不同地面的存在形式与创意设计的结合。地面除了承载人与物的行动和安置模式外，还满足了人的心理和视觉审美的要求，创造出良好的空间氛围。地面铺装作为改善空间环境的直接、有效的手段，可以使用创意的构成方式和不同装饰材料的纹理效果表达出形态各异的空间景象，可以使窑居空间成为人们喜爱的高质量生活空间，美观大方且样式多变的室内外地面结合形式给传统窑居带来了一种独特的美感，使得窑居更富有生机。

3. 标志与象征作用

每一种类型的窑居地面处理方式都从不同程度上反映了当地居民在一定时间内的生产力发展水平和社会经济实力。同时，地面的品质也反映着窑居主人的身份地位与经济状况。在窑居分布区，经济状况欠佳的居民一般直接采用夯土地面，经济状况较好的居民多采用砖墁地硬化地面。

5.3.2 窑居地面的构成与分类

人们生活在传统生土窑居这种围合的空间中，与作为窑居空间底层表面的地面有直接接触，因此窑居地面的处理与修饰占有举足轻重的作用。传统窑居地面简单的处理方法通常是直接采用素土或灰土夯实。一些居民会采用实心黏土或方砖铺地，铺设的方式多为均匀铺设，还可以根据需要铺设成一定的图案[39,40]。

1. 窑居地面的构成

现在，窑居地面会在素土夯实后再采用混凝土铺地，然后进行水泥砂浆抹平；还有的在素土夯实后浇筑混凝土，再用水泥砂浆找平后贴地面砖，其构造一般为垫层、找平层和面层[41,42]（图 5.36）。

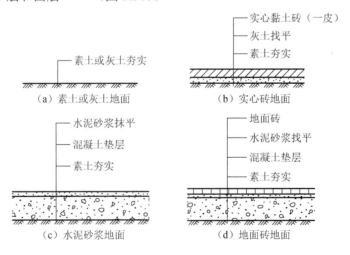

图 5.36　窑居地面构造做法剖面图

2. 窑居地面的分类

无论采用哪种地面处理方式，单个窑洞内部的地面一般只采用一种类型，整个窑洞地面均匀处理。相对于窑洞地面的单一化处理方式，窑院地面通常采用多种组合方式进行处理。

　　窑院地面的处理不仅对院内的水循环系统起着重要作用，而且能够为窑洞院落提供错落有致、干净清爽的活动空间，提高居民的生活质量。调研发现，窑院地面一般有天然夯土地面与硬化地面两种，但是为了窑院空间的绿化，以及日常使用要求，通常只进行局部硬化。通过对室外地面的局部砖铺硬化，采用天然地面与硬化地面多种不同的结合形式（图 5.37），使窑院地面富于变化且充满生机，给传统窑居带来了一种独特的美感。

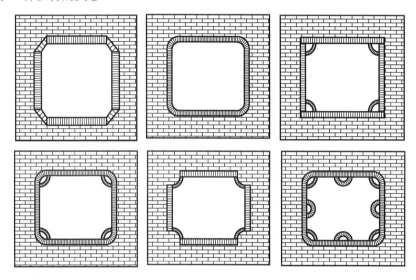

图 5.37　窑院地面硬化区域形式

　　为使地面在富有层次感的同时便于排水，窑院地面的硬化由窑腿部位开始，向院心铺砌，靠近院心部位的砖立砌，硬化宽度一般为 1～2m，硬化区域与院心夯土地面一般存在 150～300mm 的高差（图 5.38）。

（a）硬化边界处理（一）　　　　　　　（b）硬化边界处理（二）

图 5.38　院心硬化边界处理

3. 窑居地面的铺砌类型

烧结砖作为窑居地面硬化铺装的主要材料,解决了泥土地面在雨水天气泥泞、不卫生的问题。

传统生土窑居外地面铺装时常采用方砖、青砖、红砖三种材料(具体尺寸见表 5.1),青砖与红砖虽然强度、硬度差不多,但青砖在抗氧化、耐大气侵蚀等方面的性能明显优于红砖,同时具有密度高、抗冻性好、不变形、不变色的特点,因此在窑居室内外地面的硬化铺装时常采用青砖[43,44]。

表 5.1　常用砖的类别与尺寸

砖的名称		规格
方砖	尺二方砖	400mm×400mm×60mm
	尺四方砖	470mm×470mm×60mm
	足尺七方砖	570mm×570mm×60mm
	二尺方砖	640mm×640mm×96mm
	二尺四方砖	768mm×768mm×144mm
青砖	传统青砖	340mm×120mm×75mm
	机制标准青砖	240mm×115mm×53mm
红砖	—	240mm×115mm×53mm

根据所用砖的不同,可选择不同的铺砌方式进行施工,方砖一般采用斜墁与十字缝或丁字缝铺砌三种样式(图 5.39)。

（a）方砖斜墁　　　　　（b）方砖十字缝　　　　　（c）方砖丁字缝

图 5.39　方砖铺砌样式

相比方砖铺砌方式的单一化,青(红)砖的三向尺寸提供了更多自由变换的铺装样式,如水平、垂直、斜向,可以形成样式不一的纹理。通过实地调研,总结出传统生土窑居地面处理方式中青(红)砖有以下铺装样式:一顺一横、席纹、人字纹、条砖十字缝、万字锦等(图 5.40)。

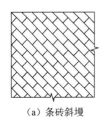　　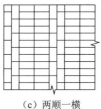　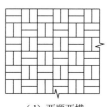

（a）条砖斜墁　　　　（b）一顺一横　　　　（c）两顺一横　　　　（d）两顺两横

图 5.40　青(红)砖铺砌样式

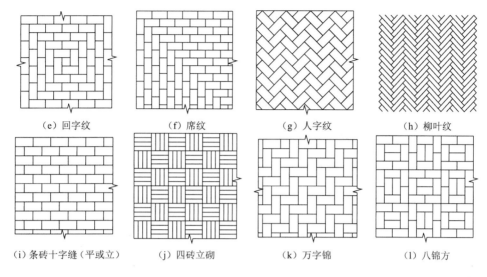

| （e）回字纹 | （f）席纹 | （g）人字纹 | （h）柳叶纹 |

| （i）条砖十字缝（平或立） | （j）四砖立砌 | （k）万字锦 | （l）八锦方 |

图 5.40（续）

5.3.3　施工工艺

窑居地面的类型不同，施工工艺也不尽相同。传统生土窑居地面处理方式以夯土地面与砖铺地面较为普遍。其中，夯土地面一般用于窑洞中，砖铺地面在窑院地面处理中使用较多，故本节详述窑洞中夯土地面与砖铺地面这两种地面做法的施工工艺。在窑洞地面的施工中，一般要保证窑洞中地面略高于窑院地面，即"人往高处走，水往低处流"，同时还可以减少潮湿，对人体有利。但高度要适宜，太高会影响日常生活，普通人家以窑洞地面高出 5～15cm 为宜。

1. 夯土地面

夯土地面做法简单，易于自行施工，施工时将地面找平后直接夯实，使地面既具有一定的坚固性与耐磨性，又具有防潮防湿的功能。夯土地面分为两种，一种是直接用黄土夯实，另一种是采用灰土夯实。早期人们的生活水平不高时多采用夯土地面，现阶段在偏窑或放粮食的储窑中多见这种形式。

灰土在建筑材料中一直占有重要的地位，石灰和土是灰土的两种基本成分，色泽根据土色确定，使用黄土则偏黄，使用红土则偏红。黄土中掺入一定比例的石灰夯打，石灰与土颗粒经过凝硬、炭化等一系列的化学反应，变得更密实，老化后强度会更大，且不会泛潮，具有一定的抗水蚀能力。

（1）施工工艺

室内夯土地面的施工工艺主要包括以下阶段：施工准备→基层面处理→铺灰土面层→面层夯实→面层后处理。其具体施工工艺如下。

1）施工准备。

材料：黄土、石灰。

工具：木（石）夯、平头铁锹、铁抹子、手推车、五齿耙、洒水壶、刮尺、水桶、筛子（孔径 30～50mm）、胶皮管、墨斗等。

场地条件：窑洞已经建造完成，已做好水平标志，侧墙上弹好＋50cm 水平标高线。

2）基层面处理。用平锹将窑洞内部地面整平，然后用木夯夯实后，再用五齿耙在地面画线，画出纵横交错的沟槽，以增加基层与面层的黏结，防止面层起拱。

3）铺灰土面层。

① 根据墙面上已有的+50cm 水平标高线，量测出地面面层的水平线，弹在四周墙面上。

② 拌制灰土。石灰、黄土不得含有有机杂质，使用前过筛，其粒径不大于50mm。将石灰、黄土拌匀，灰土配合比为 3∶7 或 2∶8。

③ 用喷壶将地面基层均匀洒水一遍，将拌和好的灰土均匀撒铺在窑洞内部的地面上，灰土虚铺厚度应略大于确定好的地面面层标高，灰土铺完后在上部洒少量水。

4）面层夯实。

① 当灰土不粘鞋时，用双脚在虚铺的灰土上依次踩实。

② 灰土夯实。用木夯沿室内地面依次夯实，每窝打 2～4 夯头，每次夯打的夯窝应有 1/3 叠打；第一次夯实后进行第二次夯实，打法同头遍夯，但位置不同，夯实的行进路径与第一次垂直。

③ 剁梗。将夯窝之间挤出的土梗用夯打平，剁梗时，每个夯位可打一次。

④ 用平锹与刮尺对夯实后的灰土面层进行找平。

5）面层后处理。用喷壶在地面灰土层上均匀喷水湿润。当灰土不再粘鞋时，再行夯筑，打法同前，只打一遍。在面层表面拉线找平，凡超过标准高程处，及时依线铲平；低于标准高程处，应补土夯实，最后用铁抹子将表面拍平蹭亮。

（2）夯土地面施工注意事项

1）拌制灰土所用的黄土应尽量避免使用含有有机物、泥炭等腐殖质的土料。

2）拌制灰土时应采用熟化石灰，且应拌制均匀后再放置 3d 以上才能使用，以防生灰起拱。使用时灰土加入适量的水，以手握成团距离地面 0.5m 处落地开花为宜。

3）灰土地面的厚度不得小于 150mm，灰土虚铺 200mm，夯至 150mm。

4）为增强地面的坚固性，可在面层的灰土中加入适量的碎砖瓦或小石子。

5）面层处理时，可在地表洒水，用铁抹子将表面拍平蹭亮，之后洒水养护，保持湿润，一周内不得用重物摩擦地面，灰土层固化后形成坚固的地面。对于室外地面，仅需将灰土或素土面层压实找平即可。

2. 砖铺地面

砖铺地面是窑居中一种常见的地面形式，砖铺地面具有施工简便、美观大方、经济适用且历久不坏的特点。砖有红色、青色两种，形状有方形、矩形两种。铺砌方法或水平，或垂直，或斜向，根据需要可形成样式不一的纹理。无论采用哪种样式的铺砌方法，除面层不同外，施工工艺大致相同。

（1）施工工艺

砖铺地面的施工工艺主要包括以下阶段：施工准备→基层处理→垫层处理→排砖组砌→灌缝养护。其具体施工工艺如下。

1）施工准备。

工具：水桶、扫帚、瓦刀、刮尺、木（石）夯、平锹、抹子、喷壶、木槌（橡胶槌）、方尺等。

材料：选择普通黏土砖或方砖，要求外形尺寸颜色一致，表面平整，无裂缝。色彩不均匀，以及有缺棱或者表面有缺陷的砖块，应予以剔除或放在次要部位使用。石灰、砂、黄土准备待用。

场地条件：施工场地已清理干净，且水平线已经确定，将水平线与砖墁地面的上表面标高用墨线弹在四周的墙壁上，以控制地面标高和平整度。

2）基层处理。在需要铺砌的地面上，分两次夯实（图 5.41），夯打方法与夯土地面的夯打方法类似；基层夯实后用平锹整平，再用刮尺检查基层的平整度，高差应小于 10mm。

3）垫层处理。

① 垫层采用灰土，灰土配合比为 3∶7 或 2∶8，取黄土、石灰过筛，拌均匀，其粒径不大于 50mm。灰土以"手握成团，落地开花"为宜。洒水润湿基层，将拌好的灰土均匀铺撒在处理好的基层上（图 5.42），灰土垫层厚度不小于 30mm，但也不宜超过 50mm。

图 5.41 夯实地面

图 5.42 铺灰土

② 灰土垫层洒水压实，以免局部下沉，用方木直杆找平灰土垫层上口。室内

地面垫层厚度应一致，要保证顶面水平；室外地面通过调整灰土垫层的厚度形成一定的坡度，以利于向院心排水。

4）排砖组砌（图 5.43）。

① 根据弹在侧墙上的砖墁地面的上表面水平墨线，在需要铺砖的区域两侧各拉一条水平线以控制地面标高，沿线铺一排砖，确定砖面层的位置。

② 在两端水平线之间拉一道卧线，以卧线为准，按所选铺砌样式沿准线顺序铺砖。窑洞地面铺砌顺序一般为从房间内侧向外铺砌，以及由窑洞中线向两边铺砌。窑院地面由硬化区域的外边界向内侧铺砌，边铺灰土垫层边铺砌，铺砌时砖的上棱与准线平齐，以保证地面的平整度，砌块相互间的距离要均匀且间距不大于 6mm，用木槌将砖块敲实。

（a）排砖组砌（一）　　　　　　　　（b）排砖组砌（二）

图 5.43　排砖组砌

5）灌缝养护。用石灰、砂子灌缝，灰砂比为 1∶3，灌缝用砂的粒径应小于 3mm，切勿用粗砂。灌缝前不得在砖面层的上部堆放重物，以保证铺砌好的砖块不发生移位。适当洒水并将砖敲实压平，用灰砂灌缝扫平，适当洒水养护。

（2）注意事项

1）铺砌时要选好砖，不合规格、不标准的砖不用，铺砌时砖要砸实。

2）铺砌按照选定的图案样式进行，边角部位放不下一块整砖的，按照实量尺寸进行切割，同时要求被加工的砖不掉角，棱要平直，以免砖四周露缝，出现缺陷。

3）排砖组砌时，需在垫层上虚铺少许灰土，要保证砖底面与垫层充分接触，同时保证砖顶面平整。

4）室内地面要保证平整度，室外地面为保证排水要具有一定的坡度。

5）石灰与砂子要用细筛过筛，所用黄土应尽量避免使用含有有机物、泥炭等腐殖质的土料。

6）铺砌时为保证美观，砖缝要均匀适中，填缝时灰砂要饱满，避免砖块出现松动。砖底不应有空隙，砖缝应对齐。

　　7）石灰与砂按一定比例（1∶2）混合均匀（图 5.44），并将其扫至砖缝中（图 5.45），适当洒水使灰缝密实。

图 5.44　混合石灰和砂　　　　　　　　　　　图 5.45　扫缝

窑洞开挖完成之后，还需晾一段时间，窑洞内土体干了之后即可入住。

3. 其他地面处理方式

窑居地面的构造一般包括基层、垫层、面层，不同类型的地面处理方式中，基层的处理方式相同，均为素土夯实，但垫层与面层则不同。对于水泥砂浆地面与地面砖地面，均需设置厚度不小于 60mm 的混凝土垫层，混凝土垫层需振实压平，室内由内向外铺砌混凝土垫层；待混凝土凝固后，在混凝土垫层上铺 10～20mm 的水泥砂浆，将水泥砂浆压平磨光后，形成水泥砂浆地面。在水泥砂浆上部铺地砖，则形成地面砖地面。无论是水泥砂浆地面还是地面砖地面，施工时均需设置标尺线以确定面层的位置与平整度。

第 6 章　生土窑居改良技术

几千年来，生土窑洞以其合理的营造、巧妙的构筑，与大地的自然融合，成为了黄河流域人民主要的居住形式之一。然而，由于独特的结构形式、建筑材料、建造方式，加之使用过程中管理维护不当，生土窑居存在着采光差、通风不良、裂缝、局部坍塌、渗水、抗震性能差等缺点，它们对窑洞的结构安全构成了威胁，严重影响了窑居居民的生活质量[45]。

本章针对生土窑居的质量病害，提出适宜的改良技术。

6.1　工字撑裂缝加固技术

生土窑居的裂缝是在挖掘窑洞的过程中及后期的使用中形成的。裂缝的存在不仅破坏了窑洞整体的美观，影响了窑居的居住舒适性，而且直接降低了窑居的承载能力，影响结构安全。作为窑居的主要承力体系，窑拱部位的裂缝破坏了其力流的正常传递路径，使拱顶土体黏结力下降，易发生土体局部脱落；若裂缝得不到有效控制，会直接导致窑洞的坍塌，俗称"冒顶"，将造成人员的伤亡和财产的损失。与此同时，窑拱力流的改变会加剧其他部位裂缝的产生，形成恶性循环。

因此，当生土窑居出现裂缝时，需对其进行必要的修复，以防止窑洞发生进一步的破坏。在窑居区，当窑洞出现裂缝且裂缝较小时，一般直接重新涂抹泥浆或石灰砂浆填缝；而当裂缝较严重时，多采用木柱支撑。这些传统措施仅能起到暂时性的修复作用，并不能从根本上解决裂缝对窑洞结构性能的严重不利影响。

结合当地的材料与传统施工工艺，当室内裂缝较少且宽度较小时，可采用一种工字撑支撑体系来控制局部裂缝的开展（图 6.1），在局部裂缝形成初期，对其只进行少量局部加固，既可保证窑拱正常的力流传递，又可有效阻止窑拱其他部位裂缝的产生，事半功倍，防患于未然[46]。

图 6.1　工字撑技术修复实例

6.1.1　技术原理与特点

　　室内裂缝破坏了窑洞力流的正常传递路径，而工字撑加固体系（图 6.2）是采用木质工字撑揳入土体的方法，对生土窑居的局部裂缝进行加固处理，剔除已开裂破坏的土体，代以木质工字撑并施加预应力，使失去传力能力的裂缝间土体重新恢复受力，并与原结构融为一体。工字撑加固体系可有效抑制已有裂缝的进一步发展，一定程度上解决了生土窑居因室内裂缝发展而造成的窑洞坍塌问题，既用材简单、方便实用，又具有较强的经济性，是一种行之有效的加固方法[47]。

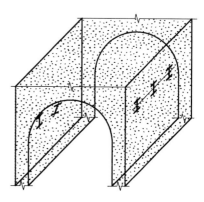

图 6.2　工字撑加固体系结构示意图

6.1.2　施工工艺

1. 细部构造尺寸及材料

　　工字撑加固体系主要包括木质工字撑、木楔。

　　1）木质工字撑：木质工字撑由上下翼缘与腹板组成，为保证工字撑修复的可靠性，各部件应满足以下要求：上翼缘和下翼缘长度为 200～300mm，宽度为 100～150mm，厚度为 10～20mm；腹杆长度为 200～500mm，直径为 60～120mm。下翼缘通过钉子或榫卯与腹杆连接，上翼缘暂不与腹杆连接。

　　2）木楔：木楔夹角为 10°～15°，宽度为 80～140mm，大头厚度为 10～30mm，长度为 150～200mm。

　　制作木楔与工字撑时，优先选择硬质且耐腐蚀性好的木材，同时要具有良好的可加工性能。工字撑加固体系各部分构造如图 6.3 和图 6.4 所示。

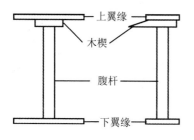

图 6.3　工字撑正面、侧立面示意图

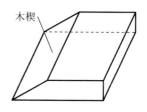

图 6.4　木楔示意图

2. 施工流程

　　工字撑加固窑洞裂缝的施工流程包括四个阶段：施工前准备→加固构件的制作→工字撑体系的安装→加固后处理。其具体施工工艺如下。

（1）施工前准备

1）工具及材料的准备。

施工工具：锯、斧头、錾子、锤子、小铲子、铁锹、泥抹、水桶、喷水壶、泥盆、筛子（孔径不大于 5mm）等。

主要材料：原木、厚木板、铁钉、石灰、黄土、麦秸秆等。

2）查看裂缝种类及分布情况，判断其延伸范围、裂缝宽度，分析其对窑拱受力的影响范围。

3）根据窑拱裂缝的种类及影响范围，确定工字撑的结构尺寸、数量及安装位置。

① 针对窑拱纵向裂缝，工字撑布置方向与裂缝延伸方向垂直（工字撑腹杆方向与纵向裂缝延伸方向垂直），且裂缝延伸方向正对腹杆中部。

② 针对窑拱横向裂缝、斜裂缝，工字撑布置方向与裂缝延伸方向共线（工字撑腹杆方向与横向裂缝、斜裂缝延伸方向共线），即裂缝延伸方向垂直于工字撑翼缘，据此选取合适的工字撑嵌入点，以工字撑外轮廓尺寸为准，在窑拱相应部位做上标记，以确定工字撑安装槽的位置。

（2）加固构件的制作

根据施工前准备中的步骤 3）确定工字撑的尺寸及数量，制作工字撑与木楔，木楔数量要多于预制的木质工字撑。

（3）工字撑体系的安装

1）开挖安装槽。在工字撑安装位置，沿工字撑外轮廓标记线剔除土体，开挖安装槽，确定嵌入点的深度（垂直于窑洞面层向内至嵌入点内部的距离），要保证嵌入点的深度不小于 200mm，安装槽的高度要大于预制工字撑的总尺寸，清理安装槽上下面并保持平整。

2）制备秸秆泥浆。以剔除下来的土体为原料，将土体打碎、晒干、过筛，掺入适量的石灰与长 5～25mm 的麦秸秆，然后加水搅拌，制成秸秆泥浆待用。

3）安装工字撑（图 6.5）。首先在安装槽内部喷水，使土体基层湿润，然后在安装槽中均匀涂抹一层泥浆，自下而上依次放置下翼缘及腹杆；然后放置上翼缘，在上翼缘与腹杆的交接处揳入若干木楔，木楔尖端揳入土体，直至木楔与工字撑上翼缘（腹杆）、上翼缘（下翼缘）与安装槽紧密挤压，对安装槽周围土体形成预压力。

（4）加固后处理

1）待安装槽基层内的泥浆风干凝固后，检验工字撑是否揳紧及木楔是否外露，确认整个体系牢固后，截去木楔外露部分。

2）在工字撑与安装槽之间的空隙中填塞泥浆（图 6.6）。若修复部位在窑拱上，可在回填泥浆中塞入少量的玉米芯，以降低回填部位土体的质量，防止重力作用下修复土体脱落；若修复部位在窑腿上，可在回填泥浆中加入碎砖瓦，以提高回填土体的抗压强度。回填泥浆时用泥抹压实，以保证回填部位的密实度。最后用秸秆泥浆将修复部位抹平，初步凝固后用喷水壶在面层上喷水，用泥抹压实收光，凝结固化后形成面层。

图 6.5　工字撑安装

图 6.6　泥浆回填

3. 注意事项

1）制作木楔与工字撑要选择质硬、耐腐蚀性较好的木材，同时还应具有良好的可加工性。

2）保证安装工字撑的凹槽深度不小于 250mm，防止因深度较浅而在施加预应力时工字撑翼缘将周围土体压坏。

3）每一个工字撑体系中揳入的木楔数量不应超过 3 个，同时木楔要揳紧，揳入的深度要足够，防止在使用过程中木楔松动脱落。

4）回填安装槽所用的草泥浆中麦秸秆的长度为 5～50mm，泥浆中麦秸秆可适当增加用量，以减小修复部位土体的质量，抹面用草泥浆的麦秸秆长度不应大于 30mm。

5）拌制填塞及抹面用泥浆时，要控制泥浆中水的含量，保证泥浆的稠度。抹面时，面层分两次完成施工，第一次抹面厚度为 20～25mm，第一次泥浆初步干硬后，对修复部位进行第二次粉刷，粉刷厚度为 2～5mm，修复面层与原始面层要过渡自然，接槎平整。

6）该技术不仅适用于窑洞内部裂缝的加固处理，还可对崖面及窑腿部位的竖向裂缝或局部坍塌进行修复。修复竖向裂缝时，工字撑腹杆方向与竖向裂缝延伸方向共线（裂缝延伸方向垂直于工字撑翼缘）；修复窑腿部位的局部坍塌时，剔除破坏土体，代以工字撑，用工字撑的上翼缘支撑起上部土体的质量。

7）工字撑加固体系对裂缝较少且处于初期发展阶段的裂缝破坏的修复效果较好，但不适于修复交叉裂缝或裂缝较多且裂缝宽度较大的破坏。

6.2　木拱肋加固技术

当窑拱裂缝较多且裂缝宽度较大或交叉裂缝较严重时，可采用另外一种裂缝的加固预防与修复措施——木拱肋加固技术。

木拱肋又称木拱架，即采用木质曲线形的肋形承重构件对室内裂缝进行加固处理（图 6.7）。在窑拱部位安装木拱肋不仅能预防裂缝的产生，控制窑洞裂缝的开展，而且可以有效修复裂缝较多且宽度较大或是交叉裂缝较严重的拱顶破坏，预防窑洞的坍塌[47]。

（a）应用形式（一）　　　　　　　　　（b）应用形式（二）

图 6.7　木拱肋加固技术在窑洞中的应用

6.2.1　技术原理与特点

1. 技术原理

拱顶裂缝破坏了窑拱的传力路径，而木拱肋加固是沿窑洞进深方向在两侧拱脚处各设置檩条并用立柱支撑，再沿进深方向设置若干沿窑洞开间方向由弧形椽子组合而成的木拱，各木拱之间可用檩条连接，形成一个空间木拱肋结构（图 6.8～图 6.10）。

用木拱肋作为主要的受力构件，木拱肋结构与窑洞土拱协同工作，共同承受上部荷载对窑顶的作用，增强了窑洞的承载能力，可有效限制拱顶裂缝的进一步发展，防止窑顶土体因裂缝的开展而发生坍塌破坏。

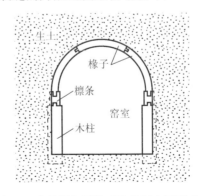

图 6.8　木拱肋加固体系结构侧立面示意图

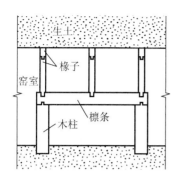

图 6.9　木拱肋加固体系正立面示意图

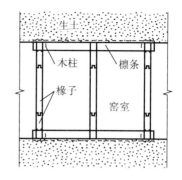

图 6.10　木拱肋加固体系平面示意图

2. 技术特点

1）用木拱肋作为主要的受力构件，与原状土拱受力机理高度契合，传力路径明确，受力合理，安全性高，有效地解决了窑洞裂缝无法控制的问题，可预防因窑洞裂缝的进一步发展而导致的坍塌。与此同时，还有效地解决了随着时间推移和维护不当等造成的窑洞安全性和耐久性降低的问题。

2）就地取材、生态环保、成本低廉，施工工艺简单合理，可操作性强。对生土窑居的使用功能、窑洞空间影响较小，对原结构仅产生少量的扰动。

3）适用范围广，适用于现役生土窑洞的加固维修、新建窑洞的裂缝预防，以及拱类建筑的建造及加固，技术原理简单、操作简便，有很高的推广利用价值。

6.2.2　施工工艺

1. 细部构造尺寸及材料

生土窑居木拱肋加固体系主要包括 3 个部分：立柱、檩条、椽子。其中，檩条沿窑洞进深方向设置于窑腿部位，并用立柱支撑，椽子沿进深方向组成弧形木拱，三者共同作用，形成一个空间木拱肋结构，各杆件之间均通过榫卯相互连接。

（1）立柱

立柱为圆形或方形木杆件，部分嵌入窑腿，底部嵌入地下，直径或边长宜为 150～300mm，柱顶低于窑腿顶部，且低于窑腿顶部的距离值为檩条截面高度。立柱顶部设置馒头榫榫头，榫头呈方形，宽、高均为柱直径的 1/4～3/10。其榫头根部略大，头部略小，呈方形馒头状（图 6.11）。

（2）檩条

檩条为方形直木杆件，其截面边长宜为 150～300mm；长度以实际需加固部位确定，一般不宜小

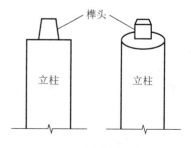

图 6.11　馒头榫示意图

于 2000mm。根据设计，可在檩条端部及跨中等位置设置馒头榫榫头及卯口。檩条数目可多于两个，除两侧拱脚处必须布置檩条外，其余檩条可对称布置于拱顶。

（3）椽子

椽子为弧形曲木杆件，直径宜为 80～120mm，长度宜为 500～1500mm，根据窑拱轴线的形状、尺寸及实际木材原料确定组成木拱所需的椽子数量及其轴向尺寸。组成单个木拱的椽子数宜为 2～4 个，各椽子长度宜相等。椽子之间采用燕尾榫卯连接，榫头做成梯台形。由椽子组成的木拱与土拱契合，相邻木拱间隔500～1500mm。木拱数量不少于 3 个，木拱与檩条之间采用直榫连接。

（4）制作木构件的工具

切割工具包括木锯、斧、凿、铲等；打磨工具包括刨、钻、锉；测绘工具包括墨斗，以及各种尺、规、画线器等。

（5）木材选择

制作木构件优先选择硬质、韧性较低且含水率不高的均质木材，同时要具有良好的可加工性能与耐腐蚀性。

2. 施工流程

木拱肋加固施工流程主要包括三个阶段：施工前准备→构件拼装→加固后处理，具体施工过程如下。

（1）施工前准备

1）对加固部分进行划分，确定木拱肋的数量。根据窑洞的进深和窑腿的高度并结合木拱肋的数量，确定檩条、立柱的数目及尺寸。

2）在需要嵌入立柱的窑腿部位开挖竖直凹槽，在需要嵌入檩条的窑洞墙体开水平凹槽，立柱下部开挖基槽，基槽边长不小于 500mm，深度不小于 300mm。

3）根据窑拱轴线、裂缝开展情况和实际木材原料，计算确定椽子的数量、直径、长度、弯曲弧度，各椽子实际长度宜比理论计算长度长 2～3mm。

4）对各类木构件进行加工，包括对构件榫头、卯口的加工及外观处理，并对构件进行编号。

（2）构件拼装

1）将立柱放入相应的杯形基槽内，基槽底部铺碎砖瓦并用三七灰土或二八灰土夯实，初步固定立柱并使立柱略微倾斜，其中立柱顶部整个横截面位于墙面外侧。

2）将檩条卯口扣于柱顶馒头榫榫头，使其紧密连接，用杠杆原理将立柱统一扶正，并使立柱檩条紧贴墙面凹槽，通过在柱底基槽内部填细灰土来调整檩条高度，使檩条顶面处于同一水平面，确定位置后，填塞柱底基槽及墙体凹槽并夯实，固定立柱及檩条的位置。

3）将组成单个木拱所需的椽子分组，先对各组椽子分别进行组内拼装。以单个木拱由 3 个椽子组成为例（图 6.12）：先将木拱端部的两组椽子 a、b 安装于相应的檩条上，并用撑杆初步将其固定，再安装中间组椽子 c，由侧面将椽子 c 的榫头打入椽子 a、b 的卯口（卯口的宽度略大于榫头宽度以方便安装），安装后用木钉揳紧。安装中，通过削减端部榫头可调整椽子长度，但中间组椽子实际长度宜大于理论长度 5mm 左右，这样可对木拱施加预应力以支撑窑顶。

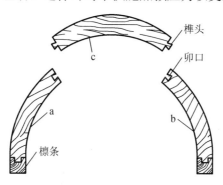

图 6.12　椽子安装示意图

　　木拱肋体系含多个木拱，先安装中间部位的木拱，再前后对称依次安装其余的木拱，以使结构受力均匀。安装时，檩条数目可多于两个。除两侧拱脚处必须布置檩条外，其余檩条可对称布置于拱顶两侧。除拱脚部位的檩条外，其余檩条尺寸可相应减小。檩条与相邻椽子之间采用榫卯连接，卯口设置在椽子截面的中部靠上位置。安装相邻的木拱时，依次将檩条安装到位（图 6.13 和图 6.14）。

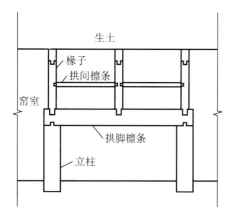

图 6.13　多檩条木拱侧立面示意图

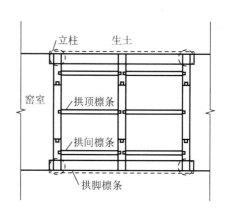

图 6.14　多檩条木拱俯视图

（3）加固后处理

1）木拱肋安装完毕后，检查各连接部位是否连接紧密，松动部位通过钉入木钉使其连接牢固。

2）在各个木拱、檩条与窑洞土体之间填塞草泥或木垫块，通过揳紧填塞物可对木拱施加预应力以支撑窑顶。

3）拌制泥浆。先将麦秸秆用铡刀切成一寸左右的长度，然后在泥浆中掺杂适量麦秸秆、石灰。草泥浆拌制过程中要边和匀边观察材料比例并确定适宜的稠度。最后按传统施工工艺进行木拱肋加固后窑洞的壁面粉刷，抹面厚度应为 20～30mm，草泥浆凝结后固化形成面层。

3. 施工及使用注意事项

1）制作构件优先选择硬质、韧性较低且含水率不高的均质木材，同时要具有良好的可加工性能与耐腐蚀性。

2）各木构件在进行加工时，实际长度宜比理论计算长度长 2～5mm，以方便施工时进行再处理，同时可对木拱肋施加预应力，使木拱肋各部位连接紧密。

3）墙体部位的凹槽开挖时，木柱部位的竖直凹槽开挖深度不小于木柱直径或边长的 1/3，宽度略大于木柱直径或边长；檩条部位的水平凹槽开挖深度不小于檩条截面长度的 1/3，高度略大于檩条截面高度，以方便檩条放入拱脚部位的水平凹槽中。

4）安装立柱的底部基槽填塞碎砖瓦并用灰土压实后的深度不小于 300mm，防止因深度较浅而使立柱不稳，以及防止柱底部土体被压缩，木柱发生不均匀沉降而使木拱肋发生破坏。

5）木拱肋安装完成后，各榫卯连接部位要揳紧，卯入的深度要足够，防止榫卯连接松动，使木构架发生破坏。同时，各檩条、椽子与窑顶土体之间需填塞草泥或木垫块，使木构件与窑洞土体紧密接触，使木拱肋与窑拱土体协同工作，共同承受上部荷载对窑顶的作用。

6）若采用木拱肋加固修复技术，当窑洞裂缝较多且裂缝宽度较大时，可适当减小木拱肋间的距离，并在相邻木拱肋之间增加檩条的连接数量，使木拱肋形成一个空间网状结构，以增加结构的稳定性与安全性。

7）使用中要定期观察木拱肋是否发生松动，若木拱肋各部件松动，可通过在榫卯部位钉入木钉来加固。同时，注意木拱肋是否与窑洞土体紧密接触，若木拱肋与窑洞土体间出现空隙，应及时填塞木垫块或草泥浆，防止木拱肋失效而导致窑拱土体发生破坏。

6.3　腰嵌梁横向裂缝控制技术

6.3.1　生土窑洞的裂缝与成因

1. 裂缝类型

生土窑居裂缝主要分布在窑洞内沿进深方向的拱尖处、沿跨度方向离崖面一定距离处。裂缝一般比较平直，方向性较强，按其延伸方向可分为横向裂缝、纵向裂缝及交叉裂缝[48]。

1）横向裂缝是窑洞内沿跨度方向且平行于崖面方向的距离窑脸 1～2m 处的圆弧形裂缝（图 6.15），裂缝的开展一般绕着拱券的方向贯穿整个窑跨，长度为 2～8m，宽度为 2～20mm，此类裂缝容易导致窑脸坍塌，危及窑居使用者的生命财产安全。

（a）横向裂缝（一）　　　　　　　　　　　（b）横向裂缝（二）

图 6.15　横向裂缝

2）纵向裂缝是在窑洞内沿进深方向的裂缝（图 6.16）。它是一条从入口拱尖到最里端拱尖的笔直裂缝，方向性很强，一般沿进深方向通长，宽 2～10mm，由于两侧土体相互挤压，因此裂缝的宽度一般较小。窑洞内出现纵向裂缝后，一旦两侧土体发生错动，就有坍塌的可能。

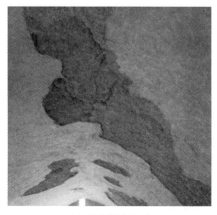 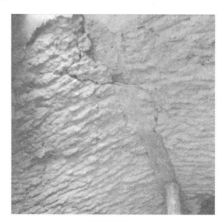

（a）纵向裂缝（一）　　　　　　　　　　　（b）纵向裂缝（二）

图 6.16　纵向裂缝

3）交叉裂缝是室内横向裂缝与纵向裂缝相互交叉而形成的十字形裂缝

（图6.17）。它主要分布在窑洞内离崖面1~2m的拱尖处。交叉裂缝破坏了土体的完整性，将土体分割成块。裂缝宽度加大会使土体松散破碎脱落，极易导致窑体结构的破坏。

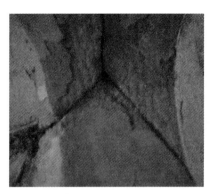

（a）交叉裂缝（一）　　　　　　　　　　　　（b）交叉裂缝（二）

图6.17　交叉裂缝

2. 横向裂缝产生的原因

生土窑居中的三种裂缝中，横向裂缝造成的危害是最大的，窑脸部位一旦形成横向裂缝，易发生崖面的坍塌破坏。分析得到产生横向裂缝的主要原因如下。

（1）崖面边坡稳定性

在地坑窑院开挖过程中，崖面土体侧向约束力消失。窑背土体失去约束力作用，而对近崖面土体产生推力作用，使近崖面土体受到倾覆力矩的作用，从而有向外运动的趋势。在力的作用下，崖面土体产生变形，产生了近崖面的横向裂缝。

（2）土体干缩作用

近崖面土体与空气充分接触，土体内水分快速蒸发，土体干缩变形；而窑顶土体干缩程度较小，限制了土体的变形。在两部分土体的连接部位，由于变形不协调而产生了横向撕裂裂缝。

（3）土体温差变化

受到温度变化的影响，近崖面1~2m的土体与后部窑顶土体温差较大，产生不协调的变形，形成温度裂缝，造成开裂。

横向裂缝的扩展会导致窑脸上部覆土倾斜、倒塌，因此居民经常在其下方出入时极易遭遇危险。当地许多居民都认为窑洞内部一旦出现这样的横向通缝，就只好人为将其挖塌或任其倒塌，然后重新用土坯沿倒塌的面垒砌至窑顶地面。但这样做不但破坏了生土窑居的原有结构，也具有一定的危险性。

为了克服民间技术的不足，本节介绍一种生土窑居的裂缝控制技术——腰嵌梁横向裂缝控制技术（腰嵌梁体系），它不但可以消除平行于窑脸的横向通缝引起的上部土体前倾倒塌危险，还可以抑制横向通缝的进一步发展[49]。

6.3.2 技术原理与特点

1. 技术原理

腰嵌梁体系主要用于控制窑居的横向裂缝。先在窑洞后面用锚墩对平拉筋进行锚固，然后在窑脸上部土体中嵌入钢梁和钢板，钢梁与钢板焊接，平拉筋用螺栓固定在钢梁上；在平拉筋前端对其施加预应力，此预应力通过钢梁传到 4 块挡土钢板上，使 4 块挡土钢板对土体施加向内的作用力，以平衡窑顶土体产生的倾覆力矩，并约束近崖面土体的变形，从而防止或约束横向裂缝的产生和发展。腰嵌梁体系受力原理如图 6.18 所示。

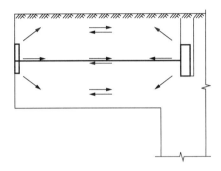

图 6.18 腰嵌梁体系受力原理

在窑脸上部设置腰嵌梁，可以很好地控制横向裂缝的产生和发展，同时也在一定程度上限制了纵向裂缝及其他裂缝的发展，从而保证窑洞的安全性，增加其耐久性。

2. 技术特点

1）使用腰嵌梁体系对生土窑洞进行加固时，腰嵌梁、平拉筋及锚固系统构成了一个近似箍筋的形状，也起到了近似箍筋的作用，这个加固体系控制了横向裂缝的产生和发展，同时在一定程度上也限制了纵向裂缝及其他裂缝的发展。

2）腰嵌梁体系解决了生土窑居窑脸上部土体部分的前倾式倒塌问题，居民不必再采用窑先倒塌而后再修补的被动方法。

3）腰嵌梁体系的整个加固系统水平方正，嵌入部分轻便，方便施工，而且也减少了对窑洞顶部覆土层的扰动，施工安全性较高。

4）腰嵌梁体系的锚固系统取材简单方便，充分利用前端嵌梁的作用力，增加钢板以扩大作用面积，这样不但分散了作用于原状土的应力，而且更加有效地阻止了土体的倾斜坍塌。

5）锚固两端采用硬弹簧施加预应力，使整个系统适应于温度应力的循环变化，耐久性较高。

6）对于未出现裂缝的生土窑居，也可以使用该加固体系对其进行加固，这对生土窑居裂缝能够起到预防的作用。

6.3.3 施工工艺

1. 施工准备

腰嵌梁体系包括腰嵌梁部分、平拉筋、锚固系统三部分。腰嵌梁体系的构造及尺寸如图 6.19～图 6.22 所示。

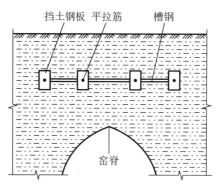

图 6.19　腰嵌梁体系的正立面图

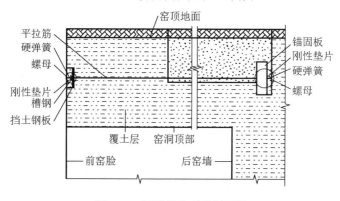

图 6.20　腰嵌梁体系的剖面图

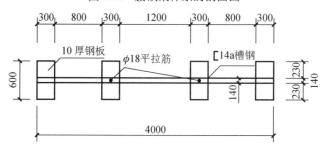

图 6.21　腰嵌梁体系的正立面尺寸（mm）

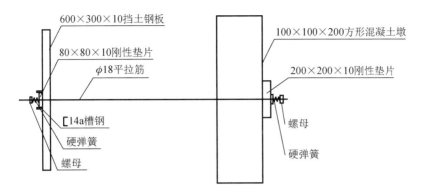

图 6.22　腰嵌梁体系的剖面尺寸（mm）

（1）腰嵌梁

腰嵌梁部分包括腰梁和挡土钢板，腰梁是一根长 4m 的 14a 槽钢；挡土钢板的尺寸是 600mm×300mm×10mm。腰梁和挡土钢板之间是焊接的，且在中间的两块挡土钢板与腰梁的交接部分设有预留孔，以便平拉筋穿入。腰嵌梁是按照窑洞的尺寸设计的，由于窑洞的跨度是 3m 左右，腰嵌梁的长度应比窑洞的跨度大些，因此腰嵌梁长度设为 4m。

（2）平拉筋

平拉筋使用直径为 18mm 的钢筋，长度根据窑洞的进深确定，一般比进深长 1m 为宜。窑洞的进深一般为 7m，因此平拉筋的长度取 8m。每个腰嵌梁体系至少含有两根平拉筋，平拉筋通过中间两块挡土钢板与槽钢交叉部分的预留孔穿入土体。横向裂缝的土体破坏面大部分是竖直的，因此平拉筋垂直于土体破坏面水平穿入土体能发挥其最佳的约束土体的作用。

（3）锚固系统

锚固系统是由 100mm×100mm×200mm 的方形混凝土预制墩和前后两块刚性垫片组成的。前部固定腰梁的垫片为 80mm×80mm×10mm，后部固定混凝土墩的垫片为 200mm×200mm×10mm。平拉筋每端有两个螺母和一个弹簧，将弹簧放置在两个螺母中间，以防止土体和螺母松动。另外，也可以用当地的石板替代预制混凝土墩。如果选用石板，石板的大小应和预制混凝土墩的大小相差不多，这样可以在不改变加固效果的前提下节省加固成本。

2. 施工流程

腰嵌梁体系的施工流程包括 3 个阶段：腰嵌梁体系的前期施工→腰嵌梁体系的嵌入→腰嵌梁体系的后期施工。其具体施工过程如下。

（1）腰嵌梁体系的前期施工

1）搭脚手架。搭脚手架的高度以嵌梁所在的位置为宜，以便于施工。具体操作是首先确定出生土窑居中横向通缝的位置，并判断其延伸范围，确认最易倒塌的土体范围；选取合适的嵌梁嵌入点，根据嵌入点搭设脚手架平台。

2）开槽。在崖面开槽，一般窑洞的覆土厚度在 3m 左右，腰嵌梁在覆土层厚度的中间位置，所以开槽的位置就在窑脸上覆土层的中间。按照设计的腰梁及挡土钢板的大小进行开槽，槽的尺寸应比腰嵌梁及挡土钢板略大些，以便它们能放进去。开槽深度依据腰嵌梁嵌入点位置和拉筋前端至钢板内侧的距离确定，开槽深度要能容下嵌梁加固系统的前端锚固部分，并有少许余量，一般以 100mm 为宜。

3）钻孔。钻孔在槽钢和中间两块挡土钢板的交叉部位，垂直于窑脸沿进深方向水平钻孔。钻孔的深度以 3m 为宜，钻孔的直径应比平拉筋的直径稍大，以便平拉筋能穿入。

钻孔是采用特制挖掘工具由窑脸位置水平向内进行打孔。特制挖掘工具是由一个半扁圆的钢片和一个钢钎组成的，它们连接在一起形成一个套铲。钢钎长度取决于施工现场的空间限制。操作时将此套铲沿水平方向放在设置平拉筋的位置，握住一根钢钎在套铲内水平轻捣，让松动的土体滑落在套铲内送出，并不断转动套铲。刚开始钻孔时选用短的钢钎，用铁锤敲击钢钎，而后利用钢钎端部连接的半扁圆钢片把土掏出来，最后用铁锤再一次敲击钢钎，如此重复下去。当敲击到一定深度时，短的钢钎已经不能用了，就换用长的钢钎，这样钻至 3m 深处为止。

4）开槽。在形成的孔洞后部，延续孔洞的方向进行开槽，开槽的宽度只需使平拉筋轻松穿过即可，开槽的深度不低于平拉筋的设置深度，开槽直至后端锚固板。开槽包括平拉筋所在位置部分的开槽和后端锚固部分的开槽。

平拉筋所在位置部分的开槽：一般情况下，在平拉筋所在位置对应的上地面，距崖面 3m 处开槽，开槽的宽度以 20cm 左右为宜，开槽的深度应至所钻孔的位置，即平拉筋应在的位置；开槽的长度应至平拉筋最里端所应锚固的位置。

后端锚固部分的开槽：开槽的大小与深度根据锚固部分的大小确定，开槽深度应比平拉筋所在位置深 0.5m，即开槽深度为 2m。

（2）腰嵌梁体系的嵌入

1）将槽钢与 4 块钢板进行焊接，形成嵌梁。在腰嵌梁相应的位置设置小孔，以使平拉筋穿过，并将腰嵌梁固定于预设的位置。

2）将锚墩安装于预设位置。

3）在平拉筋前端安装刚性垫片，抬起平拉筋的后端，使其依次穿过腰嵌梁位置预设的小孔、覆土层前端预设的孔洞、覆土层后部设置的开槽及锚墩。

4）在锚墩后设置刚性垫片，在平拉筋最后端锚墩处将其用螺栓固定。在拉筋的前端对其施加预应力，一般预应力的大小为 10kN 左右，然后对其锚固。

（3）腰嵌梁体系的后期施工

1）腰嵌梁体系嵌入土体后，对覆土层后部的开槽部分用土回填、夯实。

2）在崖面上部腰嵌梁放置处采用草泥灰回填抹面，使其表面平整。这样很难在外面看到加固痕迹，不会影响视觉效果。

3. 注意事项

1）钢构件的防腐蚀非常重要，构件腐蚀后会造成应力集中，引起裂缝折断，从而影响腰嵌梁体系的耐久性，因此需要对钢板和钢筋进行防腐处理。

2）由于钢板和槽钢的焊接量很小，可以采用焊条电弧焊进行施工。

3）腰嵌梁上预设的小孔不能太大，其直径比平拉筋大 1～2mm 即可。

6.4　拱券错位修复技术

传统生土窑居的拱券由挖凿成型的纯原状土的拱体构成。施工中土拱内部应力分布不均匀，使用中土体干湿循环使土体中产生的干缩应力大于其黏结应力或荷载使两拱肩上受力不一致时，均会导致拱券的拱弧上产生沿进深方向的斜向长裂缝[50]。

拱券错位（图 6.23）的裂缝处在窑拱受力的关键部位。由于裂缝的存在破坏了拱券结构的完整性，拱券结构的承力性能严重下降，裂缝两侧的部分拱券在重力作用下向下滑移，一旦开裂形成错位，便会引起拱正上方的土体坍塌，造成人员伤亡。

在窑居区，人们对这种破坏形式多采用木柱支撑（图 6.24）进行处理，木柱顶部放置一个矩形垫块来增大支撑面积。虽然简单有效，但严重影响了窑洞的使用功能，使得本来就很狭小的室内空间变得更局促了。这种传统措施一般仅能起到暂时性的加固作用，并不能从根本上解决拱券错位裂缝对窑洞结构性能的严重不利影响[51]。

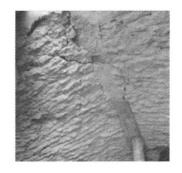

图 6.23　拱券错位　　　　　　　　　　图 6.24　木柱支撑

本节结合窑居区的施工材料与传统施工工艺，采用楔形胡墼砌拱的方法进行加固，在不影响窑居使用空间的前提下，从根本上解决拱券错位问题[52]。

6.4.1　技术原理与特点

1. 技术原理

楔形胡墼修复拱券错位，是充分利用拱的传力原理，采用楔形胡墼砌拱的方法对生土窑居进行加固处理。首先剔除裂缝两侧已破坏的土体，然后用楔形胡墼砌筑，一头大、一头小的楔形胡墼（图6.25）恰好可以砌成拱形，与原状土的拱券形式相匹配。填充的胡墼使窑拱的传力连续，可以很好地传递上部土体的压力，使原来由于裂缝的存在而传力失效的窑拱能够重新工作，并与原有结构融为一体。

楔形胡墼修复拱券能够有效地解决传统生土窑居中的由于拱券错位引起的拱顶土体坍塌问题，是一种既便于施工，又具有较高安全性和地域适用性的加固技术。在修复拱券错位病害的过程中，胡墼拱的边界超出裂缝端部的距离不应小于300mm。其中，对于拱券错位不严重的裂缝，即裂缝深度不大，距离窑脊大于400mm（图6.26）的裂缝，胡墼加固只砌一部分即可；对于错位严重的裂缝，其向内发展距离窑脊处小于400mm（图6.27）或跨过窑脊时，则应用胡墼砌筑到窑脊处或砌整个拱券（图6.28）。

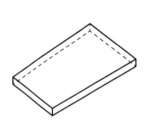

图6.25　楔形胡墼示意图

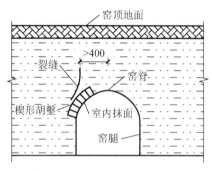

图6.26　拱券错位修复（开裂顶部距窑脊大于400mm）

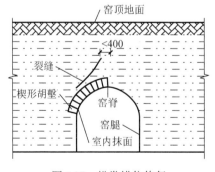

图6.27　拱券错位修复

（开裂顶部距窑脊小于400mm）

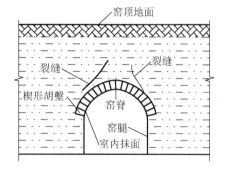

图6.28　拱券错位全拱修复

2. 技术特点

1）胡墼加固的方法以拱券产生错位的成因为切入点，根据大块土体错动的类型及受力变形规律，对错位拱券提出了应用当地建筑材料和适应于当地施工条件的加固技术，用科学方法解决生土窑居拱券错位的问题。

2）胡墼加固方法以土为材料，尽可能地恢复了生土窑居原结构的自支撑体系，而不必采用木柱支撑方法，不影响窑洞的使用功能，保持了室内的使用面积。

3）合理利用拱结构的受力特点，充分利用胡墼抗压强度高的性能，使整个结构受力均匀，安全可靠，既坚固耐用又施工方便。同时，根据裂缝开展情况采用全拱和部分拱加固，最大限度地减少了对原状土体的破坏和扰动，使其很好地融入原有结构，最大限度地保持了生土窑居的原有特色。

6.4.2　施工工艺

1. 施工流程

楔形胡墼加固拱券不但能够修复拱券的错位破坏，还可为同类加固问题提供技术参考。其施工流程主要包括以下三个步骤：破坏面定位及表面处理→砌筑胡墼拱券→加固后处理。

（1）破坏面定位及表面处理

1）查看生土窑居中的裂缝情况，判断其延伸范围、裂缝宽度和错位宽度，分析可能引起坍塌的土体范围。用木柱支撑可能坍塌的土体，木柱直径大于等于150mm，木柱的间隔为3m，其数量为至少两根。

2）在拱券错位处搭设脚手架，从室内裂缝开始的位置向上，将开裂的土体剔除，剔除深度为 300～500mm，进深方向的剔除宽度根据裂缝沿进深方向的长度确定，剔除面的下部做成斜面，斜面与水平面的夹角为 15°～20°，剔除面的内端面垂直于水平面。

3）在剔除过程中观察裂缝的发展情况，当裂缝消失或极细小时，中止剔除。测量裂缝上部距窑脊的距离，若该距离小于 400mm，继续剔除直至窑脊，即采用全拱加固；若该距离大于 400mm，停止剔除，即采用部分拱加固。

（2）砌筑胡墼拱券

以剔除下来的土体为原料，将土体打碎、晒干、过筛，然后加水搅拌，制成泥浆。在剔除开裂部位土体的窑壁上，洒水润湿后，均匀涂抹一层泥浆，胡墼拱沿进深方向由内向外依次砌筑。

相邻两皮胡墼拱错缝砌筑。砌筑半拱时，自下而上砌筑；砌筑全拱时，从两端开始向中间砌筑成拱。若顶部中间放不下一整块胡墼，则对胡墼做削切处理，胡墼之间用泥浆黏结。在最上层胡墼拱与原有土体之间的缝隙中塞填黄土并敲实。

当拱券部位错位较严重甚至已坍塌时，为了保证修复结构的安全性，可砌筑多层胡墼拱。除第一层胡墼拱需立砌外，其余胡墼拱可平砌，也可立砌，但上下胡墼拱要错缝砌筑。

（3）加固后处理

在筛细的黄土中加入适量石灰及长度不超过 30mm 的麦秸秆，混合均匀，加水搅拌，制成泥浆，待胡墼间的泥浆风干凝固后，按照传统施工工艺用草泥浆抹面。泥浆干燥固化后形成抹面层。

2. 注意事项

1）胡墼拱砌筑时可用喷壶在干燥的胡墼或窑体上喷少量水，以增加泥浆与胡墼间的黏结力。

2）胡墼拱砌筑完成后，最上层胡墼拱与原窑洞土体间要填塞泥浆，填塞要密实，使胡墼拱与窑拱土体能协同工作。

3）当拱券错位严重或拱券部位裂缝较多时，为保证修复结构的安全性，优先选择全拱砌筑。从两端开始向中间砌筑成拱，若顶部中间放不下一整块胡墼，则对胡墼做削切处理，由上部向下揳紧。多层胡墼拱立砌时，上下胡墼拱要错缝砌筑。

4）拌制泥浆时，草泥浆要具有一定的黏度，使胡墼可以依靠泥浆的黏性粘贴到窑壁上。泥浆制备过程中要边和匀边观察材料比例，并确定适宜的稠度。

5）使用中要定期观察砌筑的胡墼拱是否稳固，当胡墼发生松动时，可在胡墼缝隙间钉入楔形胡墼或木楔，防止胡墼松动脱落。

6）在使用过程中，修复结构尽量避免雨水的直接淋蚀，防止在干湿循环的反复作用下，胡墼拱发生破坏；同时应避免两拱肩上受力不一致引起的拱券裂缝的进一步发展。

6.5　玉米芯草泥浆组合体系加固窑洞局部坍塌

生土窑居完全由挖凿成型的纯原状土拱体作为窑居的自支撑结构体系，没有栋梁支撑，也没有其他支护。土体中随机分布的节理和其自支撑结构形式，在干缩和温度应力循环作用下，使得生土窑居在使用过程中常常是带裂缝的。

当窑脊以上的拱顶土体产生裂缝时，裂缝会导致拱顶土体的错动，很容易造成生土窑居窑洞内部拱顶土体的塌落。在雨季，当空气比较潮湿或生土窑居拱顶覆土渗水时，窑洞黄土层中的土含水率增大，土的密度增加，抗压、抗剪强度降低，土层变得重而弱，难以保持窑拱土体的整体稳定性，从而引起窑洞内局部土体的坍塌，根据坍塌程度可将窑洞内局部坍塌分为局部轻微坍塌（图 6.29）、局部严重坍塌（图 6.30）两种。

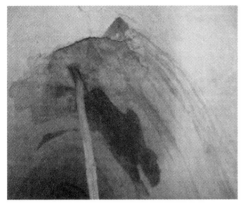
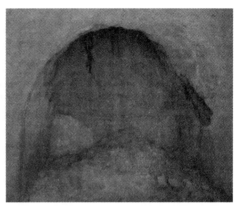

　　　　图 6.29　局部轻微坍塌　　　　　　　　　　图 6.30　局部严重坍塌

6.5.1　窑洞局部坍塌程度判断标准

　　生土窑居不需要依靠外部支撑就可独立存在。窑洞开挖后，在荷载和自重的作用下，洞顶土体发生压缩变形而产生了不均匀沉降，使土颗粒间产生互相揳紧的作用，并最终达到平衡状态，洞顶覆土层内形成了稳定状态的自然平衡拱。

　　自然平衡拱构成了生土窑居的自支撑体系，但在长期的自重或外力作用下，自然平衡拱会发生破坏，使洞顶上方覆土层中的土体发生失稳破坏。当自然平衡拱顶部至地表的土体厚度较大时，自然平衡拱破坏后上移，重新达到平衡状态，此阶段窑顶只发生渐进式的局部坍塌破坏。当坍塌导致覆土层内自然平衡拱的拱顶临近地表时，窑顶覆土到达最后的稳定状态，在外力扰动或降雨等因素作用下易发生突发性整体塌陷[53]。将窑顶发生整体塌陷的坍塌深度作为临界点，即当窑顶坍塌使窑顶覆土厚度等于自然平衡拱的极限高度时，窑顶达到临界坍塌深度。利用普氏平衡拱理论进行计算，确定窑顶的临界坍塌深度 h 为

$$h = \frac{H_2 - 0.272B - 0.543H_0 \tan\left(45° - \dfrac{\varphi}{2}\right)}{1 + 0.543 \tan\left(45° - \dfrac{\varphi}{2}\right)}$$

式中，H_2 为窑顶初始覆土层厚度；B 为窑洞的跨度；H_0 为窑洞初始拱顶高度；φ 为土体的内摩擦角。

　　在实际工程中可直接根据窑洞的覆土厚度、跨度、拱顶高度等基本参数，初步确定窑洞的临界坍塌深度，当窑顶发生坍塌破坏时，可通过测量坍塌深度判断窑顶是否达到极限坍塌深度。

　　室内的坍塌不仅影响窑洞的稳定性、安全性和居民的居住环境，而且严重威胁居民的生命财产安全，为保证窑顶覆土层内平衡拱的稳定性，可取临界坍塌深

度的 1/2 作为局部轻微坍塌与局部严重坍塌的临界点，即实际坍塌深度 $h_y \leqslant 0.5h$ 时，窑洞发生局部轻微坍塌破坏，此时窑顶坍塌部位较浅，土体的塌落导致原有土拱发生破坏，但上部覆土较厚，可以保证在坍塌部位的上部覆土中形成新的自然平衡拱，土体重新进入平衡状态，坍塌并不影响窑拱的传力，窑洞可在直接回填修复后重新利用。

目前，窑居区居民对这种局部土体坍塌深度不大的破坏的处理方法，多是直接在局部坍塌处回填泥浆并用泥浆抹面处理。这种处理方法虽然简单、容易操作、成本低廉，但是由于泥浆自重较大，泥浆与原破损面黏结强度较低，在重力作用下，修复部位土体很容易再次发生坍塌。

为了克服现有技术的不足，本节介绍一种玉米芯草泥浆组合体系，以对使用过程中普遍存在的窑洞局部轻微坍塌病害进行回填修复。但在修复之前需对窑洞的坍塌程度进行初步判定，只有在坍塌深度较小，坍塌部位不影响窑拱传力路径时才能采用该技术进行修复[54]。

6.5.2　技术原理与特点

1. 技术原理

使用玉米芯草泥浆组合体系对窑洞坍塌部位进行回填修复（图 6.31 和图 6.32），是在生土窑居窑洞的局部土体坍塌处预钉多个木楔，木楔间用草绳拉结，然后在木楔与草绳网之间回填玉米芯草泥浆，最后泥浆抹面处理。采用玉米芯草泥浆降低了修复部位土体的质量，提高了修复部位土体的强度，通过草绳与木楔的拉结，将玉米芯草泥浆固定在局部坍塌部位，使其与拱顶土体紧密连接，增强了修复土体与窑体的黏结，防止在重力作用下土体再次塌落，且施工后能很好地使修复结构与窑洞原结构紧密结合，隐蔽性较好，既方便实用、简单有效，又具有较高的耐久性。

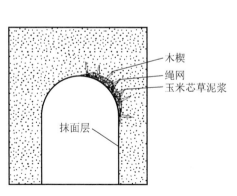

图 6.31　局部轻微坍塌修复结构剖面图

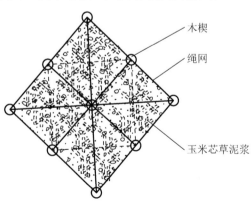

图 6.32　局部轻微坍塌修复结构平面图

2. 技术特点

玉米芯草泥浆组合体系的技术特点如下：

1）玉米芯草泥浆不仅降低了修复部位土体的质量，而且在一定程度上提高了修复土体的抗剪强度，在窑体局部坍塌部位预钉木楔，设置草绳，增加了修复土体与内部土体的连接，增强了窑体的整体性，可防止修复部位在重力作用下再次局部坍塌。

2）玉米芯具有组织均匀、硬度适宜、韧性好、吸水性强等优点，在使用过程中可降低修复部位土体的含水率，增加修复部位土体的抗压强度。

3）就地取材、施工工艺简单、可操作性强，具有较高的耐久性，而且与生土窑居结构紧密结合、浑然一体，利于保持原结构的使用空间。但仅适用于坍塌部位深度不大，不影响窑拱传力或不承力的坍塌部位修复。

6.5.3　施工工艺

1. 细部构造尺寸及材料

玉米芯草泥浆组合体系主要包括 4 个部分：木楔、草绳、玉米芯草泥浆、抹面草泥浆。

（1）木楔

木楔（图 6.33）长度不小于 200mm，直径为 10～30mm。制作木楔优先选择硬质、韧性较低的木材，同时要具有良好的可加工性能和耐腐蚀性。

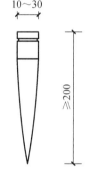

图 6.33　木楔（mm）

（2）草绳或麻绳

草绳直径为 3～8mm，柔软度要好，质量要轻，要韧而不断、粗细均匀、草质干燥，并具有一定的耐腐蚀性，也可用麻绳（图 6.34）替代。

（3）玉米芯草泥浆

玉米芯（图 6.35）要采用当年、完整洁净的；麦秸秆使用前轧扁并按照要求（长度为 50～150mm）剪成短节。玉米芯草泥浆的配合比可按照筛细的黄土、玉米芯、麦秸秆、石灰的质量比为 4:2:1:0.5 混合均匀，然后加水搅拌，实际施工中可根据具体情况调配各个组分的配合比，拌制好的泥浆要稀稠均匀。

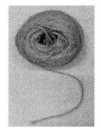

图 6.34　麻绳

图 6.35　玉米芯

（4）抹面草泥浆

抹面草泥浆中的麦秸秆最好用当年的，使用前把麦秸秆轧扁，之后用铡刀切成不大于3cm且长度不等的短节。在筛细的黄土中加入适量石灰及切好的麦秸秆，混合均匀待用（土、草比例为3：1）。

2. 施工流程

玉米芯草泥浆组合体系的施工流程包括4个阶段：破坏面定位及表面处理→木楔与草绳网的拼装→玉米芯草泥浆回填→面层施工。施工前准备铁锹、五齿耙、泥抹、水桶、筛子、铡刀、泥盆等工具；草绳、玉米芯在水中浸湿待用；黄土、石灰过细筛，最大粒径不超过50mm。其具体施工流程如下。

（1）破坏面定位及表面处理

在坍塌部位搭设脚手架或准备好高马凳，距离与高度根据坍塌部位确定，以施工方便为宜。清理窑顶局部土体坍塌处及周围土体，清理区域面积不小于实际坍塌面积的1.1倍。在剔除过程中，观察坍塌部位周围土体的破坏情况，当破坏裂缝变小或消失时，可停止剔除。在坍塌部位的拱顶土体上刷出纵横交叉的沟槽。

（2）木楔与草绳网的拼装

将图6.33所示的木楔钉在拱顶局部坍塌部位的土体上，钉入土体的深度不小于100mm。木楔相互距离50～100mm，端部与最终抹面层的距离为30～80mm，用草绳或其他纤维将木楔相互之间连接，草绳设置在木楔尾部的凹槽中，草绳将木楔连接后呈网状结构，结为绳网。

（3）玉米芯草泥浆回填

用喷壶在坍塌部位喷水润湿基层土，将制备好的玉米芯草泥浆涂抹填充到局部土体坍塌处，分层回填并将泥浆压实。在玉米芯较少的部位，直接将浸过水的玉米芯按入泥浆中，以增加修复土体中玉米芯的数量，降低修复部位土体的质量。

（4）面层施工

在筛细的黄土中加入适量石灰及麦秸秆，混合均匀，加水搅拌，制成草泥浆。待玉米芯草泥浆初步凝固干硬后，对填充玉米芯草泥浆后的局部土体坍塌处进行抹面施工，面层草泥浆初凝后在面层表面喷水，局部不平处用泥浆填平，用泥抹压实收光，修复面层应与原面层接槎平整光滑，泥浆干燥固化后形成抹面层。

3. 注意事项

采用玉米芯草泥浆组合体系对局部轻微坍塌部位进行修复时，要保证木楔钉入土体的深度，同时注意回填泥浆的稠度及配合比，具体可参照6.6节草绳网修复崖面空鼓、剥落时的相关注意事项。此外，在窑居使用过程中还应注意一些事项，并采用必要的措施对窑居进行维护，具体如下：

1）窑洞的坍塌破坏在很大程度上与渗水有关，窑居在使用过程中要妥善管理，注意封填窑顶的鼠、蚁洞穴，剔除窑洞顶部生长的植被，避免植物根系或鼠、蚁洞穴成为雨水渗入的通道。

2）每次降雨后，及时用石碾在窑洞上面碾压数遍，将土体碾压结实，使窑顶达到光、实、平，防止雨水由窑顶渗入土体。

3）定期维护窑洞，用草泥或石灰抹面，或涂抹防水材料，既能保证土体有较低的含水率，又能得到美观大方的表面效果。

4）保证室内的通风采光，将室内潮湿空气排出。对于已经渗水的土体，必须及时将水排出，保证窑洞土体的自支撑力。

6.6　草绳网修复崖面空鼓、剥落

生土窑居在使用过程中，崖面土体通常要进行饰面装饰。饰面层一般采用草泥浆抹面（图 6.36）或石灰砂浆抹面（图 6.37），相当于现代建筑中的粉刷。窑洞的外抹面附着在崖面土体的表层，外抹面可以充当崖面土体的保护层，保护崖面土体不受风、雨、雪的侵蚀，既能提高崖面土体防潮、防风化的能力，又能提高崖面的耐久性，同时外抹面能够使窑洞外观整洁美观，起到装饰崖面的作用。

图 6.36　草泥浆抹面　　　　　　　　　　图 6.37　石灰砂浆抹面

但是在外抹面使用过程中，窑洞崖体外部与内部土体存在温度差与湿度差，正常情况下内部土体的湿气会向外扩散，而抹面阻挡了潮湿窑洞土体向外散发水分的通道，因此会导致抹面产生鼓包。

外抹面暴露于室外，要经受风吹、日晒、盐雾腐蚀、雨淋、冷热变化等作用；特别是草泥浆抹面，由于草泥浆抗拉强度、黏结强度及面层相互之间的拉结强度均较低，在外界自然环境的长期反复作用下，面层易发生开裂、空鼓，与基层崖体黏结不足等各种问题，有时还会发生整块面层的空鼓、剥落。

此外，传统生土窑居的建造大多以当地工匠积累的经验为依据，随意性较大，若草泥中掺麦秸秆、水、泥土的比例或抹面厚度不当也会造成抹面的开裂、空鼓、剥落现象（图 6.38）。

以上诸多因素均可能会造成生土窑居外抹面的开裂、空鼓、剥落，影响窑居的使用。

（a）抹面的开裂、空鼓、剥落（一）　　　　（b）抹面的开裂、空鼓、剥落（二）

图 6.38　抹面的开裂、空鼓、剥落

外抹面的开裂与空鼓、剥落是生土窑居在使用过程中出现的多种质量病害中最普遍的问题。生土窑居外抹面开裂、空鼓、剥落后，不仅无法起到装饰作用，而且会造成壁面的支离破碎、残缺不全，严重影响窑居整体的美观，也失去了对窑体的保护作用，进一步影响结构的安全。

目前，外抹面的开裂与空鼓、剥落的常见修复措施是直接清除破损面层，再重新涂抹泥浆或石灰砂浆。但由于草泥浆自身质量较大、抗裂能力较差及与基层黏结不足等难以克服的缺点，修复后的面层依然避免不了再开裂、再空鼓、再剥落。为克服现有技术的不足，本节介绍一种新的生土窑居的抹面施工工艺——木楔、草绳网与草泥浆组合面层。该技术可以有效防止生土窑居抹面层的空鼓、剥落，同时可以完成已出现空鼓、剥落病害的崖面的修复[55]。

6.6.1　技术原理与特点

1. 技术原理

外抹层为木楔、草绳网与草泥浆组合的面层，即在窑洞的墙面抹灰层内设置草绳网，用木楔将草绳固定在窑体上，在绳网上抹草泥浆（图 6.39～图 6.41）。面层中草绳的拉结提高了面层的抗裂能力，通过草绳与木楔的拉结，使抹灰层形成整体，与壁面紧密贴合，增强了面层之间及面层与窑体的黏结，增强了窑居崖面的整体性，改善了生土窑居的结构性能。

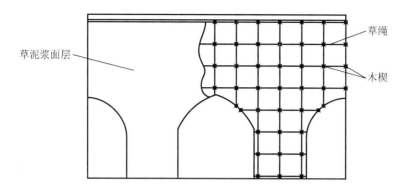

图 6.39　外抹面立面示意图

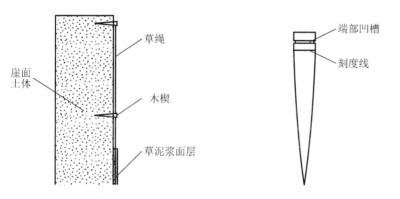

图 6.40　外抹面剖面图　　　　图 6.41　图 6.39 与图 6.40 中所用木楔示意图

2. 技术特点

草绳网修复崖面空鼓、剥落技术的特点如下：

1）在面层内设置草绳网与木楔，提高了面层之间的拉结及面层与窑体的黏结。可防止外装饰面的开裂，解决了传统生土窑居外抹面空鼓、剥落的问题。不但使窑洞外观整洁，提高传统窑居的美观性能，还保护窑洞外立面内部土体免受风雨侵蚀，延长其使用寿命，提升生土窑居的居住质量。

2）预钉入崖面土体的木楔，增强了窑洞表层土体与内部土体的连接，加强了窑体的整体性，改善了生土窑居的结构性能，进而防止窑体的局部坍塌。

3）就地取材、施工工艺简单、可操作性强，对生土窑居结构的扰动较小，非常适合我国传统生土窑居分布地区经济发展水平有限、施工技术水平低下的情况，有利于极具特色的传统生土窑居的传承与保护。

4）木楔、草绳网与草泥浆组合面层施工技术不仅可以用于新建窑居的外抹面施工，也可以修复已经发生空鼓、剥落的在役窑居，修复后的面层与生土窑居结构紧密结合、浑然一体。

6.6.2 施工工艺

1. 施工准备

（1）施工所需工具及材料

工具：铁锹、刮尺、筛子、斧子、木锯、尺子、锤子、五齿耙、泥抹、托泥板、扫帚、喷水壶、水桶、脚手架等。

材料：石灰、黄土、秸秆、草绳（或尼龙绳）。其中，所需黄土与石灰应尽量避免含有有机物、泥炭等腐殖质，同时还需过筛筛细，使其粒径不大于50mm。

（2）木楔预制

制作木楔的木材优先选择韧性低、易于加工且耐久性较好的木材。木楔长度不小于100mm，直径为10～30mm。木楔（图6.42）一端切削成圆锥形，以方便钉入土体；另一端在距离顶面15mm处设置深度为3～5mm的凹槽，以方便固定草绳，在距离顶面20mm处画刻度线，作为木楔钉入土体深度的标尺。

（3）麦秸秆处理

麦秸秆（图6.43）最好用当年的，且应坚韧不含杂质，在使用前把麦秸秆轧扁，之后用铡刀切成不长于3cm且长度不等的短节。在筛细的黄土中加入适量石灰及切好的麦秸秆，混合均匀待用（比例为3份土、1份草）。

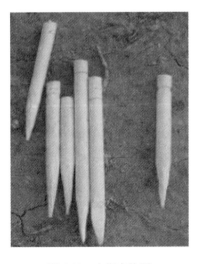

图 6.42　木楔实物图

图 6.43　麦秸秆实物图

2. 施工流程

草绳网修复崖面空鼓、剥落技术的施工流程主要包括四个阶段：表面处理→放线定位→绳网拼装→泥浆抹面。其具体施工过程如下。

（1）表面处理

对于新建窑洞，院坑、门洞或洞室开挖完成后，晾晒崖面，避免后期水分蒸发造成壁面空鼓、剥落；对于存在空鼓、剥落病害的在役窑居，清理空鼓、剥落区域，将崖面松散土体一并剔除，按 1.1 倍的空鼓、剥落区域面积清理破损面层。

提前准备好抹灰高凳或脚手架，架子应离开墙面及墙角 200～250mm，以方便操作。面层清理完成后，用五齿耙在崖面上刷出纵横交错的浅沟壑，即崖面耙痕（图 6.44），沟壑深度为 3～10mm，用扫帚轻扫，去除面层浮土。

（2）放线定位

在需要施工的崖面或清理好的待修复区域的崖面设置水平施工控制线，在水平控制线上设置铅垂线（图 6.45），以控制面层的厚度、平整度及木楔钉入土体的深度。

图 6.44　崖面耙痕

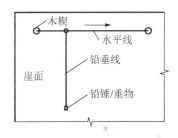

图 6.45　施工控制线

（3）绳网拼装

1）选取边长为 500～5000mm 的正四边形草绳网，草绳网网格也为正方形，网格边长为 100～500mm，草绳直径为 3～8mm。将草绳网在水中浸湿待用。木楔预制数量要略多于预估的需要使用的数量。

2）窑洞壁面处理后，将木楔以绳网边长的距离预先钉在壁面上，木楔钉入土体的深度达到刻度线处，即端部露出 20mm；将绳网固定在木楔上，在绳网结点处补钉木楔（也可每间隔一个结点补钉木楔），木楔端部露出壁面 20mm，用短草绳将绳网与木楔连接牢固，并将草绳固定在木楔端部的凹槽中，使绳网距离壁面 15mm，每两片绳网用搭接一个绳结的距离连接并用短草绳连接牢固。

另外一种绳网施工方法，是在待施工或修复区域的崖面上将木楔依次钉入崖面土体中（图 6.46），木楔相互距离为 300～800mm，通过施工控制线（铅垂线）确定木楔钉入崖体的深度，以木楔端部距离铅垂线 2～5mm 为宜；将浸过水的草绳或尼龙绳攀附固定在木楔顶部的凹槽中，使其形成网状结构（图 6.47）。

图 6.46　预钉木楔　　　　　　　　　图 6.47　攀附绳网

（4）泥浆抹面

1）草泥浆拌制（图 6.48）。草泥浆拌制过程中要边和匀边观察材料比例，并确定适宜的稠度。

2）将和好的草泥浆运到施工现场。在崖面上喷少量水润湿，以增强面层与基层的黏结。对壁面进行第一次粉刷，抹面厚度应为 20～25mm（图 6.49），崖面凹度较大时要分层衬平，用靠尺板找好垂直与平整。

图 6.48　草泥浆拌制　　　　　　　　图 6.49　泥浆抹面

第一次泥浆初步干硬后，对壁面进行第二次粉刷，粉刷厚度为 2～5mm。在面层表面喷洒少量水，用靠尺板找好垂直与平整，同时用泥抹压实收光，泥浆凝结后固化形成面层。

3. 注意事项

1）该技术不仅可修复崖面抹面层的空鼓、剥落，也可修复室内抹面层的空鼓、剥落。此外，抹面层除采用草泥浆外，也可采用石灰砂浆。

2）绳网所用草绳直径为 3～8mm，草质干燥、柔软度好、重量轻、韧而不断，同时具有一定的耐腐蚀性，也可用尼龙绳替代草绳进行施工。

3）施工时应选择长度不均的木楔，以增强木楔与崖面土体的连接。

4）抹面厚度应为 2～3cm，不宜太薄，否则起不到保护崖面的作用，且后期易引起崖面空鼓、剥落；也不宜太厚，防止重力作用下自动脱落。宜按基层表面平整垂直情况确定抹灰厚度。

5）草泥浆中可适当增加麦秸秆的数量以提高面层的抗裂能力，同时泥浆中的水分不宜过多。草泥过稀，则流动性太大，抹面过程中易出现掉泥的现象；草泥过稠，则泥浆中水分过少，黏结性较差，不易施工，因此草泥浆拌制过程中要边和匀边观察材料比例，并确定适宜的稠度。

6）面层进行第二次粉刷所用的草泥浆中的麦秸秆长度要小于第一遍粉刷时麦秸秆的长度，这样可使施工后抹面层表面平整、外观整洁。

7）避免冬期施工，防止抹面后草泥浆受冻开裂。夏季施工时，为避免抹面层水分蒸发过快形成干缩裂缝，面层施工完成后需要进行喷水养护。

6.7　窑顶植被种植层

窑顶又称窑皮，窑皮是当地人的一种叫法，相当于现代建筑的屋顶。地坑窑院窑顶（图 6.50）又称窑背，是地坑窑院的地上部分。有些靠崖窑窑顶（图 6.51）也处理为平整的黄土面。窑顶包含了村内的交通体系，也是人们交流活动的场所，可以在上面聊天、吃饭、散步、举行仪式，或用来打谷和晒谷。

图 6.50　地坑窑院窑顶　　　　　　　　　图 6.51　靠崖窑窑顶

黄土土壤比较松散，渗水性强，而且黄土中存在多种节理、裂隙，因此在夏、秋的阴雨季节，雨水在重力作用下会沿着这些裂隙向窑洞中渗透，此外窑顶植物根系形成的毛细孔洞和鼠、蚁洞穴等都会引起窑洞的渗水（图 6.52～图 6.55）。

窑顶地面的渗水会破坏窑洞的土质结构，降低土体的抗压与抗剪强度，降低窑居的结构性能。因此，窑洞顶部所占用的土层，不仅不能作为一般意义上的种植土地使用，还需要定期清理窑顶生长的植被，封堵窑顶的鼠、蚁洞穴，这会导致窑顶常年被闲置。

图 6.52　窑顶植被导致渗水

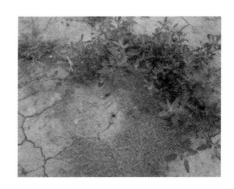

图 6.53　窑顶蚁穴导致渗水

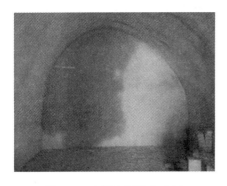

图 6.54　窑洞内面渗水破坏

图 6.55　窑洞内点渗水破坏

一般情况下，一个普通的地坑窑院占地为 1～2 亩（1 亩≈666.7m²），而通常的地面住宅只需 0.3～0.5 亩即可。地坑窑院占用土地过多，在国家退宅还田的政策下，许多村落本着退宅还田的要求，开始填埋地坑窑院，使地坑窑院这一传统建筑遭到极大破坏。因此，对窑顶进行合理的更新改造，在保留其特有的生态优势的基础上克服地坑窑院渗水及占地面积过大的缺点，已经是目前生土地坑窑院传统民居迫切需要解决的问题。

窑顶的渗水一般发生在窑洞上覆土层较薄，黄土结构性较差的区域。其并非整个窑洞大面积同时渗水，但渗水点位置的不确定性，窑洞即使发生渗水，也很难及时确定渗水点，并对其进行修复。因此，若在窑洞所在区域地面的一定深度处设置整体的防水基层并进行植被种植，改善生土地坑窑院窑洞顶部土层结构形式，不仅能防止生土地坑窑院窑洞顶部土层渗水，而且能使窑顶适于植被种植，可减少地坑窑院的占地面积，提高土地利用率[56]。

6.7.1　技术原理与特点

1. 技术原理

为防止窑顶渗水，窑洞建造时都建有一定的排水设施（图 6.56），窑顶的排水设施一般是根据窑顶地面地形修建的散水（图 6.57）、排水沟在窑顶从拦马墙直接向四周找坡排水。在日常生活中，院落四周做排水沟，控制水流方向，及时将窑顶落水排向周边空地或耕地。使用中，窑洞顶部可用石碾子压实，局部用夯压实；雨后及时用石碾（图 6.58）或石夯复压实，使窑顶面达到"光、实、平"（图 6.59），以阻止水分的下渗，同时便于雨后窑顶雨水的及时排出。

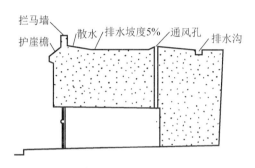

图 6.56　窑顶排水图

图 6.57　窑顶砖砌散水

图 6.58　石碾

图 6.59　窑顶地面压实后效果

黄土渗水性强的特性，单纯依靠排水措施很难保证在窑洞使用过程中窑顶不渗水，因此对于窑顶的渗水破坏，不仅要排，更要治，排治结合才能事半功倍。

在窑居区，人们担心窑顶渗水会破坏窑洞的土质结构，所以窑顶不种植作物，一般闲置，这就造成了地坑窑院占地面积大和土地利用率低的缺点。

针对生土地坑窑院占地面积过大和窑顶渗水的问题，可在窑顶设置防水层，在窑洞顶部形成种植基层。这不仅能够有效阻止水分下渗，防止渗水给窑洞造成破坏，而且使防水层上部的土层保持土壤的水分，从而使窑洞顶部土层适于植被种植，满足窑居区人民的日常生活需求，这既提高了生土窑居的土地利用面积，也改善了窑居内的空气质量。

2. 技术特点

窑顶植被种植层技术的特点如下。

1）在窑洞顶部设置防水层，可以有效地解决传统窑居窑顶的渗水问题，防止窑洞受到雨水的侵蚀，即使遭遇连旬大雨也不必担心窑洞漏水坍塌，提高了生土窑居的结构安全性能。

2）窑院顶部种植绿色植物可以很好地改善生态系统，美化环境，改善窑洞内的空气质量，同时调节居住区的微气候，可使人工环境和自然环境有机融合。

3）在人口不断增加，可耕地逐年减少，生存环境不断恶化的今天，在窑顶种植经济作物，做到"洞顶为田，洞中为室"，充分利用太阳能资源，可发挥土地资源优势，提高生土窑居的土地利用面积，克服地坑窑院民居占地面积过大的缺点，经济性较好，非常适合我国的传统生土窑居分布地区经济发展水平有限的情况，有利于地坑窑院这种特色民居的传承与保护。

4）施工工艺简单，施工安全性高，经济性较好，一次施工可长期受益，降低了对资源的消耗。

6.7.2　施工工艺

1. 细部构造尺寸及材料

窑顶植被种植基层结构包括拦马墙、种植基层及窑顶夯实土层，其中拦马墙设置在窑顶夯实土层的崖面上，种植基层设置在窑顶夯实土层之上。种植基层（图 6.60）包括自下而上依次设置的找坡层、防水层、防水兼保护层、滤水层及土壤层；防水层及防水兼保护层均包括水平部分及竖直部分，水平部分位于找坡层与滤水层之间，竖直部分位于拦马墙与种植基层之间。

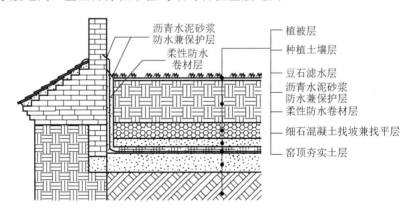

图 6.60　窑顶种植基层的剖面示意图

为保证良好的防水性能，并使窑顶能够种植作物，种植基层的各部位材料需满足如下要求。

1）细石混凝土：砂采用粒径 0.3～0.5mm 的中粗砂，且泥含量不应大于 2%，粗集料的最大粒径不大于 15mm 且泥含量不应大于 1%；水采用自来水或可饮用的天然水。混凝土强度不应低于 C20，1m³ 混凝土水泥用量不少于 330kg。水灰比不应大于 0.55，砂含量宜为 35%～40%，灰砂比宜为（1：2）～（1：2.5）。

2）柔性防水卷材层可采用沥青油毡、改性沥青卷材或塑料薄膜。

3）配制沥青水泥砂浆时，将水泥、砂子混合并搅拌均匀，再加入乳化沥青、缓凝剂、水拌和均匀，沥青水泥砂浆要现用现配。

4）滤水层可选用豆石、细碎石，也可选用砂子或煤渣，厚度不小于 50mm。

因为一般农作物的根系分布深度不超过 70cm，如谷类根系最密集部分为 30cm，瓜果类为 40～50cm，蔬菜为 30～50cm，所以可在顶部覆土（覆土厚度不小于 50cm）作为植被种植土壤层。在植被种植区可种植小麦、玉米、花生等粮食作物或花卉、蔬菜类作物及蔓生类水果等。

2. 施工流程

窑顶种植基层，其各层的构造要求及施工流程具体如下。

1）基层施工。在窑顶夯实土层中清除窑顶土体形成基坑，将基坑底面整平，在基坑底部喷洒少量的石灰水，并用石碾分两遍压实，基坑深度为 600～800mm，垂直于崖面方向的长度为窑洞进深的 1.2 倍。

2）在清理过的基层面上铺细石混凝土作为找平兼找坡层，从拦马墙向四周找坡度，坡度不小于 4%，最薄处混凝土厚度不小于 30mm。

3）待找平层混凝土凝结硬化后，涂刷基层处理剂。涂刷要求薄而均匀，采用喷涂或辊涂，一共涂刷两遍，第一遍横向涂刷，第二遍竖向涂刷。然后铺至少一层柔性防水卷材，由内至外依次铺贴，卷材间搭接长度大于等于 100mm，防水卷材铺贴时应展平压实，卷材与基面或各层卷材间必须粘贴紧密。卷材接缝处必须粘贴封严，两幅卷材短边和长边的搭接宽度均不应小于 100mm。采用多层卷材时，上下两层和相邻两幅卷材的接缝应错开 1/3～1/2 幅宽，且两层卷材不得相互垂直铺贴。拦马墙处防水卷材上翻至地面以上部分的长度不少于 250mm，用铁钉钉入拦马墙墙体的凹槽中，用沥青水泥砂浆回填。

4）防水卷材粘贴完成后，在卷材上铺厚度至少为 20mm 的沥青水泥砂浆作为第一道防水层兼卷材防水层的保护层。

5）在沥青水泥砂浆上部铺豆石或煤渣，厚度为 30～50mm，用滤水层滤去种植土壤中多余的水分。

6）在窑洞顶部回填素土作为植被种植土壤层，土层厚度为 500～800mm，可根据需要在窑顶预留通道，并将窑顶划分出不同的功能分区（图 6.61），如窑顶活动区、植被种植区等。

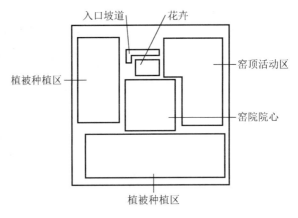

图 6.61　窑顶功能分区

3. 注意事项

1）在经济欠佳的窑居区可直接在窑顶覆土深度 600mm 以内设置不少于 2 道的灰砂层或压实煤渣层，形成阻水层，每道阻水层厚度不小于 50mm，相邻阻水层的距离不小于 200mm。对于此种阻水构造措施，窑顶只适于种植根系深度较小的蔬菜、小麦等经济作物，而且要避免窑顶积水。

2）基层进行施工时，需要开挖部分土层，此时窑顶净覆土厚度变小，开挖压实及回填过程中要避免过大的振动，以保证窑洞的安全。

3）防水卷材竖直部位需用沥青水泥砂浆或灰土掩埋，使用中要及时检查，防止卷材老化或破损从而引起窑洞的漏水。

4）在种植作物时应避免深耕或种植根系较深的作物。

5）种植基层需保留较小的坡度，雨水较大或日常作物浇水时，水能及时排出，避免在窑顶积水。

6.8　窑居的通风改造

传统生土窑居的窑洞进深一般为 7～12m，进深相对较大。而窑洞仅在出口处的窑隔部位设置门窗与外界相通，这使得空气对流受到限制，加上缺乏通风换气措施，室内通风闭塞，久而久之，湿气不易排出，室内墙面容易发生霉变，长青苔或出现大面积潮湿的现象。

窑洞潮湿的高峰期是 6 月下旬到 9 月初的夏、秋炎热季节，室内空气相对湿度高（室内局部位置相对湿度常达 80%～90%，甚至更高），窑洞表面潮湿严重，尤其是窑洞地面与后壁交界处温度最低，潮湿也最严重，常会出现结露现象，并伴随有湿霉味。在这种环境下生活，不仅降低了窑洞的居住舒适度，而且对居住者的身体不利。

为解决窑洞通风不畅、潮湿霉变等问题，本节介绍一种窑洞通风改造技术。该技术在传统技术上融入了现代科学技术，在窑洞底部窑脊上挖凿一个通风孔（通风孔管道材料为 PVC 管或其他耐久性良好的材料），并在通风孔出口处设置防护网罩，在通风管道内侧安装换气机械设备等，极大地提高了通风口的通风效能，有效地解决了窑居潮湿霉变等问题，营造出居住舒适性良好的窑居环境[57,58]。

6.8.1　技术原理与特点

1. 技术原理

一般情况下，窑洞内部与外界空气仅由于热压作用在侧窗附近产生空气交换，因而离窗较远处的人员活动区实际上没有通风换气效果。窑洞空气交换作用原理如图 6.62 所示。

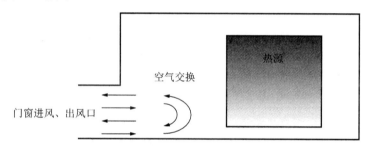

图 6.62　窑洞空气交换作用原理

基于地坑窑院的特点进行通风改造，经通风改造后窑洞的空气交换原理发生了变化，其原理如图 6.63 所示。

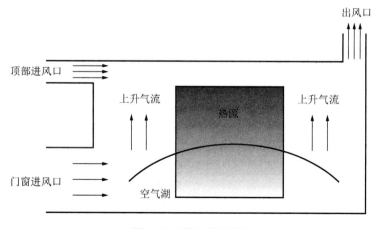

图 6.63　通风改造原理

2. 技术特点

通风改造后，温度较低的新鲜空气（温差为2~4℃）以较小的风速进入室内，

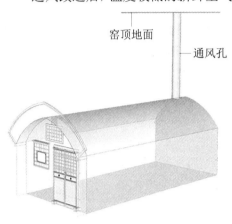

图 6.64　通风改造效果

这部分空气动能很低，不至于对室内空气产生较大扰乱。温度较室内温度低的新鲜空气在重力作用下沉积在地面附近，形成层状的"空气湖"。由于室内热源（如人、炉灶）的存在，室内空气被加热，在浮力的作用下带动周围空气缓缓上升，由出风口排出，下方新鲜空气也随之向上运动。热浊空气的卷吸作用和送入的新鲜空气的推动作用，形成了类似活塞流的向上气流，不但交换了室内的空气，也带走了人员活动区的污染物。通风改造效果如图6.64所示。

6.8.2　系统构造

通风系统由三部分构成：窑隔进气口、PVC-U通风管道、地面防护罩，其中，最重要的部位是PVC-U通风管道。通风系统构造如图6.65所示。

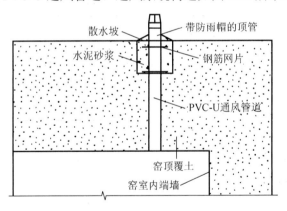

图 6.65　通风系统构造

1）窑隔进气口：主要进气口为安装于窑隔上的门窗洞口；除此之外，窑隔上部还开有辅助通风的通气口。门窗洞口根据原窑洞情况确定，不需要进行改造处理；窑隔上部辅助通气孔尺寸约为300mm×200mm，通气口无须进行处理或根据需求安装防虫纱网。

2）PVC-U通风管道：通风管道（图6.66）位于距窑底500mm左右的窑脊处，可在管道内设置铅锤。通风管道的长度为地坑窑院挖凿通风孔处的覆土层厚度。

将 PVC-U 管材（图 6.67）安装于挖凿好的通风孔内，以减少通风孔内的土体掉落，增强通风孔周围土体的稳定性，保证孔道的位置及耐久性。管材外径与通风孔直径相同，管材外径为 100mm。采用 PVC-U 管材的优点是质量轻，耐腐蚀，内表面光滑，对空气等流体阻力小，耐久性好，价格便宜，强度高，防火性好，可回收利用，绿色环保。

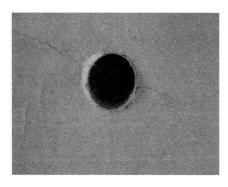

图 6.66　通风管道实拍图

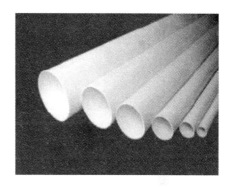

图 6.67　PVC-U 管材

3）地面防护罩：为避免杂物掉落，在地面通风管道的上方设置防护罩（图 6.68）。防护罩使用镀锌钢丝网片，在孔道顶端用砂浆浇筑，并对钢丝网片进行固定。钢丝网片的尺寸大于孔洞尺寸，约为 200mm×200mm。还可按需求设置防雨地面防护罩。

（a）安装前

（b）安装后

图 6.68　地面防护罩实拍图

6.8.3　施工工艺

1. 施工流程

（1）施工前准备

工具：筒子锹（挖凿通风孔）、电钻、锯子、铅锤（控制通风孔道铅垂线）、瓦刀（砌筑砂浆底座）、铁抹子（修整砂浆底座外观）、卷尺（控制通风改造各部位的尺寸）。

材料：外径为 110mm，长度为所建窑洞覆土厚度＋5cm 的 PVC-U 管材 1 根；规格为 10mm×10mm×0.6mm 的镀锌钢丝网片 1 片；两根长 400mm 的 $\phi3.5$ 钢筋；普通砌筑用 1∶3 水泥砂浆。

（2）施工过程

1）挖凿通风孔：确定打孔位置，并在地面上画出相应大小的圆作为标记。打孔位置位于窑底拱顶正中部位，离窑底大约 0.5m。

按照通风孔大小选择筒子锹，通常通风孔直径略大于筒子锹的铲身直径。使用筒子锹打孔时，施工人员身体直立，两腿自然分开，双手握紧手柄置于胸前，使铲头着地并位于两脚之间，用力向下垂直打探；然后提铲倒土，再将铲头旋转，四面交替向下打，保持孔呈圆柱形。挖土过程中，使用铅锤确保孔洞垂直。

在挖凿好的孔道上方，以孔洞为中心开挖一个深 50mm，尺寸为 500mm×500mm 的槽。通风改造施工图如图 6.69 所示。

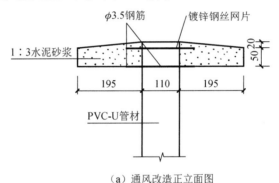

（a）通风改造正立面图

（b）通风改造平面图

图 6.69　通风改造施工图（mm）

2）穿管固定：孔打好后即可穿入 PVC-U 管材，安装通风管道。管材在安装之前锯下大于 2cm 的部分（锯下部分待用），并在距顶端 50mm 处用电钻打 4 个小孔，孔洞直径 4mm，且两两对应。将锯好的 PVC-U 管材插入通风孔后，再将两根直径 3.5mm 的钢筋呈十字交叉形插入 PVC-U 管材顶端预设的 4 个小孔内，钢筋以两边各出头 10cm 为宜，放置在槽内，起固定作用。

3）砌筑安放地面防护网罩：这部分砌筑时可将 1∶3 的水泥砂浆灌注入预设的槽内。首先，应清理好槽内的覆土、落叶等杂物，灌注 2/3 高度的水泥砂浆后，在 PVC-U 管材顶端放置钢筋网片，以保证钢筋网片的中心与管材中心重合。然后，在钢筋网片上方放置之前锯下的 PVC-U 管材作为压顶管材，要保持压顶管材与原管材重合。最后，压紧压顶管材，固定钢筋网片并继续灌注水泥砂浆，再用瓦刀与铁抹子将外表面修平整且呈一定的角度，以便雨水渗流。

2. 注意事项

1）通风孔位置选在靠近窑底的窑脊部位，打孔时应避开黄土层有节理、空隙等的薄弱部位，若施工时发现上述不良土层，需要及时停止打孔，并重新封填。

2）防护罩及通风孔道需要定期清理，避免通风孔被杂物堵塞，影响通风效果。

3）若要获得更好的通风效果，可在通风孔内安装换气扇，以加强空气流通速度。

第二篇　生土墙民居建造与改良技术

生土墙民居是以生土墙作为主要承重构件的民居形式，主要包括夯土墙民居和土坯墙民居。生土墙民居历史悠久，在人类的发展进程中作出了杰出贡献。生土墙民居作为我国传统民居的一种主要形式，凭借其节能环保，低成本，良好的保温性、耐久性及优异的可再生性等优势，在农村地区仍然大量存在并沿用至今。

生土材料分布广泛，易于就地取材，保温、隔热性能优越。其突出于其他建筑材料的关键优势在于可以循环利用。当建筑不再满足居住要求而需拆除时，生土材料就还原为土壤，木料等可重复利用或作为燃料，不会形成建筑垃圾，避免对环境造成污染，维持了生态平衡。这也正是生土住宅"归于自然"的体现，是其他建筑类型所不具备的。

这些传统生土墙民居大多没有经过正规设计，依当地居民的经验而建，建筑方法以口传心授的方式代代相传。但是其结构性能较好，能屹立百年甚至数百年而不坍塌的老宅不乏其例，不仅体现了一方的传统和文化特色，更蕴含了深厚的文化底蕴，具有历史和科学价值。本篇对生土墙民居建造与改良技术展开研究。

第7章　地基与基础

地基是建筑物最底层用以承担上层建筑物荷载的那一部分土层。地基是建筑物的重要组成部分，对于房屋的耐久性、安全性具有重要的影响，其作用不容忽视。如果地基处理不当，轻则引起房屋墙体的开裂，重则引起房屋局部或整体倾斜，甚至倒塌，进而威胁房屋的正常使用及居民的生命财产安全，所以必须对地基采取相应的措施，以使地基具有足够的承载能力。

基础是指建筑物向地基传递荷载的最底层结构，俗称"基脚"。安全可靠的基础有利于增强结构的整体稳定性，减小房屋的不均匀沉降，从而提高房屋的整体抗震能力。生土墙民居一般位于经济比较落后的农村或者偏远山区，基础施工技术等各方面比较落后，发生地震或者其他自然灾害时，容易造成人员伤亡和经济损失，因此选择合理的基础类型和正确的施工方法是非常有必要的[59]。

7.1　地　基　处　理

地基可分为人工地基和天然地基。顾名思义，人工地基是经过人工处理后的地基，天然地基是不需要进行处理就可以直接使用的地基。当地质状况不适合直接作为建筑物的承重土层且上部建筑物的荷载较大时，为使地基具有足够的承载力，此时需要人工加固地基，即人工处理。当地质状况较好且承载力较强时，可以采用天然地基。

一般情况下最好选择天然地基，这样不仅能够缩短施工时间，而且可以大大减小建房成本。当房屋选址确定后，开始进行基槽开挖时，可能会遇到软土、湿陷性黄土、膨胀土、橡皮土、冻胀土、液化土等不良土质，也可能会发现古墓、废井、溶洞和滑坡等异常情况。若这些地方又恰是建房的最好位置，就只能对这些异常地基进行必要且有效的人工处理来保证地基的质量，以防止危害房屋安全。

7.1.1　软土地基处理

工程上把淤泥和淤泥质土统称为软土。软土通常分布在沿海和内陆的平原或山区，以及沿海的河流入海口。山区软土则分布在多雨地区的山间谷地、冲沟、河滩阶地和各种洼地里。与平原地区不同的是山区软土分布比较零星，范围不大，但深度及厚度变化悬殊，土的强度和压缩性变化也很大。

软土通常由淤泥、淤泥质土（淤泥质黏性粉土）、冲填土或其他高压缩性土层构成，且含有淤泥沉积物及少量腐殖质。因其特点主要是天然含水率高，可压缩性高，承载能力低，固结沉降慢等，所以必须对软土采取相应措施以防地基不均匀沉降，进行地基处理之后，才能安全地作为建筑物地基使用。对于由淤泥、淤泥质土等其他高压缩性土层构成的地基，基础施工应按设计需要预留沉降标高差。当遇到软土时，应按照特定的施工工艺进行地基开挖处理。

1. 施工原则

对于建筑房屋来说，优先考虑天然地基。对于均匀性和密实度较好的冲填土、杂填土土层等，可以直接利用其上覆盖较好的土层作为地基持力层。但对于不适合直接作为承受建筑物荷载的持力层的软土层，要做一定的处理。软土层处理的目的包括提高土的抗剪能力，防止地基液化，提高地基的强度和增强地基的稳定性。

2. 施工工艺

一般情况下，有经验的民间工匠可以直接根据经验判别出地基是否存在软弱土层。如果判别不出，则需要进一步处理。此时判断地基持力层土层的分布是否均匀及平面分布范围和土层分布深度，在基础开挖结束之后，应对基础进行钎探，通过对钢钎打入地基一定深度的击打次数进行分析并作出判断。钎孔打完之后可能有两种情况：

1）无不良地基，此时可对钎孔进行灌砂处理。灌砂处理时，每灌入 300mm 深度时，需要用平头钢钎对钎孔捣实一次，防止钎孔不紧实，影响地基刚度。

2）当发现局部存在软土层时，应根据软土层所在位置、范围、深度采取如下技术分别进行地基施工。

① 软土层在基槽范围内。经过钎探发现软土层在基槽范围内时，首先需要将基槽内的软土挖去，直到坑底和坑的两侧是天然土。当天然土为较密实的黏性土时，用三七灰土回填夯实，或者添加黏性土直接夯实；当天然土为砂土时，用细石或者级配良好的砂土回填夯实；当天然土为中密可塑的黏性土时，可用二八灰土回填夯实。各类分层回填土的厚度不得超过 200mm。

② 软土层宽度超过基坑边缘。若软土层宽度太大，超过了基坑边缘，且部分软土层一直挖不到天然土层时，将基坑范围内的软土层挖去，并且应超过基槽边至少 1m，然后按照①中的方法处理。

③ 软土层较深且大于槽宽。如果软土层在基槽内宽度超过 5m 且深度太大[图 7.1（a）]，此时为防止该软土层产生不均匀沉降，导致上部建筑开裂或者房屋坍塌，需将软土层挖去，直到距基底至少 2m［图 7.1（b）］，需用砂土或者三七灰土垫层夯实。基础最好采用砖基础，并且应该加深基础的深度。

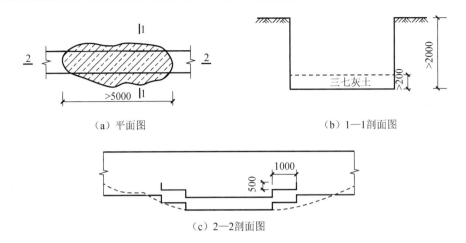

（a）平面图　　　　　　　　　　（b）1—1剖面图

（c）2—2剖面图

图 7.1　软土层较深且大于槽宽的地基处理办法（mm）

基础可以做成 1∶2 踏步与同端相连，每步高不应大于 500mm，长度不小于 1m［图 7.1（c）］。当挖软土至水位线以下时，应将软土全部挖去，回填之前先用 1∶3 粗砂与碎石分层回填夯实，且基础底部再铺一层三七灰土回填夯实。

7.1.2　湿陷性黄土地基处理

我国西北地区分布着大量的湿陷性黄土。在天然湿度状态下，湿陷性黄土可压缩性较低，强度较高，是一种非饱和的欠压密土。这是因为天然湿度状态下的湿陷性黄土具有很多肉眼可见的大裂缝，并常夹有管状孔隙，天然剖面呈竖向节理，具有一定的抗移动和压密能力。在干燥状态下，由于土中有垂直方向分布的小管道，几乎能保持竖直的边坡，一旦土层遇水浸湿，将会对生土墙民居产生不可逆的危害。因为土的骨架会迅速发生崩解破坏，强度显著降低，土层在附加压力和自重压力作用下会发生湿陷变形，这种变形是一种沉降量大、下沉速度快的失稳性变形。

在这种土质上建造建筑物，受到雨水、生活生产用水、地下水影响时会使地基产生严重的不均匀沉降，从而造成建筑物的裂缝、倾斜，严重时会造成建筑物的倒塌事故。因此，当遇到这种地基时，应按照特定的施工工艺进行地基处理[60]。

1. 施工原则

在地基施工前必须对基坑进行仔细的探究，然后才能制订处理计划。

湿陷性黄土遇水浸湿后，其基槽壁会由于湿陷性黄土层的强度降低而失稳。因此，根据湿陷性黄土导致地基发生破坏的原因，可通过地基处理、防水措施和结构措施 3 种综合治理措施解决问题。

湿陷性黄土地基处理的根本原则是破坏土的大孔结构，改善土的物理、力学性能，减少或消除地基的湿陷变形，防止水浸入建筑物地基，提高生土墙民居的结构强度，进而提高建筑物的安全性和耐久性[61]。

2. 施工方法

湿陷性黄土地基的处理方法应根据湿陷性黄土的特性，综合考虑施工工具、施工要求、材料来源和当地环境等因素后确定。常用的方法有垫层法、夯实法、预浸水法等，现将主要处理方法简述如下。

（1）垫层法

土或者灰土垫层是一种浅层处理湿陷性黄土地基的传统方法，在我国已有两千多年的应用历史，在湿陷性黄土地区使用广泛，具有因地制宜、就地取材和省时省力等特点。实践证明，经过处理的地基湿陷量大大减小，抗压强度显著提高。垫层法适用于地下水位以上，对湿陷性黄土地基进行局部或整片处理，可处理的湿陷性黄土层厚度为1～3m。垫层法可分为素土垫层法和灰土垫层法。

1）素土垫层法。素土垫层法是直接采用素土材料回填夯实土层来提高地基承载力的一种方法，这种方法施工简单快捷。先将基坑挖出的土晒干后润湿，或在建筑物周围取土方便的地方直接取土（这种土的可夯实性好，强度高），然后将土处理之后回填，夯实至所需高度即可。

2）灰土垫层法。灰土垫层法的原理与素土垫层法相同，其以二八灰土或三七灰土为主要回填原材料。灰土垫层施工过程中应严格控制土料含水率。相比素土垫层法，灰土垫层法强度更高，耐久性更好，应用范围更广。

（2）夯实法

夯实法自古以来都存在，在古代沟渠的开挖和长城的修筑中就用过这种方法。现代社会由于大型机械的发明，一般采用机械夯筑，机械夯筑具有效率高和施工效果好等优点。而生土墙民居由于施工范围小，机械夯筑成本很高，且生土墙民居多位于偏远地区，机械进入现场不方便，一般不考虑机械夯筑，而采用传统的施工方法。

1）施工原理。夯实法是利用人力将石夯提高到一定高度，然后自由下落，利用冲击力对地基做功，使地表面形成一层比较密实的土层，从而提高地基表层土的强度。对湿陷性黄土，可减小表层土的湿陷性。

2）施工流程。

① 地质调查，平整场地。主要由民间工匠通过经验和钎探判别湿陷性黄土层的分布范围，在场地内标示出夯击位置。

② 材料准备，夯实地基。将夯石移动到标记位置，麻绳穿过夯石绑结实，4～8人齐力将夯石拉扯至70～100cm高，然后放松麻绳。在这个过程中，如果哪一部分土层因为夯实而坑底倾斜，应及时将坑底整平。

③ 重复步骤②，直到黄土层具有一定的强度，能够承受上部建筑物的荷载。

④ 换夯实点，重复步骤②和③，直至完成全部的夯实点。

（3）预浸水法

预浸水法是利用湿陷性黄土遇水产生湿陷的特点，在建筑物修建之前，对湿陷性场地大面积浸水，使湿陷性黄土层产生湿陷，以消除深层黄土地基的湿陷。预浸水法适用于湿陷性黄土层厚度大、湿陷性强的自重湿陷性黄土场地。

1）优缺点。预浸水法可以消除土层的自重湿陷性，具有操作简单、作用明显等优点；但是也具有施工时间长，用水量大等缺点，而且湿陷性黄土层产生湿陷之后还需要考虑土层回填。

预浸水法要求在施工之前通过现场试坑浸水确定浸水时间、耗水量和湿陷等级等参数。预浸水法普遍应用于湿陷性黄土层厚度大于 10m、自重湿陷量等于或大于 50cm 的建筑场地。它能消除地表 5～7m 以下土层的湿陷性，如再配合表层处理，便能消除全部的土层湿陷。

2）施工流程。

① 基槽开挖，开挖的范围要比建筑物基础宽度宽 30～70cm，且基槽要相互贯通，坑壁要做成斜坡，基底要开挖至基础底面以下 50～70cm，然后整平场地。

② 引水注入基槽，浸水初期水位不易过高，使槽内水位保持在 50～100mm。浸水应连续进行，并保持槽内水位高度不小于 300mm。

3. 注意事项

1）在雨期或者冬季最好不要对地基进行处理，防止填料受雨水淋湿或者地基发生冻融破坏，同时防止地表水流入已处理或未处理的基槽内。设置土垫层或进行基础施工前，应在基槽地面打底夯实，同一夯实点不宜少于 3 遍。当表层土含水率超过允许值或局部地段有松软土时，应采取晾干或换土等处理措施。

2）湿陷性黄土地基的处理应满足一定的范围要求。当为局部处理时，其处理范围应大于基础底面的面积。在非自重湿陷性黄土场地，每边应超出基础底面宽度的 1/4，并不应小于 500mm；在自重湿陷性黄土场地，每边应超出基础底面宽度的 3/4，并不应小于 1000mm。当为整片处理时，其处理范围应大于建筑物底层平面的面积，超出建筑物外墙基础外缘的宽度，每边不宜小于处理土层厚度的 1/2，并不宜小于 2000mm。

3）地基处理前，需要将基槽清理干净，凹坑须填平后再夯实，以防表层土松散不密实，影响夯击效果。地基处理完毕，须将基槽周围的灰、砂、砖等及时清除。

7.1.3 膨胀土地基处理

膨胀土在世界范围内分布极广，我国是世界上膨胀土分布较广、面积较大的国家之一。膨胀土是由一种亲水性矿物组成的高塑性黏土，多为坚硬或硬塑状态，一般情况下具有较高的强度，具有吸水膨胀、失水收缩，再吸水再膨胀的变形特性，这种膨胀与收缩的可逆性是膨胀土的重要属性。

　　直接在膨胀土地基上建造建筑物将会给建筑物带来严重的危害，这种危害有时是不易修复的。对于建造在膨胀土上的建筑物，当土层中的水分发生剧烈变化时，上部建筑物的墙体会因为地基不均匀膨胀变形而产生类似于地震作用下的 X 形裂缝，因此膨胀土的胀缩变形又是无声的"地震"。因此，尽可能不在这种地基上建造建筑物，实在避不开就必须采取有效的措施对膨胀土地基进行处理[62,63]。

　　1. 施工原则

　　膨胀土地基发生破坏主要是由于土体吸水变形的特性，解决膨胀土地基危害的原则是控制水分在土层中的转移和对土层的置换处理。不同的地区、地貌、建筑形式应根据实际情况采取不同的措施，通常的处理措施有换土法、垫层法、保湿法等。

　　2. 施工方法

　　（1）换土法

　　换土法是一种将地基下的膨胀土挖出，换成强度较高的土或灰土的方法。这种方法能够根治膨胀土的危害。当膨胀土层较薄时，采用这种方法较简单、快捷且可靠；当膨胀土层较厚且范围较大时，这种方法耗时、耗力且效果不明显，这时可采取部分挖除、部分换填的办法，换上非膨胀土、砂石或者灰土等，以减少地基胀缩变形。其本质是从源头改善土体性质，回避膨胀土的不良工程特性。其施工流程如下：

　　1）确定换土厚度。通常在膨胀土土层上选择 3～5 个挖掘点，每个点挖掘直径为 1m，深度为 1～2m 的坑，然后根据坑壁及坑底的情况判别膨胀土层分布面积及临界深度。膨胀土换土厚度一般在 1～2m，强膨胀土的换土厚度可采用 2m，中膨胀土采用 1～1.5m，最大厚度不宜超过 3.0m。

　　2）挖掘土层并置换。确定好挖掘深度后，将膨胀性土层全部挖除，而且挖掘的宽度要明显宽于基础的范围。将处理好的更换填土倒在挖好的基坑内，要倒一层夯实一层，每层的厚度不应超过 300mm。夯实过程中采用牛拉石碌对换填的土进行撵压也能起到同样的作用。

　　（2）垫层法

　　由于传统生土墙民居大多是一层且上部结构荷载不是很大，因此有些情况采用垫层法更方便。垫层法主要应用于膨胀土土层较薄且膨胀变形层也不厚的情况。垫层法的作用主要是提高浅基础下地基的承载力，减少地基的变形量，强化膨胀土地基的排水固结能力。

　　垫层法的施工流程如下：

　　1）处理垫层材料。垫层材料采用碎石块和砂子。没有碎石也可将大石块进行夯碎处理，碎石的大小以成人的手能握为宜。砂子不要含有太多杂质，选材时对砂子要进行筛选处理。处理过的石块和砂子堆放在膨胀土地基附近，方便使用。

2）铺碎石。将砂子和石块均匀地铺在膨胀土地基上，铺的厚度大约为两层碎石的厚度。

3）夯垫层。对铺好的垫层进行夯实处理，或用石磙直接进行撵实，使得垫层完全陷入膨胀土地基内。

4）重复步骤 2）和 3），直到人站在处理后的膨胀土地基上用力跳跃没有颤抖的感觉为止。

（3）保湿法

保湿法主要是调节膨胀土中水与土的关系。其主要原理是控制土的含水率，改善膨胀土中的水分蒸发及降雨时土中水分增加的问题，从而控制膨胀土的膨胀变形。

根据保湿法的原理，处理措施主要有两种：暗沟保湿法和帷幕保湿法。

1）暗沟保湿法的原理与浸水法相近，维持膨胀土的含水率，使膨胀土地基充分浸水至稳定含水率，再保持水量不变。此时，地基不会产生膨胀变形和收缩变形，从而保证地基安全。

2）帷幕保湿法的原理也是保持土中含水率不变，主要是用不透水材料做成帷幕，阻止建筑物中的水分流失和建筑物外围水分流入建筑物地基。其相对于暗沟保湿法省力、省时。

保湿法的施工流程如下：

1）暗沟保湿法。

① 先对挖好的基坑浸水（类似浸水法），直到基槽内水位不再下降为止，这时地基不会发生膨胀变形。然后排干基槽内水分，进行基础施工。

② 在基础四周修筑保湿暗沟。在离基础外围 1～1.5m 处挖深坑，生土类建筑房屋高度不高且基础较浅，所以坑的高度为 700～1500mm，但一定要大于基础的深度，坑的宽度为 400～600mm。靠近基础的一面在挖存水坑时抹平夯实即可，在远离基础的一面坑壁上和坑底干砌砖石或其他防水材料。

③ 定期向存水沟内供水，保持存水沟内的水量。

2）帷幕保湿法。前期施工与暗沟保湿法基本相同，只是在挖出存水沟之后不向存水沟内注水而是采用防水较好的材料填充，一般采用灰土填埋或者其他更好的防水材料，然后夯实即可。

膨胀土地基的处理方法有很多，传统方法和现代方法的混合应用对于处理膨胀土地基是很有效的。但是无论采用哪种方法，都应根据具体情况确定，不可一概而论，总的原则是经济、安全、可靠、方便。

7.1.4 橡皮土地基处理

当地基为黏性土且含水率较大并趋于饱和时，夯打后，地基土踩上去有颤抖感觉，富有弹性，好似橡皮，这样的地基就是橡皮土地基。在外力作用下，如果对土体进行夯打振动，此时不仅夯不实，反而会破坏土的天然结构，强度会迅速降低。这时夯击就像揉面团一样，无论怎么夯击，地基都不稳定。

橡皮土是经常会遇到的工程问题，它常发生在河道旁边及低洼地带。在这种地基上建造房屋非常危险，因此尽可能不要在这种地基上修筑建筑物。如果要在橡皮土上建造房屋，必须对橡皮土进行处理。通常的处理方法有换填法、自然晾晒法、打木桩法[64]。

1. 换填法

换填法的具体施工方法前面已有阐述，主要还是挖去全部橡皮土土层，然后重新填好土或者级配良好的砂石并夯实，新填土的含水率一定要控制好，含水率的快速判别方法是"手握成团，落地开花"。挖除橡皮土时，最好挖到橡皮土层深度下 200mm。当然，这种工艺针对工程量较小的工程，主要是土层较薄和面积不大的橡皮土。

2. 自然晾晒法

自然晾晒法的应用条件：工期不紧，橡皮土不严重且天气好。将土层进行晾晒，等到土层含水率达到最佳再分层回填夯实，一般地基承载力都能满足要求。其主要施工方法如下。

1）测量橡皮土土层的深度。根据一点或多点挖坑，判别橡皮土的分布范围及深度。如果橡皮土土层普遍较深，可以考虑放弃这种方法，因为后续翻土晒土工作量太大，而且土层较厚时不一定会有效。

2）对橡皮土土层进行翻晒。将橡皮土土层全部挖出，原地进行翻晒，即将橡皮土土层下部翻出覆盖在上部土层之上，等土层经过一定的暴晒之后，水分蒸发，呈散状或干裂状态为止。

3）重复翻晒步骤，直到橡皮土土层具有足够的承载力为止。

3. 打木桩法

在地基上布置长度为 1～1.5m，直径为 5～7cm 的木桩，以提高地基的整体承载力，这种方法适用于建筑物荷载比较大的地基。打木桩主要的施工工艺如下：

1）制作木桩。根据橡皮土地基面积和木桩间距确定木桩的数量，制备好木桩。木桩的一端要削尖，以方便夯入地基，木桩通常左右前后的间距为 1.5m。

2）选点夯木桩。在橡皮土地基上测好木桩的分布位置后做好标记，然后夯击木桩。通常两人共同操作，一人扶着木桩，一人夯击木桩，需将木桩全部夯入土层。

7.1.5 冻胀土与液化土地基处理

1. 冻胀土地基处理

冻胀土占我国国土面积的 1/3 左右，特别是在我国的北方地区，存在大量的季节性冻土层。季节性冻土地区，地基土冻结时产生膨胀变形，解冻时产生融沉变形。在冻胀土上建造建筑物，往往由于冻胀土地基冻胀不均匀导致建筑物开裂甚至破坏，所以一般不在冻胀土地基上建造建筑物。如果必需在冻胀土地基上修筑建筑物，必需采取措施[59]。

由于当代科学技术的发展和实际应用的需要，人们对冻土问题的研究取得了突破性的进展。例如，在冻土地区修筑大型公路方面，我国川藏线的修筑应用了大量的现代技术。但传统生土民居的修筑对冻土问题的解决方法还主要是换土法等传统技术。换土法的施工工艺前面已有阐述，不再赘述。冻胀土地基处理时应注意以下事项：

1）挖出的基槽不应长时间暴露在自然环境中，以免基础下土层长时间暴露，导致再次发生冻融破坏并使冻土厚度差别太大，融沉量不均匀。

2）水是冻胀的根源，因此在施工和建筑使用过程中要做好建筑物的排水和防水工作，防止雨水、地表水浸入地基。在山区应做好截水沟，可在房屋下设置暗沟，以排走地表水和潜水流，避免基础堵水而造成冻胀破坏。

2. 液化土地基处理

在地震作用下，地下水位以下的饱和砂土和粉土颗粒之间有变密的趋势，不能及时排水而使孔隙水压力上升，当孔隙水压力达到土颗粒间的有效应力时，土颗粒处于没有粒间压力传递的失重状态，颗粒间联系被破坏，成为可以流动的液体，这种现象称为土的液化。

液化土地基对建筑物的危害是非常严重的。液化土使地基土的抗剪强度丧失并产生较大的不均匀沉降，导致建筑物下沉，更严重时会导致建筑物倾斜或倒塌。在液化土地基上建造建筑物一定要采取相应的措施。

对液化土的处理方法通常有换土法、强夯法、排渗法等。

7.1.6 废井与溶洞处理

1. 废井的处理

村庄迁移、房屋废弃等各种原因导致井被废弃直至被遗忘，随着时间的推移，后人可能会在原来废弃的房屋基础上建造屋子。开挖地基之前或之后可能会发现废井，废井的存在不仅增加了施工的难度，而且极易引起上层建筑物的不均匀沉降，导致建筑物开裂或者倾斜，更严重时可能会倒塌，所以必须对废井进行处理。

通常根据废井的位置和废井中是否有水采取不同的施工工艺[59]。

（1）井中有水

1）排井水。将水位降低到尽可能低的位置，在井口上面架取水的支架抽水，快速将水排出。

2）填充。废井可能由于深度太大而无法由下到上分层夯实，所以需用中砂、粗砂及块石、卵石填充。当填充到可夯实位置时应分层夯实，夯实至填充物不再下沉为止。

（2）井中无水

井中无水的情况可根据井已淤填或者没有淤填进行处理。

1）井已淤填。如果井淤填得不密实，此时可采用大石块将下面的软土夯实挤密。

2）井没有淤填。需按照井中有水的填充步骤来施工。

（3）注意事项

1）由于井大部分是砖垒井壁，应将砖井圈拆除至基槽以下 1.5m 或更多，然后用素土或灰土分填夯实至基底，这样基础强度才会更高。

2）当井挤密夯实完成后，也可以在夯实的井上用厚度合适的大石板铺盖，以增加基础的整体性。

3）有水的井在排水的过程中，排出的水应尽量远离基槽，以免影响地基基础的稳定性。

2. 溶洞的处理

溶洞的形成是石灰岩地区地下水长期溶蚀的结果，石灰岩里不溶性的碳酸钙受水和二氧化碳的作用，能转化成微溶的碳酸氢钙。由于石灰岩各部分石灰质含量不同，因此被侵蚀的程度不同，从而形成了千姿百态的溶洞。

溶洞在我国各地均有分布，其存在会严重影响建筑地基的稳定性，降低地基的承载力及加大地基的变形，严重时会使地基下沉。在这种特殊的地基上建造建筑物，必须采取相应的措施。通常采用的方法主要是填充法和加固支撑法。

（1）填充法

根据溶洞内不同的情况，采取以下方法：对于洞径小、板顶或岩层破碎的溶洞，用大锤将顶板敲碎，挖除洞内淤泥，用片石回填的方法处理；对于露天的溶洞，需要全部以碎石或者片石换填夯实。

（2）加固支撑法

为防止基底溶洞的坍塌及岩溶水的渗透，传统的施工中经常采用加固支撑的方法，具体如下：洞径大、洞内施工条件好时，采用浆砌片石支墙、支柱及码砌片石垛等加固；对于还在发育中的溶洞，需注意洞内的排水，可在支撑工程间设置水渠排水；对于深而小的溶洞，不便用洞内加固的方法进行加固，可以用厚而大的石盖板铺在溶洞口，石板的面积一定要大于溶洞口 1/2 面积才能起作用。

7.2　基 础 建 造

基础一般可以按埋置深度、材料、类型来进行设计和建造。生土墙民居的基础按材料进行划分比较能说明建筑的特点和形式，其主要有灰土基础、三合土基础、石砌基础、砖砌基础、砖石混合基础（本节未详细介绍）等类型[59,65]。

7.2.1　灰土基础

灰土作为基础材料在我国至少有上千年的应用历史。土和石灰是组成灰土的两种基本成分。土一般是颗粒较细、黏结力较强的黏性土壤，比一般的砂土更容易和石灰混合且有强度保障。石灰是氧化钙（生石灰）和氢氧化钙（熟石灰，也称消石灰）的统称。不论是生石灰还是熟石灰，水化后和土壤中的二氧化硅或三氧化二铝及三氧化二铁等物质结合，均可生成胶结体硅酸钙、铝酸钙及铁酸钙等，将土壤胶结起来，使灰土具有较高的强度和防水性。

灰土基础是将生石灰粉熟化后与黏土按比例配合，再加入适量的水均匀拌和后，分层填入夯实而成。夯实后的灰土处于地下潮湿环境中，在建筑物长期作用下，其结构更加紧密。灰土强度在一定范围内随灰含量的增加而提高，但是超过一定限度后，灰土的强度反而会降低，这是因为熟石灰在钙化过程中会析水，增加了熟石灰的塑性，常用的石灰和土的体积比是 3∶7，俗称三七灰土，也有用二八灰土的。

灰土基础不仅坚固耐用，而且施工简单，造价低廉，这种经济、实用、性能良好的基础形式在我国民用建筑中，特别是在传统生土民居中的应用中占有辉煌的一页，目前我国华北和西北地区仍广泛采用灰土基础[66]。

灰土基础建造的施工工艺阐述如下。

1. 开挖基槽

开挖基槽之前先要对场地进行平整，将场地内与施工无关的一切杂物清理干净。然后按照建筑需求进行测量定位，定出开挖宽度。在开挖过程中应做好水平高程的标志，如在基槽或沟的边坡上每隔 3m 钉上控制标高的标准木桩，在边墙上弹上水平线。

2. 材料处理

1）灰土土料宜优先用基槽中挖出的土，但不得含有有机杂质，使用前应过筛，其粒径不大于 15mm，一般用 16～20mm 筛子过筛；石灰应用块灰或者生石灰粉，使用前应该充分熟化过筛，一般块灰宜消解 3~4d，使其不再含有未熟化的生石灰块，使用时要用 6~10mm 的筛子过筛。

2）灰土的配合比在没有特殊要求的情况下一般为体积比 2∶8 或 3∶7。灰土拌制时必须均匀一致，至少翻拌 3 次，拌好的灰土颜色应统一。灰土施工时应适当控制含水率，常用的检验方法是用手将灰土紧握成团，以两指轻捏即碎为宜。要随拌随用，如果土料水分过多或不足，应晾干或洒水润湿。

3. 分层夯实

1）施工前应将基槽内或者基土表面的杂物处理干净，然后打两遍底夯，之后用铁耙"抓毛"，以增加灰土与地基的黏结力。

2）将拌好的灰土倒入指定地点的基槽内，不得将灰土顺槽壁倒入，以免灰土中掺入过多的杂质。传统的施工方法是用夯锤夯实灰土，灰土铺层方法是第一层铺虚土 25cm，第二层为 22cm，以后各层为 21cm，夯实后均为 15cm。夯实是保证灰土基础质量的关键，夯压的遍数应根据设计要求和现场观察确定，一般不少于 3 遍。而且人工夯打应一夯压半夯，夯夯相连，行行相接，纵横交叉，不得有漏夯的现象。每夯击一遍后，应修整表面，且夯实后的灰土表面无虚土，表面看上去坚实、发黑、发亮。重复以上步骤，使灰土夯实到设计高度。

4. 注意事项

1）留槎要符合要求。不得在墙角、承重窗间墙下接槎，上下两层灰土的接槎距离不得小于 500mm（图 7.2）。当灰土地基标高不同时，应做成阶梯形，每层虚土应从接槎处往前延伸至少 500mm。

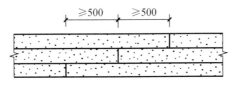

图 7.2　同标高处灰土接槎（mm）

2）灰土基础夯实应连续进行，尽快完成。施工时应防止有水流入基槽，以免边坡塌方或基槽遭到破坏。雨期最好不要施工，以免影响灰土的强度，若灰土基础在夯实过程中遭到雨水浸泡，则应将积水及松软灰土挖出并重新填灰土夯实。在冬期用于拌灰土的土不得含有冻土块，要随用随处理。气温在-10℃以下时不宜施工，因为养护时达不到相应强度。

3）虽然灰土基础具有一系列的优点，但是不适宜在潮湿环境中应用。

7.2.2 三合土基础

现今发现最早的三合土实物证据是建于西周时期的召陈遗址，遗址的墙面和室内地面都涂抹有三合土。三合土具有密实坚固、不易透水、取材容易的优点。其在传统生土类建筑中的主要用途分两类：一是作为夯土建筑材料的夯筑材料；二是作为胶结材料用于黏结、外包砖石。

三合土是由三种不同材料按照一定比例混合、拌匀、夯实而成的一种建筑材料，三种材料分别是土、砂和熟石灰，也有用碎砖或者卵石替代土的。中国古代工匠创造性地在灰浆中添加有机材料，如较典型的是添加糯米浆、红糖等改变灰浆属性，其中糯米浆的熬制需水多米少，以煮到米粒糜烂汤汁黏稠为宜。传说福建省龙岩市永定区的客家土楼的外墙就是添加了红糖和蛋清的三合土。

三合土配合比因全国各地的土质、用途及各地工匠习惯做法的不同而不同，一般情况下石灰、砂、土的体积比是 1∶2∶4 或 1∶3∶6。实际配合比根据情况确定，若土中砂含量大的话，则配砂的量就可以少一些。合适的配合比下，三合土具有很高的强度，能够很好地满足建筑要求。

三合土基础与灰土基础的施工方法及注意事项相似，仅是材料的配合比不同，这里不再赘述其具体施工工艺。

7.2.3 石砌基础

传统生土民居中，采用石砌基础的民居占有相当大的比重。基础普遍采用石基础的主要原因：①依靠山区和半山区的地理条件，就地取材。这些地区石资源非常丰富，石材非常容易得到，不用从外地运输。②石头本身比较坚硬，具有抗压强度高、耐久性好、防潮、耐磨损、耐风化腐蚀等特点。一般以石头为基础的传统生土墙民居，如果基础施工时处理得当，在后续使用过程中基本不需太多维护，如因为各种原因而废弃的石基础生土墙民居，虽然墙体破坏坍塌，但基础依然保存完整[67,68]。

石砌基础主要有毛石基础（图 7.3）和料石基础（图 7.4）两类。

图 7.3　毛石基础　　　　　　　　　　图 7.4　料石基础

毛石是岩石开采后的自然状态，毛石又分为乱毛石和平毛石，乱毛石指呈不规则形状的石块，平毛石则是大致有一个平行面的石块。

料石也称条石，是由人工开凿并打磨较规则的六面体石块。料石打磨后的形状可分为条石、方石及拱石，按打磨后的外形规则程度可分为毛料石、粗料石及细料石。毛料石外观大致方正，一般不加工或者稍加调整，宽度和厚度不宜小于200mm，长度不宜大于厚度的4倍，叠砌面和接砌面的表面凹入深度不大于25mm。粗料石规格尺寸同毛料石要求相同，只是叠砌面和接砌面的表面凹入深度不大于20mm，且外露面及相接周边的表面凹入深度不大于20mm。细料石规格要求也一样，只是叠砌面和接砌面的表面凹入深度不大于10mm，外露面及相接周边的表面凹入深度不大于2mm。

现将毛石基础和料石基础的施工工艺阐述如下。

1. 毛石基础

毛石基础按施工后的截面形式有矩形、阶梯形和梯形三种。一般情况下，矩形剖面是典型的基础形式，自下而上基础宽度相同；阶梯形剖面每砌300~500mm则收退一个台阶，台阶一般宽100~150mm，一般收退两次，达到基础顶面宽度为止；梯形剖面是上窄下宽，由下往上逐步收小尺寸。梯形和阶梯形剖面形式多应用于埋深较大的基础。毛石基础的标高一般砌到室内地坪以下50mm，基础顶面宽度不应小于400mm，也有基础砌筑到高于室内地坪一定高度的。

（1）材料准备

毛石的长度不大于厚度的2倍，平均厚度要求不宜大于150mm，形状不能是细长扁薄形和尖锥形。毛石中不得夹杂风化剥离层和裂缝，裂纹石应砸开使用，石块表面的浮泥锈斑应清除干净。按照基础需要的石块量一次性完成备料，然后放在基础附近进行晾晒处理，但时间不要太久。

传统生土民居的砌浆一般是泥浆砌浆，如果强度要求高也会在泥土里面掺入石灰以增加强度，这种灰土砌浆虽然看起来不如水泥，但如果砌筑合理，强度是很高的。灰土砌浆的主要优点是经济和便捷，对于生土民居是很好的选择。

（2）开挖基槽

按照基础宽度和基础范围在场地内打桩放线，然后沿线撒上石灰标记。根据标记开挖基槽到所需深度，并保证基底两侧各宽300mm的施工和检查距离，也便于勾缝。对于非矩形基础，以基础最底层宽度开挖基槽。开挖完基槽后应该检查基槽尺寸、垫层厚度和标高是否满足要求，并且基槽内不得有积水和杂物，基槽干燥时要洒水润湿。

（3）基础施工

1）第一皮石块的砌筑。首先要对基础地面进行夯实处理，然后铺满泥浆，泥浆厚度必须大于 30mm，以保证石块摆铺平稳压实后灰缝不小于 20mm。挑选比较方正且体积比较大的石块放在基础的四角作为角石，主要作用是使基础强度更高且不会滑移。角石要有 3 个平整的方面，大小相差不多，如不合适可适当加工修凿。以角石作为基准，将水平线拉到角石上，按线砌筑内外皮面石，再填中间腹石。第一层石块应坐浆，即先在基槽垫层上铺泥浆，再将石块大面向下砌，并且要挤紧、稳实。砌完内皮面石，即可灌泥浆。灌浆时，大的石缝中先填 1/3～1/2 的泥浆，再用碎石块嵌实，并用锤子轻轻敲实。不得用小石块塞缝后灌浆，这样容易造成干缝和空洞，从而影响基础质量。

2）第二皮石块的砌筑。第二皮石块砌筑前，选好石块进行错缝试摆，试摆应确保上下错缝，内外搭接，试摆合格即可摊铺泥浆，砌筑块石。泥浆摊铺面积约为所砌石块面积的一半，位置应在备砌石块下的中间，泥浆厚度控制在 40～50mm，注意距外边 30～40mm 以内不铺泥浆。泥浆铺好后将试摆的石块砌上，石块将泥浆挤压成厚度为 20～30mm 的灰缝，使石块底面全部铺满泥浆。石块间的立缝可以直接灌浆塞缝，砌好的石块同样用锤子轻轻敲实，敲实过程中若发现有石块不稳，可以在石块的外侧加垫小石片使其稳固，然后外侧立缝用泥浆随手勾实，以免因重新勾缝而增加工序。切记石片不准垫在内侧，以免石块在荷载作用下发生向外倾斜、滑移。

3）砌拉结石。为确保基础砌体的整体性，毛石基础必须设置拉结石，拉结石应均匀分布，互相错开。毛石基础同皮内每隔 1.5m 左右丁砌一块拉结石。例如，基础宽度为 400mm，拉结石长度应与基础宽度相等，两块拉结石内外搭接，搭接长度为 10mm，且其中一块长度不应小于基础宽度的 2/3。上下层拉结石要相互错开位置，在立面的拉结石应呈梅花状（图 7.5）。

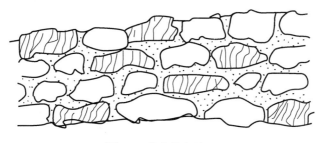

图 7.5　梅花状拉结石

4）基础顶面施工。在毛石基础施工完毕后应对基础顶面进行处理，通常有两种方法，一种是在顶面砌筑平面较平整的毛石；另一种是在砌筑好的基础上砌筑一皮或三皮青砖，即保证夯土墙或者生土墙能够稳定地夯筑或砌筑在基础上。

5）勾缝。虽然砌筑过程中已经勾缝处理，但砌筑完基础后仍需整体检查一下，如发现没有勾缝或者处理不当的，应用抹子将灰缝用泥浆勾塞密实，然后才能填土夯实。

（4）注意事项

1）毛石基础每日砌筑高度不应超过 1.2m，对于一般基础 1d 即可完成。

2）毛石基础在分层砌筑过程中切不可砌筑成铲口石（尖石倾斜向外的石块）、斧刃石（尖石向下的石块）和过桥石（仅在两端搭接砌的石块，图 7.6）。

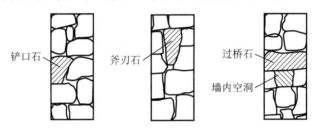

图 7.6　铲口石、斧刃石和过桥石

3）由于石块体积大且表面不平整，在施工过程中要注意安全。

4）在施工过程中，毛石基础的转角处和交界处应同时砌筑，不能同时砌筑时必须留置临时间断处，且应砌成踏步槎，这样能使基础受力更加合理，整体性更强。

2. 料石基础

料石基础和毛石基础的砌筑方法相似，料石尺寸相对较大，砌筑时速度更快、结构更稳固，但是料石体积较大，开采和搬运不是很便捷，在施工过程中要时刻注意安全。料石基础砌筑过程中应采用铺浆法砌筑，料石应放置平稳，泥浆必须饱满。泥浆铺设厚度要适当比毛石基础高，通常细料石宜为 3～5mm，粗料石、毛料石宜为 6～8mm。料石基础上下皮一定要错开砌筑，错开长度不应小于料石宽度的 1/2。料石基础可以采用一顺一丁或其他形式进行砌筑。由于和毛石基础的砌筑过程、注意事项相同，因此具体施工工艺这里不再赘述。

7.2.4　砖砌基础

砖砌基础属于刚性基础，这种基础的特点是抗压性能好，材料易得，施工操作简单快速，造价低廉，但抗拉、抗弯、抗剪性能较差。传统生土墙民居大多是单层建筑，结构形式变化不大，荷载较小，所以砖砌基础强度一般能满足要求。

通常砖砌基础的组砌形式有一顺一丁式、三顺一丁式、梅花丁式等。一顺一丁砌法是一层顺砖与一层丁砖相互间隔。三顺一丁砌法是三层顺砖与一层丁砖相互间隔。梅花丁砌法是每层中顺砖与丁砖相互间隔。这些砌法上下层错缝至少为 1/4 砖长[59]。

现将砖砌基础的施工工艺阐述如下。

1. 材料准备

砖砌基础的材料主要是砖、石灰、泥土等。砖砌基础砌浆主要是泥浆或三七灰土浆。生石灰都要进行熟化，一般需要 2d 左右。为了使砖砌基础在施工时有足够的含水率，不至于吸收泥浆中的水分而使泥浆干裂，需对砖进行浇水。浇水一般是在砌筑前 1～2d 进行，一般情况下，以水浸入砖内 15mm 为宜，在砌筑时要时刻保持砖是湿润的。灰土拌制前需要对熟石灰和泥土进行筛分，确保没有杂质，灰土或者泥浆的含水率要适宜。

2. 清理现场

施工前需将现场无关杂物清理干净，特别是基槽内的杂物和土块。要确保基槽内的夯土层或者灰土垫层严实且水平，如果垫层表面特别干燥，可适当洒水润湿，但一定不能有积水。

3. 立皮数杆和盘角

皮数杆是画有每皮砖和砖缝厚度标高的一种木制标杆，作用就是控制砌体竖直尺寸，同时可以保证砌体垂直度。需在房屋四周及门窗洞口、过梁、楼板、梁底、房屋的四角、内外墙交接处，以及洞口多的地方，大约每隔 4～5m 立一根，其标志 ±0.000m 处应与地面相对标高 ±0.000m 处相匹配。

先拉通线，把第一皮砖砌好，然后在需要安置皮数杆的位置安置皮数杆，并按皮数杆标注开始盘角。盘角时每次不得超过六皮砖，并按"三皮一吊，五皮一靠"的原则随时检查，把砌筑误差消灭在操作过程中。每次盘角之后就可以在头角上挂准线，再按照准线砌中间的基础。

4. 砌筑基础

砖砌基础的施工方法和料石基础的施工一样。砖基础砌筑时内外墙基础应同时砌筑，当不能同时砌筑时，应留斜槎（踏步槎），斜槎的水平投影长度不应小于基础高度的 2/3（图 7.7）。所有砌体不能产生通缝，即同一竖直水平面上，上下三皮砖竖缝的相交尺寸小于 20mm。在基础施工完毕后要及时对基础两侧进行回填夯实。

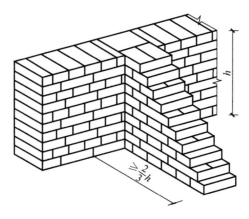

图 7.7　砌筑斜槎

5. 注意事项

1）在抄平放线时要细致认真，钉皮数杆的木桩要牢固，防止碰撞松动，皮数杆立完后，要进行一次水平标高的复验，确保皮数杆标高一致，确保轴线的准确性，以免基础砌筑过程中发生偏移。

2）当内外墙交接处和转角处不能同时砌筑时，必须留斜槎，且斜槎的长度不应小于基础高度的 2/3。

第8章 夯土墙的营造

8.1 生土墙材料

　　土是覆盖在地表上散碎、没有胶结或胶结很弱的颗粒堆积物。地球表面的整体在大气中经受长期的风化作用（包括物理、化学和生物风化）而破碎后，形成形状不同、大小不一的颗粒，这些颗粒受各种自然力的作用，在各种不同的自然环境下堆积下来，形成通常所说的土。

　　在自然界中，土的物理风化和化学风化时刻都在进行，而且相互加强。由于形成过程的自然条件不同，自然界的土也就多种多样。同一场地的不同深度处，土的性质也不一样，甚至同一位置的土，其性质也往往随方向而异。例如，沉积土在竖直方向上的透水性较小，水平方向上的透水性较大。因此，土是自然界在漫长的地质年代过程内形成的性质复杂，具有不均匀性、各向异性，且随时间在不断变化的材料。这就是土的主要特征——自然变异性。

　　我国幅员辽阔，土资源更是极为丰富、多样。根据色调的不同可以分为黑土、黄土、红土、青土、白土五种，即人们所熟知的五色土（图 8.1）[69]。

(a) 黑土　　　　　　　　(b) 黄土　　　　　　　　(c) 红土

(d) 青土　　　　　　　　　　　(e) 白土

图 8.1　五色土

8.1.1 土的性质

土是由土颗粒、水和气组成的三相体系。固相物质含多种矿物成分，并组成土的骨架，骨架间的孔隙被液相和气相填满，这些空隙是相互连通的，形成多孔介质。液相主要是水，气相主要是空气、水蒸气等。土中三相物质的含量比例决定了土的形态和性状。

1. 土颗粒的矿物组成与粒径级配

土中固体颗粒的成分绝大多数是矿物质，或有少量有机物。颗粒的矿物成分可分为原生矿物和次生矿物。一般粗颗粒的砾石、砂等都由原生矿物构成。原生矿物成分与母岩相同，性质比较稳定，主要表现为无黏性、透水性较大、压缩性较低，常见的有石英、长石和云母等。次生矿物主要是黏土矿物，其成分与母岩完全不同，性质较不稳定，具有较强的亲水性，遇水易膨胀。常见的黏土矿物有高岭石、伊利石、蒙脱石。

粒径表示颗粒的大小，土粒的粒径变化时，土的性质也相应地发生变化（图 8.2）。工程上将各种不同的土粒按粒径大小分组为漂石、卵石、砾、砂、粉粒、黏粒，各粒组的具体划分和粒径范围见表 8.1。

（a）岩石　　　　　　　（b）石块　　　　　　　（c）砾石

（d）细砂　　　　　　　（e）黏粒

图 8.2　土壤中不同粒径的颗粒

表 8.1　土的粒组划分方案（单位：mm）

粒径	>200	60～200	20～60	5～20	2～5	0.5～2	0.25～0.5	0.075～0.25	0.002～0.075	<0.002
分组	巨粒组		粗粒组						细粒组	
具体划分	漂石	卵石	砾			砂			粉粒	黏粒
			粗	中	细	粗	中	细		

粒组的相对含量称为土的粒径级配。土粒含量的具体含义是一个粒组中的土

粒质量与干土总质量之比，一般用百分比表示。土的粒径级配直接影响土的性质，如土的密实度、透水性、强度、压缩性等。土壤中各颗粒之间作用示意图如图 8.1 所示。

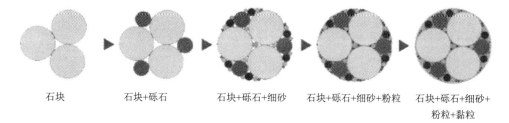

| 石块 | 石块+砾石 | 石块+砾石+细砂 | 石块+砾石+细砂+粉粒 | 石块+砾石+细砂+粉粒+黏粒 |

图 8.3　土壤中各颗粒之间作用示意图

用土做生土墙材料，保证土质的最佳粒径级配是提高生土材料物理性能的有效办法，级配越好越容易夯实。但是决定生土墙体是否坚固耐久的关键还是土质的黏性，黏粒含量直接影响土质材料的黏性，也是决定其作为建筑材料的关键因素。在无添加剂的情况下，当生土中黏粒含量达到 20%～30% 时，其做成的生土材料制品具有较强的稳定性和强度。因此，需要判别原土的黏性，判别方法见表 8.2。

表 8.2　土的黏性判别方法

土的名称	湿润时用刀切	湿土用手捻摸时的感觉	土的状态		湿土搓条情况
			干土	湿土	
黏土	切面光滑，有黏刀阻力	有光滑腻感，感觉不到有砂粒，水分较大	干硬坚硬，用锤才能打碎	易黏着物体，干燥时不易剥去	塑性大，能搓成直径小于 0.5mm 的长条
粉质黏土	稍有光滑面，切面平整	稍有滑腻感，有黏滞感，感觉到有少量砂粒	土块用力可压碎	能黏着物体，干燥后较易剥去	有塑性，能搓成直径为 2～3mm 的土条
粉土	无光滑面，切面稍粗糙	有轻微的黏滞感或无黏滞感，感觉砂粒较多，粗糙	土块用手捏或抛扔时易碎	不易黏着物体，干燥后一碰就碎	塑性小，能搓成直径为 2～3mm 的短条
砂土	无黏滞感，感觉到完全是砂粒，粗糙	无黏滞感，感觉到是砂粒，粗糙	松散	不能黏着物体	无塑性，不能搓成土条

2. 土中的水与其作用

土中的水有不同形态，如固态的冰、气态的水蒸气、液态的水，还有矿物颗粒晶格的结晶水。水蒸气、结晶水一般对土的影响不大，液态水的含量及其性质明显地影响土的性质。土遇水之后会迅速软化、膨胀，然后瓦解；水分蒸发之后又会体积收缩并出现裂缝。土在浸水后随着含水率的不断增加，状态会由固态逐渐向液态过渡，相应的强度指标也会逐步下降。

土壤是多孔性的物质，其孔隙能容纳水分。水分渗入土体内部，其原理是水分吸附在土粒表面形成水膜，进而再因水分子间的吸引力而增加水膜厚度，此时毛细管空隙间会充满水分，再经由毛细管张力作用进行渗透。当外部水分继续供应，超过土粒间的最大含水率时，在较大的孔隙中会积满水，借由重力作用，水往四处移动，造成渗流现象。当土体构造发生膨胀龟裂或因施工不当造成塌陷时，变成重力径流，会往下或往外排泄而出，由于重力加速及径流量加大，其挟带土粒一起排出墙体，这时墙体会发生塌陷。这也是水造成墙体损坏的原因之一。

3. 土的物理性质指标

土的物理性质主要是指通过不同矿物成分的土颗粒与水之间的相互作用，所反映出来的一些性质。它影响着土的工程性质，并可对土的工程性质的形成和变化机理作出解释。为了进一步描述土的物理、力学性质，人们使用了一些具体的物理指标，如密度、孔隙比、含水率、孔隙率、饱和度及塑性指数等。

1）密度：夯土的密度分布范围较宽，一般为 $1.25\sim1.95\text{g/cm}^3$，但以 1.6g/cm^3 左右分布居多。生土的干密度较小，一般不超过 1.7g/cm^3，说明夯筑过程使得土体更加密实，提高了力学性能。

2）孔隙比：夯土的孔隙比总体上小于生土，夯土孔隙比一般为 $0.42\sim1.15$，这说明不同夯筑条件下夯土的性质有很大的差异。版筑泥的干密度与夯土相当，孔隙比却大于夯土，但由于版筑泥的黏聚力大于夯土，因此二者力学性能相当。

3）含水率：①夯土的含水率分布范围较宽，说明在不同施工条件下，夯土含水率各有所异，且阳面和阴面对土的含水率的影响也很大；②版筑泥的含水率与夯土相当或略大些；③生土的含水率也表现出很大的地区差异性。

4）塑性指数：土壤受力而变形，当停止施力时则变形停止，且其有维持已被改变的形状的能力，这称为土壤的塑性。塑性上限的含水率称为液限，塑性下限的含水率称为塑限，其差值为塑性指数。塑性指数是反映土的塑性的定量指标，大多在 $3\%\sim10\%$，以 8% 左右居多。各种土的液限、塑限和塑性指数大致相当，与夯土过程中各种土的类型变化关系比较密切。在不同地区，土的性质差别较大。

8.1.2 生土的特点

1. 力学性能

生土作为建筑材料有如下的特点：遇水软化，而后膨胀、崩解，水分蒸发后收缩，出现裂缝。如前所述，生土在浸水后，随着含水率的不断增加，生土的状态变化为固态→半固态→可塑状态→液体状态，相应的力学指标会逐渐下降。

生土中的水分为强结合水、弱结合水、重力水。由于颗粒表面电荷的作用，强结合水紧紧吸附于土颗粒表面，土体具有极大的黏滞性、弹性和抗剪强度；弱结合水存在于强结合水的外围，当弱结合水较多时，土体可以被捏成任意形状而不破裂，土具有一定的可塑性；当含水率较大时，土体中就会有自由水的存在。夯筑过程中，当水分含量过少时，黏性土太多，就会使土的黏性过大，从而难以充分拌和土料和夯实，筑墙时会使墙体的膨胀和收缩加大，出现大量裂缝，从而降低墙体的耐水性和耐久性。当土体含水率较大时，夯筑可能会发生水析现象，土墙无法夯实；含水率稍有超标，则墙体不易干燥，且会产生较多的干缩裂缝，同时施工过程中下部墙体易产生较大变形。

2. 热工性能

相比于其他建筑材料，生土材料的热工性能是其最大的优点，生土材料墙体的热惰性指标较好，建筑结构本身就是一个很大的蓄能体。有些地方生土民居墙体厚达 80cm，一方面是为了使墙体坚固结实，另一方面是为了增大热惰性，平衡冷热峰值，从而达到冬暖夏凉的效果。生土墙民居湿度较高，所以夏季室内温度较低且波动较小，适宜居住（图 8.4 和图 8.5）。

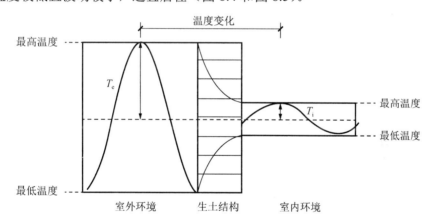

图 8.4　生土材料围护结构的调温作用

T_e—室外温度　T_i—室内温度

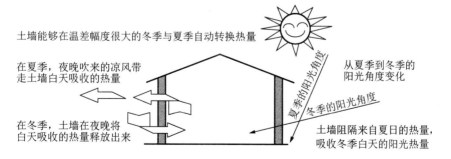

图 8.5　土墙的保温隔热示意图

3. 生土材料的优缺点

生土作为生土墙民居的主要材料,在保温、节能、可再生资源化利用等方面具有天然的优越性,与自然环境的协调性较好(图 8.6)。具体表现在以下方面:

1)用生土制作的生土墙体材料是一种低造价、容易制作的建筑材料,生土可根据当地土壤情况就地取材,来源广泛,施工相对便利。

2)生土墙体材料具有吸(放)湿作用,可调节室内湿度。

3)生土墙体材料具有良好的保温和隔声功能,由于生土墙体材料的热稳定性好,可保证房屋冬暖夏凉。

4)生土墙体材料是一种绿色建材。生土取自当地的自然土,不用焙烧,当墙体拆除后可返回田中,不产生建筑垃圾,节省能源,可循环利用。

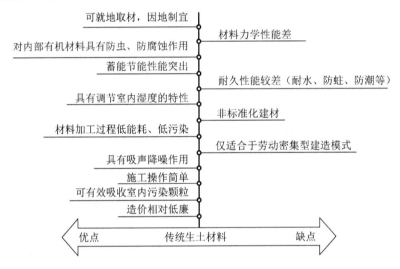

图 8.6　传统生土材料作为建筑材料的优缺点

同时,生土材料作为脆性材料,其力学性能和耐久性较差,强度和韧性较小,建筑的高度受到极大的限制(图 8.6)。建筑平面布置与功能划分也因此而单一化,缺少丰富的变化,从而使建筑外观的形式与形态较为单调,有开间小,日照不足,通风不畅,且抗震能力较差的缺点。

8.2　夯土墙材料

8.2.1　夯土墙材料的制备和改性

由于人们对生土材料的性能已经有了一定的了解,在夯土材料的选取和制备方面有一些通用的做法,如在素土中加入改性材料来提高土的力学性能,减少孔隙，增强土体稳定性，增强夯土墙的强度及抵抗风化、雨蚀的能力等。

夯土墙以土为主要材料，土质的好坏直接关系到夯土墙的坚固性，土质材料的选择非常重要。全国各区域在选择土料时基本都会避开含有植被层的土壤，这是由于腐殖质或者植物根系等有机质亲水性强，不易将土夯实到要求的干密度，且有机质会进一步分解，使土的性质恶化。由于地域的不同，土本身的成分有着巨大的区别。在建造过程中，天然的土壤通常要加入一定配合比的其他材料，才能使夯筑出的墙体更加经久耐用。为增强夯土墙的强度和耐久性，各地一般会对生土材料进行一定的改性处理，根据改性材料的改性机理可以分为物理改性和化学改性两大类[70]。

物理改性是在生土中加入砂石［如泥浆，图 8.7（a）］或有机植物材料［如麦秸秆、稻草、芦苇等农作物纤维，图 8.7（b）］。在夯筑的土中加入颗粒较大的砂或者砾石可有效减少干燥过程中的墙体形变和裂缝，混合土中的素土和砂土均从附近的非耕植用地中取得。素土、砂土的比例不同，其墙体夯实后的效果也有差异。添加细碎的农作物纤维（如切断的稻秆等），相应地减少了黏土的含量，而农作物纤维又会吸收一部分水分，使得夯土墙的抗裂性得到提高，且能降低墙体的收缩性，提高土体的变形能力。在土料中加入纤维后形成的加筋土在生土墙民居中被广泛应用，但各地对生土中加筋率的要求根据土性而有所不同，经验数据和部分试验数据总结得出纤维材料掺入的质量比为 0.5%。

（a）泥浆　　　　　　　　　　　　　　　（b）农作物纤维

图 8.7　加筋土材料

化学改性一般是在生土中加入水泥、石灰、矿渣、石膏等，它们既可以单独使用，也可以按照一定的比例混合使用。水泥是良好的防水材料，它能影响土壤的黏聚力，从而影响其抗压强度；石灰是提高版筑墙耐腐蚀性能最常用的材料，其主要成分为氯化钙，与黏土中的硅酸盐反应生成水化硅酸钙，具有水稳定性，对浸水和冻融有一定的抵抗能力。

由于地区的差异性，所选改性材料和掺量不尽相同。当所选用的生土材料中砂石较多，黏性成分较少时，宜优先选用水泥或矿渣、石膏、石灰等复合改性剂；当生土材料中黏性成分较多时，宜优先选用石灰矿渣或石灰复合改性剂。当所建生土民居处于潮湿多雨的地区时，宜优先选用有机材料或水泥作为改性剂；当所建生土民居处于干燥且寒冷的地区时，宜优先选用级配良好的土并且掺入水泥作为改性剂。改性材料具体掺量见表8.3。

表8.3　改性材料掺量（质量比）

改性材料	掺量范围	改性材料	掺量范围
水泥	5%～8%	矿渣	8%～12%
石灰	5%～10%	石膏	5%～8%
粉煤灰	8%～10%	碎石、瓦砾	10%～15%

改性后的土一般有灰土和三合土。灰土是将熟石灰粉和黏土按一定比例拌和均匀，在一定含水率条件下夯实。三合土是以土为主原料的混合物，为了提高夯土墙的强度和耐腐蚀性能，在土中常加入一定比例的石灰、砂等材料，称为三合土。不同地方的三合土的配方和比例都不相同，材料组成也不限于三种。材料制备时所用的主要材料是黄土、砂石、石灰，如有经济条件限制，石灰也可用价格较为便宜的石灰渣替代，其中各种材料所占体积比分别是：黄泥为30%～40%，颗粒状砂石为50%～60%，石灰为10%左右。黄土多从附近的山上或田间取用。砂石是所取的泥土中自身带有的碎石残瓦等集料，若达不到比例要求，也可取用附近溪（河）流中的砂石。较好的土料是黄土与高岭土和砂石的混合物，一般选用黄土与田底土、老墙土和砂石的混合物即可（纯净黄土与纯净黑土用量应尽量少）。根据土用量的需要，提前准备充足。在建筑土料中，高岭土、田底土、黄土等是黏性很强的泥土，它们是夯土墙夯筑完成后整体性与韧度的保障；而砂石混合物、老墙土等质地较为松散的土，可以用来降低土的缩水率，以减小墙体干后的开裂程度。居民一般凭着长期积累的经验合理地配备质地和黏性不同的土。

夯筑夯土墙时，土的湿度需要控制好。民间传统经验是"手握成团，落地开花"；另一种简单的方法为搓滚法，即将土加水揉成小球，再将其搓成泥条（泥条直径为3mm），如果所搓泥条能达到上述要求且易断裂，则达到要求。这些方法简单易行，彰显着民间工匠的聪明才智。

8.2.2　典型地区夯土墙材料的制备

夯土建筑在我国分布广泛。地域的不同，生土的性质和组成也有所不同，因此夯土材料在选取和制备时既有共性也有差异。本节针对典型地区生土的特点及相应的夯土制备和改良措施进行阐述。

1. 黄土高原地区夯土材料

黄土高原地区是我国黄土分布最广泛的地区。这里的黄土基本上是由小于0.25mm的颗粒组成的，且0.1～0.01mm的颗粒占主要地位。粉粒含量通常超过一半，甚至达到 60%～70%；砂粒含量较少，一般很少超过 20%，甚至只有百分之几；黏粒含量变化较大，常见的为 15%～25%。

　　黄土高原地区夯土建造大多就地取材，直接采用素土或对其进行一定处理后即可用于夯筑。土料一般在宅基地附近选取（图 8.8），质地较纯净。选好的土样需剔除其中较大的石块与杂质。若土料过干，则需提前数日在取土区挖坑后倒入适量水使其渗透发酵，待渗透深度达 4～7 尺以后，土料基本可达到夯筑要求。

图 8.8　黄土高原地区夯土材料选取

　　部分黄土高原地区所用夯土材料会结合当地土质情况进行相应处理，其中陕南和陕西部分地区做法较为独特。陕南地区的土质系砂性土，适合夯筑的生土往往在土层混合的地区。这样挖取的砂土由于其自身就具有较高的砂土比，不用另行添加砂石集料（黄土和细砂土的比例约为 3：7）。如果没有合适的砂土供挖取，则需要分两地分别挖取合适的黄土和砂土，再以 3：7 的比例搅拌均匀。砂与土的比例多依据匠人经验确定，合适的土料选取可有效减少干燥过程中产生的裂缝。

　　单纯用生土与砂石夯制的墙体，常年暴露在大气环境中，耐久性较差，陕西部分地区在生土中加入麻草和红薯淀粉来提高夯土墙的耐久性。麻草为当地野生草本植物，纤维韧性较强，村子周边的山上大量生长；红薯是当地主要的农作物，每户村民家中都种植，但山路崎岖，红薯收获后运不出去，村民吃不完会有剩余，由于其淀粉具有一定的胶凝作用，因此也可以作为生土改性材料。

　　2. 华南与西南地区夯土材料

　　华南与西南地区的土壤类型以红土为主。红土广泛分布于我国长江以南地区，是在湿热气候条件下经历了一定红土化作用而形成的一种含较多黏粒，富含铁、铝氧化物的红色黏性土。各类红土都是热带、亚热带湿热气候条件下的产物，风化程度高，物理、化学成分变化强烈。碎屑矿物主要是石英和少量未风化的长石；黏粒含量较多，黏土矿物以高岭石为主，伊利石含量较少；含一定量的针铁矿和赤铁矿，部分含有三水铝石，其强度一般较高。红土的缺点是遇水膨胀，干燥之后剧烈缩水，单纯用红土夯筑，干燥后必然引起龟裂。为了改善红土的性状，工匠们将红土配以适量的田埂土、老土、粗河砂、石灰等进行混合夯筑。

除了土料的处理，工匠们也常进行土的改性处理，如福建土楼建造使用的三合土，是由黄土、石灰、砂三种成分搅拌得到的。土楼墙体夯筑分湿夯和干夯两种。湿夯三合土中黄土、石灰、砂的比例为 1：2：3，多用于墙脚部位夯筑，此类土墙耐久性较好，可抵抗大雨时的雨水浸泡；干夯三合土中黄土、石灰、砂的比例为 4：3：3，也可以为 5：3：2，多用于大型圆、方土楼的一层外周底墙，这种土墙虽怕水，但比普通土墙要坚固得多。

对于富庶人家，建造等级较高的土楼时还有特殊配方的三合土做法，即将红糖、蛋清水及糯米汤水加入三合土中和匀，这三种原料都是绝好的黏结剂，可以增强三合土的强度。用这种方法夯筑的土墙干固后异常坚硬，水浸不变，即使用铁钉也难以钉入，其坚固耐久程度甚至胜于水泥，因此许多土楼历经数百年风雨依然完好无损。福建土楼墙体用土多样化，当地一般做法是使用 70%的生红土、20%的灰熟土、10%的掺和土（用红土、灰土掺和石英、瓦砾、碎瓷片、砂等，起骨架作用）。

一些土堡用铁、锰含量比较高的黄褐色土来夯墙，这类墙夯筑晒干后比其他夯土墙坚固许多。碉楼则使用由红土、石灰、石英砂，再加烧开的红糖水制成的三合土夯筑。这些建筑以其百年甚至数百年的历史告诉后人，即使是夯土材料也可以经久不衰。

8.3 夯土墙的营造技术

夯土墙是指用木制或石制等工具，将原状土质材料逐层夯实，修筑成能够承重的墙体。以夯土墙作为承重结构的夯土墙民居广泛分布于我国各个地区，其可以划分为黄土高原地区、青藏高原地区、西南地区、华南地区及其他地区五个典型片区。由于各个地区民族文化、居住需求的不同，其夯土墙民居类型也具有多样性[69-86]（图 8.9）。

（a）福建古楼　　　　　　　　　　（b）秦陇风格四合院

图 8.9 多样性的夯土墙民居类型

（c）陕南夯土房　　　　　　　　　　　　（d）土掌房

图 8.9（续）

8.3.1 夯土墙民居的特点与夯土墙营造技术分类

1. 夯土墙民居的特点

夯土墙民居在居住历史上出现较早，是我国极具代表性的传统建筑形式之一，目前夯土墙民居依然广泛分布于全国广大地区。用夯土墙作为民居的承重和围护墙体的夯土墙民居，具有以下特点。

（1）冬暖夏凉

夯土这一比热容较高的自然材料，可以极大地平衡室内热环境的波动，充分满足了一些地区夏季隔热的要求。同时，厚重的夯土墙作为理想的蓄热体，在冬季白天可以吸收太阳能并有效储存下来，夜里气温降低时向室内散热，充分满足了冬季的建筑保温需求。另外，夯土墙具有一定的可呼吸性能，可随时调节室内的湿度，能够创造出适宜的室内居住环境。

夯土墙本身较为厚重，具有极高的密度，能够抵御大风的侵袭。

（2）节约能源

建造夯土墙所用的土料可以就地取材，夯土墙拆除重建后，土料可以重新使用，且年久的夯土墙因为吸收了空气中的氮气，拆除破碎后还可以作为肥料回归土地。

2. 夯土墙营造技术分类

夯土墙营造技艺多以夯筑模具作为类型划分的依据，目前我国传统夯土营造工艺可分为版筑法、椽筑法两大类。

（1）版筑法

《尔雅・释器》称"大版谓之业"；《说文解字》中有"筑，捣也"的描述，即人力捣实。版筑法（图 8.10）以木板作为夯墙的模板，将土料填入模板内，用夯锤夯实后取下。夯筑后拆模平移，连续夯至所需长度，称第一版；再把模具移放到第一版上，筑第二版；五版高的墙高为一丈，称为一堵。但具体来讲，各地区又有自己的特点，西南地区、华南地区，以及黄土高原部分地区多用短板版筑法；

而昌都等藏东地区，以及四川、云南等地的藏族聚居地区一般用长板版筑法。

图 8.10　版筑法模具

（2）椽筑法

椽筑法（图 8.11）泛指以椽子作为主要夯筑模具的夯筑工艺。该工艺具有操作简单、廉价节约的特点，在黄土高原地区分布十分广泛。采用此工艺完成的墙体表面多存在椽模留下的层状肌理，模板无须请工匠专门制作，墙体夯筑完成后模具可直接用于屋架建造。

图 8.11　椽筑法

8.3.2　夯土墙的施工工艺

1. 短板版筑法的施工工艺

夯土墙营造技术因地区的不同各有差异，但版筑法和椽筑法总体上大同小异。短板版筑法（也称短板夯筑法）适用范围比较广泛，无论是单层民居，还是像土楼这种多层民居，均有短板版筑法的应用。因此本节以短板版筑法为例，详细介绍其施工工艺。

（1）夯筑工具

夯土墙的主要施工工具有侧板、端板、墙卡、铅锤、夯杵、拍板等。短板版筑法的夯筑工具如图 8.12 所示。

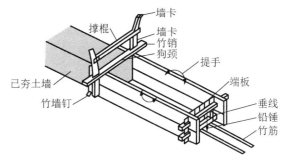

（a）夯筑工具实拍图　　　　　　　　　　（b）夯筑工具示意图

图 8.12　短板版筑法的夯筑工具

1）侧板（版）：用于约束平行墙体轴线方向土体的模板，其应有一定的强度与刚度，用质地坚硬的木材制成，其厚度多在 40mm 以上，长度在各地区标准中不尽相同，一般为 1.5～2.0m，高 400mm 左右。

2）端（挡）板：夯筑墙体时用于约束端部土体的模板，由厚度为 50～70mm 的木板构成，端板上设有木栓，方便与侧板连接。

3）墙卡：由两肢呈弧形弯曲的方木（民间称为狗臂）制成，中间连一横木（民间称为狗颈），用竹销固定成 H 形，上臂较长呈张开状，在其中卡下撑棍，侧板就被牢牢卡住。夯筑完成将撑棍向上拉起，墙卡松脱，侧板便可移动（移模）。

4）铅锤：用于调整侧板和端板的垂直度。在端板的外侧有一垂直线刻入木内，在这道刻线上悬挂一铅垂线，如果刻线和铅垂线两线重合，墙板为水平摆放。

5）夯杵：夯筑时捣实土料的工具，由柄和杵头组成。柄用质地坚硬的木材加工而成，杵头为石杵或铁杵，形状多为方形、长方形、锥形、圆形等。

6）拍板：拍板多为木质，用密度高且不易开裂的杂木制作而成。大拍板长约 1m，小拍板长 20cm，宽约 7cm，都是圆把手，表面油光。夯筑完一版后用大拍板重拍毛墙两面的墙皮，使墙面表皮硬实。小拍板则用于补墙和修光墙面。

7）其他工具：填土用抬筐、簸箕等。

（2）人员配备

夯筑墙体的过程需五到六人合作，两人负责夯筑，一人负责地面装料，两人负责递料（其中一人在地面，另一人站在临时架起的施工梯上），这样就形成了流水作业，提高了夯筑效率。

（3）施工流程

1）设置构造柱。在夯筑墙体之前需先设置构造柱，墙体周边受到木柱的约束有利于墙体抗剪。在地震中，在木柱与墙体之间有可靠拉结的情况下可防止墙体倒塌。因此，在抗震设防烈度为 6 度及以上的区域，建议在夯土墙民居外墙四角及内外墙交接处设置构造柱（图 8.13）。

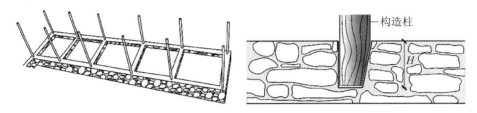

图 8.13　构造柱设置图

构造柱应伸入墙体基础内，夯筑过程中将构造柱直接夯在墙体内部组成墙体，因此需要在砌筑基础后和夯筑墙体前完成构造柱的设置。构造柱通常为木制，木构造柱的梢径不应小于 120mm；也可用竹构造柱，但宜适当加密。构造柱木材或竹材预埋前必须采用微火轻烧，涂刷青油或沥青等防腐剂。将处理好的构造柱放入砌筑基础时预留的孔洞中，预留孔洞直径要比木构造柱或竹构造柱直径大 50～80mm，深度不应小于 200mm。夯筑墙体之前将构造柱置于预留孔洞内，用水泥砂浆密封嵌固，且保证构造柱垂直度偏差在 30mm 以内。

2）基础找平。版筑法夯土墙施工采用夯筑模板，沿着墙体轴线逐层连续夯筑形成墙体。支模前需根据基础条件进行找平处理。如果基础采用条石砌筑，一般顶面较为平整，可直接在上面按墙体轴线支模；如果基础采用大小不一的石料砌筑，则基础顶面不平整，通常需要在顶面铺一皮砖或片石，或者铺一层稀泥浆，初步找平后再支模（图 8.14）。

图 8.14　基础找平

3）支模板。支模板一般由两人完成。将木墙板架设到规定位置后，用铅锤调准对中，及时校正挡板并使墙板中线与墙体中线重合（图 8.15）。第一版从墙角的基础面层上开始，墙头板和一侧墙板各占墙角处的一条直角边，侧板对称直立于墙体轴线两侧，端板位于两侧板端部并与侧板垂直。两侧板一端由端板用木栓连接，另一端由墙卡固定。墙卡和端板的宽度取决于墙厚，一个侧板的长度称为一版，一版的高度称为一层。

图 8.15　模板架设

4）填土夯筑（图 8.16）。将准备好的土料倒入墙板中，每版上土次数约为三次，一次下土虚铺厚度为 150~200mm，但不同地区也有一定出入。夯前用脚将土料拨平，墙板边角部的土料可稍厚一些，大致铺平后，用铅锤调整好模板的垂直度后即可用夯杵全面夯击。采用石夯或木夯进行人工夯筑时，石夯的质量不宜小于 80kg、木夯的质量不宜小于 40kg，且其落距宜为 400~500mm。

夯打时夯锤方向垂直向下，夯筑时先用圆锤夯打墙板内的中部土，再用扁锤夯打边角部位土，且一夯压半夯，保证连续，不能有遗漏的地方，采用梅花形落锤覆盖所有夯击点。每层铺土夯打完第一遍后，应立即对凸起的部分进行第二遍夯打（图 8.17）。夯锤落下后应稍作旋转再提夯，以免夯锤黏土。夯筑时先用平杵（较大、较粗的一端）打实，再用尖杵（较小的一端）打窝，以使每层铺土之间不出现明显分层，黏结可靠、牢固，成为一个整体。每层所加的土应高出板边 50mm 左右，每层夯击遍数不应少于 3 遍。

图 8.16　填土夯筑

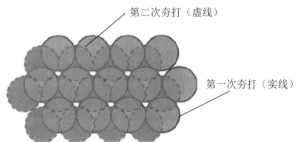

第二次夯打（虚线）

第一次夯打（实线）

图 8.17　夯打示意图

在夯筑墙体时，匠人常使用铅垂线来保证每一版的土墙上下垂直。由于在夯筑的过程中，不可能时刻用铅垂线来判断墙体的垂直与否，根据民间经验，如果能感觉到墙体随着夯锤对生土的夯击而有节奏地左右摇晃，则说明墙体是垂直的。如果没有这种晃动，墙体极有可能是歪斜的，这时就需要利用铅垂线及角尺来验证。条件许可的地区可采用小型电夯，以提高墙体的夯筑质量，减轻施工人员的劳动强度，加快施工速度。墙体边角区需用斜面夯夯实，以保证墙体质量。

5）移模。一版夯筑完成后，拔出端板木栓，放松墙卡，拆模平移，重新支模（称为移模），调整好垂直度，进行下一版夯筑。以此类推，逐版填土夯筑。当第一层即将夯满时，在和第一版的衔接处通常有一缺口，需将模板竖起，墙板头朝上，竖着夯打，此过程当地人称为"盖庙"。至此，第一层夯筑完成。

6）设置木圈梁。在一层顶部，宜在墙内水平设置木圈梁（方木或圆木均可，图 8.18），木圈梁可以增强房屋的空间刚度和整体性，在一定程度上防止和减少墙体因地基不均匀沉降或震害而引起的开裂。木圈梁的截面尺寸（高×宽）不应小于 60mm×120mm。木圈梁之间可以采用搭接或榫卯连接，并用扒钉钉牢。构造柱与圈梁之间也宜用扒钉钉牢（图 8.19 和图 8.20），这样构造柱与圈梁之间组成的牢固边框体系可以有效提高墙体的变形能力，改善墙体的受力性能。

图 8.18　木圈梁的设置

图 8.19　木圈梁与构造柱的连接

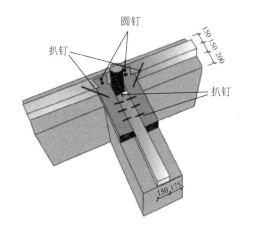

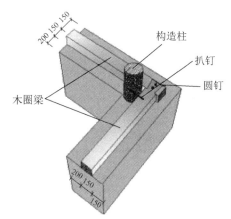

图 8.20　圈梁与构造柱连接详图（mm）

墙顶标高处也需设置一道木圈梁，这不仅可以加强房屋的整体性和稳定性，还可以把上部荷载较均匀地传递到墙上，从而有效减少和抑制生土墙体干缩裂缝的产生和发展，以及减少由干缩引起的不均匀沉降。

7）循环夯筑和成墙。第二层也从墙角处开始，要求夯筑的夯土墙垂直于下面的墙体，即相互咬合、错缝搭接（图8.21）。这是因为夯土墙竖向和水平方向的模板交接处都是受力的薄弱环节，夯土墙在往复荷载作用下的破坏易从模板缝处开始，竖向通缝会严重影响墙体的整体性，不利于房屋结构抗震。为了保证分版分层夯筑的墙体具有良好的整体性，夯土墙夯筑时应分层交错夯筑，应均匀密实，以保证不出现竖向通缝。拆模后应将墙体端部铲成斜面，以使两板结合紧密，如果相隔时间较长，可在夯筑时再铲斜面并浇水后夯筑。纵横墙应同时咬槎夯筑，不能同时夯筑时应留踏步槎。不得在墙角进行夯筑分段。

在有抗震设防要求的地区，施工时应在夯土墙上下层接缝处设置木杆、竹竿（片）等竖向销、键予以加强（图8.22）。两层夯土墙水平接缝处也是夯土墙的薄弱环节，在地震往复荷载作用下，该处最先出现水平裂缝，而且错缝处开裂后，上下两条水平缝之间斜裂缝一旦贯通，则墙体达到破坏的极限状态。规范要求销、键伸入上下相邻板墙内的深度不应小于150mm，且每两个相邻销、键的间距不宜大于1.0m。

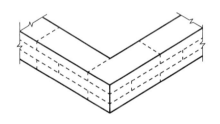
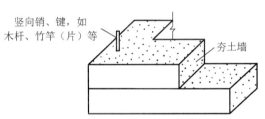

图 8.21　夯土墙交错夯筑做法　　　　图 8.22　夯土墙上下层拉结做法

在夯土墙的外墙四角和内外墙交接处通常设置拉结措施，这些部位是受力集中的位置，又是夯筑方向交互的位置，是结构的薄弱部位，结构整体性差，在地震作用下很容易发生墙体开裂或墙体外倾。常用的拉结材料（又称拉结筋）有荆条、藤条、竹片、苇秆等，拉结材料使用前应先在水中充分浸泡，以加强其与墙体的黏结。拉结筋在转角处沿墙高每隔500mm左右设置一层，每层竹条不应少于三根，门窗洞口处可适当加密，每边伸入墙内不小于1000mm或至门窗洞口（图8.23）。拉结材料在交接处应相互搭接，并用钢丝绑扎，拉结筋与构造柱之间采用钢丝或镀锌铅丝连接。

按照同样的夯筑方法，依次完成第三层、第四层……直至所需墙体高度，即成墙。夯土墙的行墙是从下往上转圈层层夯筑，夯筑一圈后，上一层与下一层的行墙方向相反，即正反向轮流进行。这样不仅有利于提高墙体的施工效率，还有效提高了墙体的整体性。

图 8.23　拉结筋放置示意图

8）设置门窗洞口。当夯筑到需要设置门窗洞口的位置时，有两种处理方法：一种方法是夯筑墙体时预留出门窗洞口，当夯筑至适当高度之后，放置预制好的木质过梁，然后将门窗上部的墙体夯筑完成（图 8.24）；另一种方法是预埋木质过梁，夯筑完成后挖出门窗洞口。在需要设门窗的位置埋入门窗过梁，等整个墙体完成且强度满足要求时，根据门窗尺寸打墨线掏洞，安装门窗（图 8.25）。

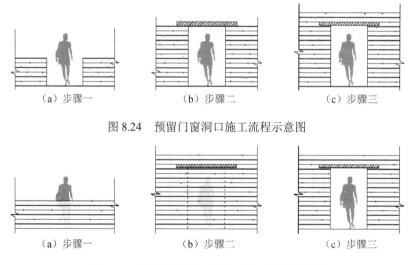

（a）步骤一　　　　　（b）步骤二　　　　　（c）步骤三

图 8.24　预留门窗洞口施工流程示意图

（a）步骤一　　　　　（b）步骤二　　　　　（c）步骤三

图 8.25　预留过梁挖门窗洞口施工流程示意图

9）山尖墙夯筑。当夯筑到山墙上部时，由于此段墙离地高度较大，较为危险，墙体向中间收缩，再加上夯土过程中，墙体会出现不同程度的摆动，因此对夯土的力度技巧要求较高，施工难度大。

此时，檐口以上山尖墙的夯筑应架设落地式脚手架，脚手架的立杆与墙体的拉结应安全可靠，脚手板应满铺，施工层设高 1.2m 的防护栏或挡脚板。山尖墙夯筑时，每层每边应按坡度进行收分（图 8.26）。当山尖墙沿收分坡面放置卧梁时，应预留斜槎，放置卧梁后应填缝抹实。压在横墙中的挑梁位于檐口处，应与夯筑土料同时夯筑（图 8.27）。檐口以上的山尖墙也可用土坯砌筑，砌筑前应将顶层夯筑面打毛。

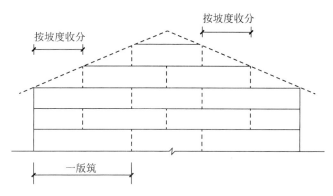

图 8.26　山尖墙的收分夯筑

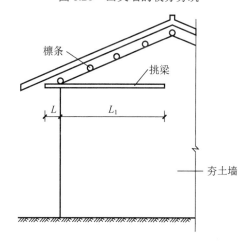

图 8.27　山墙中的挑梁

10）墙面修补。拍板是筑墙的最后一道工序，该工序较为重要。因为夯筑过后，其表面大多粗疏多孔，易在短时间内干燥、缩水从而产生裂缝，导致墙体表面易崩裂脱落。拍板后，夯土墙最外一层的密度较大，可加强生土墙的耐久性能和防潮性能。

为了保证生土墙体的质量，每夯筑一版墙须在表面风干之前用小拍板对墙面进行修补（图 8.28）。小拍板修补主要针对夯筑墙施工时留下的施工洞口，以及各版间的缝隙。小拍板修补前要先对墙体使用铅垂线来判断墙体是否垂直，并使用直尺、绳测算墙体的厚度是否合适。如果墙体过厚，可用墙铲铲平；如果墙体凹下去，则需要用筛过的碎土补平。补墙时要保证墙体的水分适中。如果湿度不够，补墙前要向墙体中洒水，使其湿润。补完之后，用大拍板补拍墙面，直至墙面光洁（图8.29）。

图8.28　小拍板修补墙面　　　　　图8.29　大拍板补拍墙面

11）墙体抹面。墙体抹面更多的是出于美观需要，当墙体完全干透之后才可以进行施工。这一道工序要根据家庭条件灵活决定是否施加。

抹泥材料要求泥土细致，不能有小石子，要经筛子筛过，泥质比例要大一些，具体由匠人凭经验来判断。取土之后，晒干，拍细，浇水后放置两天，以保证土质完全浸润，使泥土充分溶解。将草茎（麦秸秆和莎草）切割成3～5cm长并加入泥土中搅拌，一般由人或牲畜来回踩踏，从而使泥土产生一定的黏性，泥的稠度以抹在墙上不掉落为宜。抹泥的工具为木质抹刀，抹完后墙面呈现黄色。

经过一年半左右的晾晒，墙体才可以抹面。将石灰加水溶解，沉淀后的细浆放入桶中或者缸（砌池）中发酵，将麻绳切割成3～5cm长作为筋，搅拌均匀。抹石灰则需要换铁质抹刀，抹完后墙面呈现白色。

现在墙体也逐渐采用水泥灰抹面以保护生土墙体。

（4）注意事项

1）夯墙时，构造柱、圈梁、销、键四周的土体应仔细夯实。

2）第一版墙对质量要求很高，因为它是上部墙体的基础，也是与基础的连接部分。在夯筑一面墙体时，如果每次上的土越薄，则层数越多，夯筑时行墙越均匀，夯出的土墙就越坚固（图8.30）。所以，在实际操作中，墙体承受压力较小的上部区域，夯层可能会比下面的夯层略厚。

3）如果第一层夯筑直接在石基础上进行，墙底和基础连接处有一定的缝隙，这些缝隙可用砖或小石块填塞，称为"填箱"或"添箱"。夯到第二层时，通常在第一层顶面掏槽，便于墙卡的墙钉放入，所以夯土墙两版土层的相接处总有小洞（图8.31）。这些小洞是墙钉拔出后留下的，俗称"地牛"。对墙内的地牛孔洞应用泥进行塞填封堵，每侧塞填深度不小于10cm。

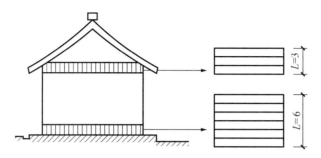

图 8.30　不同位置墙体夯筑次数示意图

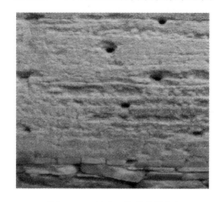

图 8.31　墙钉所形成的洞

4）为保证墙体在夯筑过程中的承载能力，每天夯筑高度不应超过 3 版。因新打墙体湿度较大，强度较小，所以通常情况下，夯筑 5 层左右时要暂时停工。墙体应适当干燥，下部墙体泛白时，基本上可认为已硬化完成，方可继续进行施工。间隔时间受湿度影响，并根据天气情况确定。

5）夯土墙不应在霜冻季节施工，以免因冻融造成墙体强度降低。

6）施工过程中如果遇到下雨天，需用草帘子（当地用稻草编成的片状织物）盖严密，用木棍或石块压边，防止雨水冲刷造成墙体破坏。

2. 长板版筑法的施工工艺

昌都等藏东地区，以及四川、云南等地的藏族聚居区多采用长板版筑法施工（图 8.32）。该方法使用的夯板为两块长木板，板厚不小于 5cm，高 30cm 左右。基础砌墙完成后，在墙外相同位置的墙根挖洞，竖立木杆，木杆长 6m 左右，间距 1.5m 左右。两个墙面都要树立木杆，立好木杆后将两块模板侧立在木杆内部基础墙的两侧，立杆一人多高处用绳子捆绑结实。整个墙面一次夯筑，夯筑方法与短板版筑法基本相同，长板版筑法夯筑的墙体不产生水平接缝，整体性较好。第一层夯筑完成后，先解开立杆上的绳子，然后顺着立杆把两侧的木板提高，再把立杆上段捆绑结实，即可夯筑第二层墙体。依此循环，直到整个墙面夯筑完成。

图 8.32　长板版筑法施工

夯筑完成后，木板可直接用于门窗制作等，因此也比较经济节约。由于该方式为整体性夯筑，因此基本不需要拍板修整墙面，节省了工序。

3. 椽筑法的施工工艺

椽筑法多用于院墙或主房的山墙及后墙夯筑。

（1）夯筑模板

模板由立杆、椽子、竖椽和撑木组成。

1）立杆。立杆是夯筑土墙时固定所有椽子的骨架，直径约 10cm，埋入地坪 30～40cm，分别固定在墙的两端。每边一根，其距离根据墙的厚度确定。

2）椽子。椽子用来做夯筑时的侧模，一边 4～6 根，用绳索绑在立杆上，再用木杠把绳索拉紧。椽子直径约 10cm，长度以不超过 3m 为宜，超过 3m 时应用竹篾或钢丝在中部拉结以增加椽子的刚度。椽子与立杆之间要留有空隙，其中要打入木楔以调整墙的厚度（图 8.33）。

图 8.33　模板的调整

　　3）竖椽和撑木。竖椽竖立在端头椽子之间作为端模（也有地区用竹夹板或木板等代替端模），同时也作为操作时上下的梯子。采用圆椽，这样可以在土墙夯成后的端部形成半圆的椽印，有利于两道土墙的咬合。撑木用来支撑竖椽，直径为10～12cm。

　　（2）施工方法

　　1）施工准备：先按墙身厚度放灰线，根据灰线位置使立杆和竖椽就位，并用撑木固定。校对中轴线，按墙身的厚度，每边各放椽子一根，将绳索绑在立杆上，并打入木楔以固定椽子位置。

　　2）墙体夯筑：将准备好的土料填于两椽之间，先用耙子匀土并沿椽边夯实，用脚踩成鱼背状，再用锤夯实，夯打方法与短板版筑法类似（图8.34）。第一根椽子夯完后，接着在其上绑上第二根椽子，仍按同样的方法夯打，直至4～6根椽子打完。

图 8.34　墙体夯筑

　　3）翻椽：拆除已完成夯筑的下部墙体的椽子并移至未夯筑墙体上部，这个过程称为翻椽（图8.35）。翻椽时用木槌将第一椽的木楔打出，先将椽子在原处转动一下，以免椽子与土墙黏结使墙面脱落；取出第一根椽子，移至最上面，按此方法循环直至墙身全高夯筑完成。

图 8.35　翻椽

　　夯筑时也可采用两套模板施工，这样可以提高效率，而且可以将墙角和内外墙的交接处夯筑成整体。夯筑完成后，对室外大多不做任何处理。对于室内部分，一般在其干燥以后将其铲垂直。

第9章 土坯墙的砌筑

土坯出现在夯土之后,是人类土制建筑技术的进一步发展。夯土墙民居在经历了夯筑结构和版筑结构之后,虽然强度和施工速度得到了一定的提高,但由于版筑工具的尺寸限制,往往不适用于造型较为复杂的建筑,而且当建筑的室内空间发生变化时,墙体尺寸也很难再灵活变动。为修建小体量、规格化的建筑单位,土坯自然而然地出现了。与夯土墙民居相比,土坯墙民居具备更为灵活的局部构造,大大方便了门窗开设位置和尺寸的选择,以及壁龛、灶台等常用设施的建造。而且土坯可以在建造房屋之前预先制作,且砌筑过程较轻便,因此降低了修建时的人工耗费,大大加快了实际建造速度[59]。

9.1 土 坯 制 作

土坯墙又称"泥砖墙",是我国生土建筑中的一大分支。一般的土坯墙民居,都以土坯墙为主要的竖向承重构件。土坯墙指的是采用提前制作好的土坯,根据当地的经验和习惯,按照一定的施工工艺砌筑而成的墙体。土坯的质量直接关系到土坯墙民居的质量[87-90]。

9.1.1 土坯制作的原料

土坯制作的原料包括土料、集料和纤维。

1. 土料

一般选择黏粒含量较高的土料,因为土坯的强度与土料中黏粒的黏聚力有关。黏粒含量越高,土坯的强度越大,但不宜超过 30%,因为黏粒含量太高会造成土坯较大的收缩干裂,从而降低强度。

土料中应少含或尽量不含有机物,有机物会在墙体中腐烂并形成孔洞,降低墙体的强度,且不利于建筑的防虫。土料中不得含有可溶性碱和盐,土料的盐、碱会腐蚀土坯墙,使墙体变薄,甚至造成建筑整体垮塌,十分不利于建筑的耐久性和强度。

土坯使用的土料要求捣细,不要出现"枣状",土体颗粒的粒径不能超过 5 mm。土体颗粒过大,易使土坯受压时产生应力集中,使土坯抗压性能下降,形成裂缝。土料应用 5mm 的筛子筛过方可使用。

2. 集料

可选用直径小于 10mm 且级配良好的砂石料作为土坯制作原料中的集料。集料的作用是提高土坯的抗压强度。级配良好的砂石料中包括粗砂和细砂。直径较小的砂可很好地与土体黏结，可以填补土坯中的孔隙，提高土坯的密实度，可增强土坯墙的抗压强度。

研究表明，细砂含量在 30%～50% 的土体材料与素土材料相比，抗压强度可提高 22.5%～33.1%。加入 30%～50% 的粗砂可使土料抗压强度最大提高 30%。但是砂含量过大，会使土体的延性降低，土坯的抗剪强度减弱，因此需要根据实际情况选取合适的土体颗粒级配。

目前，也有人将砖块、瓦砾、混凝土块等用碎石机打成颗粒后作为集料，再添加到土料中生产土坯，以达到降低成本、废弃物再利用的目的。

3. 纤维

采用韧性好的竹纤维、麻纤维，也可采用砂浆抗裂纤维，其作用是提高土坯的抗裂性和韧性。与麦秸秆、松针相比，纤维具有更高的比表面积，可以更好地消除土坯裂缝。

9.1.2　土坯制作的方法

我国地域辽阔，各地的土质、建筑风格不同，土坯的制作与具体使用方法也各不相同。土坯制作的方法很多，如木模夯制土坯、熟泥制作土坯、手模坯、柞打坯、水制坯等，其中木模夯制土坯和熟泥制作土坯是两种常用的方法[78]。

1. 木模夯制土坯

木模夯制土坯的制作过程可形象地概括为"三锨、六脚、十二个窝窝"（与第一篇中盘窑炕所用的胡墼制作有异曲同工之处）。在夯制土坯时，将模具固定好，放在一块平整的石板上，加上三锨土，即"三锨"；用脚将土踏实，踩踏时通常须移动脚步六次，即"六脚"；再用夯锤夯实，夯好的土坯表面会呈现"十二个窝窝"。

木模夯制土坯的施工工艺流程为选土、筛土、潮土醒土、制坯模、摆放模具、撒灰、加土、踩土夯实、脱模、晾晒成坯。

（1）选土

土坯制作可选用一般生土。具体来讲，土料应选用杂质少的粉土和亚黏土，把选好的土料敲碎，保证土中不含有大于 20mm 的硬土块。通俗来讲，土料中土块不应大于"枣状"。具体的选土原则和方法见 9.1.1 节相关内容。

（2）筛土

将挖好的土料过筛，将其中的垃圾、杂草和较大的石块剔除，要求土体内部不含有大于 20mm 的土块，同时保证土中不含腐化物和有机物。

（3）潮土醒土

在土中加入一定量的水，加水时应边加边拌匀，这个过程称为潮土。制作土坯时，水的用量极为关键，水的用量过多或者过少都不利于土坯的制作。现场检测用量的方法为用手抓一把土料，捏之成团，拍之即碎，即说明土料的含水率刚好合适。

经过潮土之后，将土存放 3～5d 发酵，这个过程称为醒土。如果要在土料中加入稻草，应将未添加稻草的土料调和到一定稠度之后，再向其中加入已经准备好的稻草，稻草应分 3 次加入；在加入稻草后，反复搅拌，使稻草均匀地分布其中。

（4）制坯模

制作土坯时所使用的木质模具，是用来确定土坯砖的形状和大小的，分为固定与活动两种。制作土坯模具的尺寸根据所制作土坯的大小来确定，一般由当地的工匠制作。若有合适尺寸的木模具，则不需要进行本工序，直接采用现有模具进行下一步的工序即可。

（5）摆放模具

将准备好的模具按照模具的工作方式摆放在平整的地面上，最好放在一块硬石板上，这样可保证后期制作的顺利进行，同时也保证土坯的质量。

（6）撒灰

将醒好的土放入模具前，先要在模具内壁和底面撒草木灰或者煤灰，以利于后期脱模。

（7）加土

将前面准备好的土料用铁锹放入模具，一共放入三铁锹土料即可，即"三锹"。加入模具中的土料一般要高出模具很多，呈土堆状。

（8）踩土夯实

用脚在四周踩实，通常移动六次脚步，即"六脚"。经过上述工序后，用石锤夯打土体，每次夯打的锤印要相互搭接 1/3。夯打次数决定了土坯的密实度，根据经验做法，每块土坯的夯打次数控制在 20 次左右为宜，夯好的土坯表面会出现"十二个窝窝"。夯实过程很关键，土料夯得越实，土坯成型后就会越牢固。

（9）脱模

将土坯夯实之后，由于采用的土料是经过潮土醒土工序后的土，其具有一定的强度，可以直接拆模。拆模时，将未固定的那一端打开，将土坯取出来，托在肩上，放到指定地点。

（10）晾晒成坯

将刚制成的土坯平放在较为平整的场地上进行晾晒。在土坯晾晒一个星期后，要翻转立起土坯，保证晾晒均匀。待土坯晾晒至七成干后，将所有的土坯整合到一起，集体堆放在提前准备好的堆放场地。

在干燥场地受限的情况下可以采用堆垛的方式。在待干燥的土坯上放置一层麦秸秆以防止雨雪的影响，而且可以减小土坯表里的干燥时间差，以保证土坯整体均匀干燥，并尽量避免土坯在干燥时发生变形。待土坯完全晾干，即可用于砌筑墙体。

制坯所用工具如图 9.1 所示。采用木模、杵等工具，将醒好的土入模，经过"三锨、六脚、十二个窝窝"等工序夯制成坯形。另外，制作土坯所需的工具还有基石（如硬石板）、铁锨、簸箕、草木灰及铅垂线和直尺等。

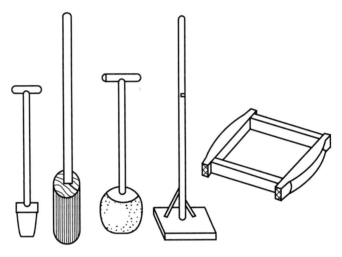

图 9.1　制坯所用工具

2. 熟泥制作土坯

熟泥制作土坯即人们所说的湿制土坯，它是一种民间常用的制坯方法。制作时，向选好的土料中加水，然后搅拌，待和成泥浆后，把泥浆放进木模具中，接着用手压实抹平后取走模具，晾干码成土坯。有时人们会在制作土坯的泥土中预先拌和一定比例的细砂石或草筋纤维，以增加土坯的强度和稳定性。湿制土坯的强度通常要高于干制土坯，应用也更为广泛。

熟泥制作土坯的施工工艺流程为选土、筛土、和泥、熟泥、拌和、填泥入模、脱坯、晾晒成坯。

（1）选土

选用砂质黏土，砂含量在 10%～15%为宜，具体的选土原则和方法见 9.1.1 节相关内容。

（2）筛土

将挖好的土过筛，将其中的垃圾、杂草和较大的石块剔除，保证土中不含腐化物和有机物。选定土料后，将土块打碎，使其最大颗粒小于 1cm，将已经选择好的土铺放在空地上，铺 30cm 厚，扫平，用锄头将土料过细、摊匀，然后以土堆的形式存放。

（3）和泥

在土堆中间挖一个浅坑，在浅坑中加一定量的水进行浸泡。土与水的充分拌和十分关键，加水后的湿度达到"稠面"的程度即可。待水渗入土堆中，用镐或锹将土堆翻一遍，使土堆成为泥堆。

（4）熟泥

将泥堆停放半日或一日，晾晒发酵后，再用镐或锹将土堆翻一遍。如此反复 2～3 遍，直到泥堆黏性达到熟泥程度。现场检验熟泥黏性的方法是"用力甩方出手"。在泥堆黏性达到熟泥程度之后，一般还要再闷 1～2d，使水与土充分渗透。

（5）拌和

将适量（通常为土料质量的 0.5%）的碎草加入熟泥并拌和均匀。碎草为麦秸秆或稻草切成段（通常为 3～4cm），放入水中浸泡，使其成为草筋。加入碎草可吸收一部分水分，并大大提高土坯的抗裂性。

拌和黏土草浆一般可采用机械、人工或牲畜踩踏相结合的办法，以保证细腻均匀，然后将拌和好的黏土推成泥堆。若泥堆的含水率合适，可直接加入模具制作土坯；若含水率过低，需要向土堆上洒水再行拌和；若含水率过高，则要再晾 2d。

（6）填泥入模

将准备好的模具放在平整的地面上，在模具的内壁和地面上撒一层细砂或草木灰。取适量的熟泥，用力甩进模具，然后用脚交叉踩踏挤压，或用棒槌、石踩子等夯打密实，注意将模具中的边角也用熟泥填实。填泥的厚度通常应高出土坯模 5～8cm，最后用竹片刮平。

（7）脱坯

脱坯前应进行稠度检验，以测定其稠度，黏土锥入度以 4～5cm 为宜，砂质黏土以 3～4cm 为宜。也可从外观上检查，制成的坯以容易脱模或在脱模后保持原来形状为宜。最后，将入泥模具倒扣在平坦的场地上并小心将模具移开，脱模后即成土坯。

（8）晾晒成坯

将从模具上脱开的土坯放在干燥场地，进行自然晾晒。在干燥场地上干燥适当后，将原来平放的土坯改成侧立，等土坯颜色泛白时，把它们聚集在一起，堆叠成垛存放。成垛时应在土坯之间留出空隙，以便通风干燥，垛顶上覆盖稻草一道，顶部呈锥形，用板遮盖以便排水，垛的四周应开小沟。待土坯完全晾干，即可用于砌筑墙体。

熟泥制作土坯与木模夯制土坯各有优缺点。熟泥制作土坯的密实度一般在

85%以上，抗压强度高于木模夯制土坯。在水稳定性方面，木模夯制土坯的水稳定性比熟泥制作土坯要差；在生产效益方面，熟泥制作土坯时间长，占地面积大，而木模夯制土坯需人工打，效率低，但成本也低。

3. 注意事项

制作土坯的方法多种多样，应根据自己的需要和条件采取合适的制坯方法。在制作土坯时，应注意以下问题。

1）土坯制作时需要几个特定的条件：一是要有宽敞的空间，这样能多打一些；二是必须选择合适的土料；三是必须有水源；四是要离放牧区远一些，以防牲畜踩踏土坯。

2）制作土坯的黏土质量基本决定了土坯的质量和耐久性。所以，对于土的选择就显得分外重要，要选择土质纯、没有杂质的纯黄土、黄黏土等，并含有少量细砂。

3）制作土坯的过程中，水分的含量会直接影响制坯的成功。如果水分过大，土坯不易成型，而且在脱模过程中不易成功脱模。有经验的工匠会提前1～2d在土堆上泼洒一定量的水以使土吸水至饱和，这样制作时恰好能达到预期的含水率，减少土坯在风干成形时因土料含水率过低、过于干燥而造成的自然性开裂，可增强土坯的强度。

4）土坯制作受环境的影响不大，但在晾晒过程中会受到天气的影响。如果空气干燥，气温较低，温差较大，土坯容易因水分不够而自然干裂变形；如果遇到降水集中期，则不宜晾晒土坯，所以土坯一般选在春秋两季制作。

5）土坯脱模过程中如果发生土坯黏模现象，可能是由以下两个原因造成：一是拌料太干，应在搅拌过程中适量加水；二是模具不光滑，使用前应用水清洗干净。因此，有必要在场地中设置水桶或水池，可以方便加水和清洗制坯工具。

9.2　土坯墙的砌筑技术

将未经焙烧过的黏土和麦秸秆类有机掺和料，以及适量的水混合在一起后，填入事先制作好的模具内，制成适宜当地环境且具有一定形状和尺寸的块体。再将这些人工制成的块体砌筑成墙体，而这些墙体要作为承重体系承担房屋的各种荷载。这样的建筑便是土坯墙民居。

土坯墙民居广泛分布在世界各地（图9.2），由于民族传统、宗教信仰、生活习惯和地理、气候环境等因素的差异，土坯墙民居作为生土建筑极为重要的建筑形式之一，在建筑形式和施工技术措施上都有各自不同的特点，成为各自文化传统的一个重要组成部分[91, 92]。

（a）美国新墨西哥州典型土坯墙民居

（b）西非典型土坯墙民居

（c）欧洲典型土坯墙民居

（d）中国典型土坯墙民居

图 9.2　世界各地的土坯墙民居

9.2.1　土坯墙民居的特点

1. 施工简单

土坯砌筑技术始于氏族公社时代。随着社会的不断发展，古人发现夯土版筑墙施工时不够灵活，存在着不便之处，于是人们开始将土制成小块的土坯。用土坯砌墙不仅增强了施工时的灵活性，而且加快了施工的速度，简化了夯土版筑时的复杂工序，更容易被广大民众掌握。

从建筑技术史上看，从夯土版筑墙到砌筑土坯墙，是一项巨大的技术进步，也是建筑材料的一大革新，它为砖的出现做好了准备。

2. 亲近自然

土坯墙的表现力是其他建筑材料不可取代的。土坯材料取之自然，土坯墙民居敦实淳厚、粗犷质朴，与大地融为一体，在质感和肌理上充分体现了村镇民居的艺术魅力，在视觉上给人以震撼。

3. 保温隔热、冬暖夏凉

土坯砌块具有良好的储热能力和传热性能，所采用的泥土对室内湿气的中和能力比其他建筑墙体材料要好，使土坯墙民居具有保温隔热、冬暖夏凉的优点。

4. 造价低廉

土坯墙就地取材，便于运输，造价低廉。土坯采用土料，具有可循环性，取之于自然，回归于自然，并且可以循环利用。

5. 健康舒适

土坯墙采用纯天然的土料，不产生有害气体，绿色环保，是一种合理的绿色建筑方式。除此之外，土坯墙形式多样，造型美观，能带给人们健康的室内环境及心灵上的享受。

9.2.2　土坯砌筑的分类

砌筑土坯墙的方法十分丰富，种类较多，一般需要专门的匠人操作，需要较高的技术水平。不管采用哪种方法，都要求上下错缝、内外搭接，以保证墙体的整体性，防止竖向通缝的产生。同时，要根据砌筑的规律，采用科学的排列方法，以提高砌筑功效和节省材料。土坯砌筑的分类方式很多，本小节介绍按砌筑形式和按砌筑组合方式两种分类方法[59]。

1. 按砌筑形式分类

按照砌筑形式的不同，土坯砌筑方式可以分为平砌、卧砌、立砌三种形式（图9.3）。

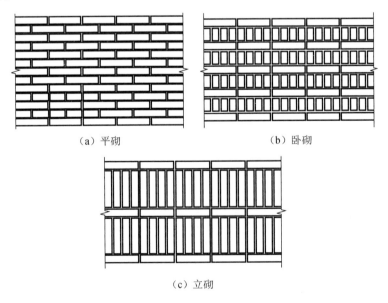

（a）平砌　　　　　　　　　　　（b）卧砌

（c）立砌

图9.3　土坯的砌筑形式

（1）平砌

平砌 [图 9.3（a）] 是将土坯平放砌筑，层与层之间错缝搭接，以避免出现上下通缝的情况。在广大农村地区，平砌是一种重要的砌筑形式。

平砌土坯由于土坯错缝搭接，泥浆和土坯共同承担土坯墙的竖向剪应力，有较高的承载能力。从抗剪层面来说，平砌优于卧砌。农村地区一般采用平砌和侧砌相结合的方法来砌筑承重墙体，常见的做法有侧丁与平顺交替、侧顺与平丁交替等。

（2）卧砌

卧砌 [图 9.3（b）] 是将土坯侧砌，墙厚等于土坯长度，一般与平砌层交错砌筑。通常有平砌一层、侧砌一层，也有一层侧砌、两层或三层平砌，侧砌层可以丁顺交错，也可全部丁砌。

卧砌节省工时，施工速度快，节省泥浆材料，造价相对低一些，在我国乡村地区得到广泛使用。但是卧砌的上下层灰缝不能相错，因而土坯受到剪切破坏时，裂缝易沿泥浆灰缝发展，泥浆承担了主要的剪应力，会导致墙体的承载能力下降。

（3）立砌

将土坯立砌 [图 9.3（c）]，墙厚等于土坯的宽度或两倍于土坯的宽度，一般与平砌层交错砌筑。通常平砌一层、立砌一层，或者平砌两层或三层，然后立砌。

立砌和卧砌相似，立砌的土坯上下灰缝也不能相错，受到剪切破坏时，裂缝易沿灰缝发展，墙体承载力较低。除此之外，立砌时墙厚等于土坯的宽度，厚度较小，立放的土坯没有泥浆黏结，单块土坯的高度大于土坯的宽度，竖向不稳定，因此一般不采用立砌墙体。

土坯砌体抗压破坏的试验结果表明：单块土坯的平砌抗压性能最佳，卧砌和立砌的抗压性能分别是平砌的 1/2 和 1/3，从抗压性能的角度来说，应使用平砌作为土坯承重墙体的砌筑方法。

2. 按砌筑组合方式分类

在土坯砌筑过程中，劳动人民的智慧是无穷的，创造了多种多样的排列方式，既美观大方，又舒适实用。这些方法有一顺一丁、梅花丁、三顺一丁、两平一侧、顺砌与侧平砌上下错缝、侧丁砌与平顺砌上下组合、侧顺砌与平丁砌组合、侧顺砌与平丁砌上下错缝等（图 9.4）。除此之外，还有全顺、全丁等砌法，由于这两种砌法缺点较多，墙体的整体性能较差，应用较少，这里不再介绍。下面主要了解以下 8 种砌筑方式[59]。

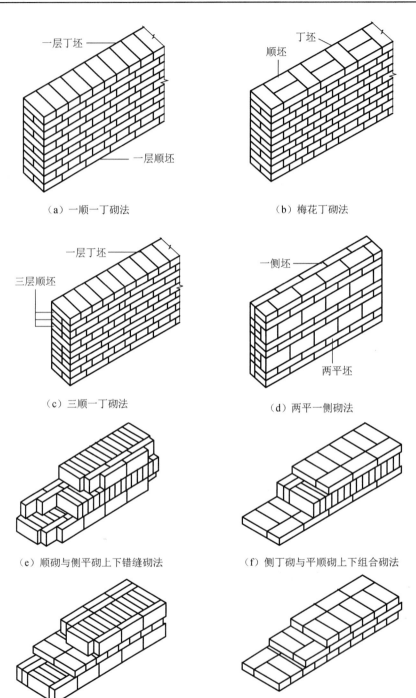

（a）一顺一丁砌法　　　　　　　　　（b）梅花丁砌法

（c）三顺一丁砌法　　　　　　　　　（d）两平一侧砌法

（e）顺砌与侧平砌上下错缝砌法　　　（f）侧丁砌与平顺砌上下组合砌法

（g）侧顺砌与平丁砌组合砌法　　　　（h）侧顺砌与平丁砌上下错缝砌法

图 9.4　土坯的几种砌筑方式

（1）一顺一丁砌法

一顺一丁砌法［图 9.4（a）］是指一层砌顺坯、一层砌丁坯相间排列，重复组合的砌法。上下皮间的竖缝均相互错开 1/4 坯长。在转角部位要加设配坯（俗称七分坯），进行错缝。这种砌法的特点是搭接好，无通缝，整体性强，操作简单，对工人的技术要求也较低，是常见的一种组砌形式，特别适合承重墙的砌筑。该砌法存在的问题是竖缝不易对齐，在墙的转角、丁字接头、门窗洞口等处都要砍坯，因此砌筑效率受到一定限制。

（2）梅花丁砌法

梅花丁砌法［图 9.4（b）］是指每一皮中均采用丁坯与顺坯左右间隔的砌法。上下相邻层间顺坯与顺坯相互错开 3/4 坯长，上皮丁坯位于下皮顺坯中间，上下皮间垂直竖缝相互错开 1/4 坯长。该砌法灰缝整齐，无通缝存在，整体美观，顺坯与丁坯相互作用，不易产生竖向裂缝，提高了墙体的整体性能。该砌法砌筑效率较低，适合砌筑一坯长厚度的墙体。

（3）三顺一丁砌法

三顺一丁砌法［图 9.4（c）］是指连续三皮全部采用顺坯与另一皮全为丁坯上下间隔的砌法，相邻的两层顺坯上下皮之间的竖缝错开 1/2 坯长，相邻的顺坯与丁坯上下皮之间的竖缝错开 1/4 坯长。这种方法砌筑的顺坯较多，砌筑速度快，但是丁坯之间的拉结不足，墙体的整体性能较差，实际工程中采用不多，适合于砌筑一坯长或以上厚度的墙体。

（4）两平一侧砌法

两平一侧砌法［图 9.4（d）］是指连续两皮平砌顺坯和一皮侧立砌顺坯上下间隔的砌法。先砌两皮平砌顺坯，再立一侧立坯，然后层间相互间隔。从正面看，相邻两皮平砌顺坯上下皮竖缝相互错开 1/2 坯长，相邻一皮平砌顺坯与侧砌顺坯之间竖缝错开 1/2 坯长。从侧面（墙厚）看，相邻皮的平砌间、平砌与侧砌间的竖向灰缝均错开 1/4 坯长。这种砌筑方式适用于 3/4 坯厚的墙体。

（5）顺砌与侧平砌上下错缝砌法

顺砌与侧平砌上下错缝砌法［图 9.4（e）］是指先砌四皮侧平砌，与两皮侧立砌左右相间、上下相错的砌法。其中，侧平砌为丁砌，侧立砌为顺砌，两皮侧顺砌上下竖缝相互错开 1/2 坯长，同一层侧平砌与侧顺砌间竖向灰缝错开 1/8 坯长，不同层间侧平砌错开 1/2 坯长。这种砌筑方式比较复杂，很难掌握，对工人的技术要求较高，耗时较长，主要用于一坯半厚的墙体。

（6）侧丁砌与平顺砌上下组合砌法

侧丁砌与平顺砌上下组合砌法［图 9.4（f）］是指一层为一皮平砌顺坯和两皮平砌丁坯左右相间组合，另一层为四皮侧平坯与两皮侧顺坯相间组合，然后两层相错组合而成，平顺砌与侧平砌上下竖缝错开 1/8 坯长，平丁砌与侧顺砌上下竖缝错开 1/2 坯长的砌法。此类墙在有些地区称为"玉带墙"或"实滚墙"。

（7）侧顺砌与平丁砌组合砌法

侧顺砌与平丁砌组合砌法［图 9.4（g）］是指一层为全丁坯，另一层为两皮侧顺坯、四皮侧平坯、一皮侧顺坯左右相间组合，两层上下相错组合而成，上下两层顺坯与丁坯错开 1/4 坯长，上下相邻两层丁坯的竖缝相错 1/4 和 1/2 坯长的砌法。

（8）侧顺砌与平丁砌上下错缝砌法

侧顺砌与平丁砌上下错缝砌法［图 9.4（h）］是指每一层中都是两皮丁坯和一皮顺坯左右相间，层间相错组成，相邻层间侧顺坯与平丁坯的竖缝相错 1/8 坯长的砌法。

除了以上 8 种砌筑方式，还有其他多种方式，这里不再赘述。

为了提高墙体的稳定性能，当墙体厚度比较大和有抗震设防要求时，常采用组合砌筑方法。

9.2.3 土坯墙砌筑的施工

1. 准备工作

（1）润坯

如果用干坯砌墙，泥浆中的水分被土坯吸收，会影响泥浆的黏结力，同时导致土坯软化，降低土坯强度，从而使墙体强度降低。如果土坯浇水后直接使用，土坯含水率过大，使泥浆过稀，不利于土坯与泥浆的黏结。因此土坯砌筑之前应当提前润坯，严禁干坯上墙，也禁止现用现浇水。

（2）砌筑工具准备

在砌筑之前，所需要的砌筑工具应该准备齐全，否则会影响施工效率，在土坯砌筑的过程中，所用到的砌筑工具有瓦刀、大铲、筛子、托灰板、摊灰尺、溜子、刨锛、靠尺板、线坠、卷尺、皮数杆、墨斗、大尺（50m）、灰斗、砌筑脚手架、铁锹、泥抹子等（图 9.5）。

1）瓦刀是铁制工具，又称泥刀，形状像刀，用来砍断土坯，涂抹泥灰，打灰条等，砌筑时可以用瓦刀轻轻敲击土坯，使其与准线对齐。

2）大铲是用于铲灰、铺灰和刮浆的工具，在操作中还可用它随时调和泥浆，大铲以桃形居多，也有三角形和长方形的，是实施"三一"砌筑法的关键工具。

3）筛子是用来筛除粒径较大的土块的工具，以防在拌制过程中土块太大，影响砂浆的强度。

4）托灰板是在抹墙时用来托灰的工具，施工时常与瓦刀、大铲、钢凿、线锤等工具配合使用。

5）摊灰尺。砌筑时，将砂浆均匀地倒在墙上，瓦工左手拿摊灰尺平搁在土坯墙边棱上，右手拿瓦刀刮平砂浆，砂浆虚铺稍高于摊灰尺厚度。

（a）瓦刀

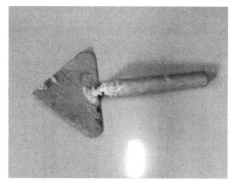

（b）大铲

（c）筛子

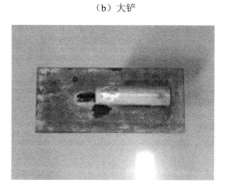

（d）泥抹子

图 9.5 砌筑工具

其他砌筑工具，这里不再赘述。

2. 泥浆拌制

泥浆强度对土坯墙的抗剪性能起着至关重要的作用。泥浆的储存时间不宜过长（一般不超过 6h），否则会导致泥浆中水分蒸发，泥浆会失水结硬，失去和易性，因此应该随拌随用，即泥浆的拌制和土坯的砌筑需要紧密结合，下面是泥浆拌制的过程。

（1）选土

首先要选择含杂质较少，黏结性高的黏土（图 9.6），不能采用砂含量高的砂土。若选用的土质不好，会造成泥浆黏结力不够。

（2）麦秸秆

研究表明，在泥浆中掺入质量比为 0.5%左右的麦秸秆（图 9.7），可以使泥浆黏结强度显著提升，继而提高墙体的整体性。其作用类似于钢筋混凝土结构中钢筋的拉结筋，从而增加了泥浆的黏结性。这里要求麦秸秆的长度要长一些，但不宜超过 20cm。

图 9.6　拌制泥浆的土

图 9.7　拌制泥浆的麦秸秆

（3）拌制泥浆

将选好并且筛好的黏土和石灰按照合适的比例混合在一起（图 9.8），一般人们都是凭经验来判断石灰的加入量。然后，加入麦秸秆（图 9.9），将混合好的黏土和石灰与麦秸秆拌制均匀（图 9.10）；接着加入适量的水拌和（图 9.11），使泥浆稠度适宜，太稠或太稀都对泥浆与土坯间的黏结力有不利的影响。

图 9.8　黏土和石灰按比例混合

图 9.9　加入麦秸秆

图 9.10　拌制均匀

图 9.11　加水拌和

制备好的泥浆一般要随拌随用，使用时尽量放置在灰盆中（图 9.12），不能堆放在地面上，以防失水过快。当发现泥浆产生泌水现象或沉淀和离析时，其和易性差，施工困难，且不能保证墙体的灰缝饱满度，此时应重新搅拌后使用。

图 9.12　灰盆放置泥浆

3. 施工流程

土坯砌筑形式虽然多种多样，但是其施工工序和砌体砌筑类似，施工流程大致为抄平放线→排坯摆底→立皮数杆→盘角→挂线→砌筑等，这里按照施工顺序重点介绍这几个步骤。

（1）抄平放线

基础墙体砌出地面后，首先将基层打扫干净，用水准仪或其他简易测平工具将水准点引到墙的四个大角处，并标明所引的水准点与±0.000m 的标高差值［图 9.13（a）］，作为以后各墙体的标高依据和轴线依据。其次，在基础层墙体的设计标高处，用拌好的泥浆找平［图 9.13（b）］，使各墙体的底部标高均在同一水平线上，这样可以避免螺丝墙的产生。接着，根据龙门桩上标定的定位轴线或基础外侧的定位轴线桩，用墨线弹出墙体轴线、墙体厚度线、墙体长度线等［图 9.13（c）］，并引测到基础顶面。最后，对所放的线进行复查，无误后方可施工。

这里需要注意的是，基础砌至−60mm 处，应测定基础标高是否正确，如为负偏差，可在防潮层进行调整；如为正偏差，可放墙内进行调整。并且每砌 500mm 时，均要对标高校核一次，若产生的误差较大，可以采用压泥缝的方法或在圈梁处进行调整。

（2）排坯摆底

排坯摆底是指在放线的基础顶面上，按选定的组砌形式进行干坯试排，以期达到灰缝均匀，门窗两侧的墙面对称，并减少砍坯，提高工作效率和施工质量的目的。

首先在基础顶面上进行摆砌，坯的竖缝和卧缝均不挂灰，即干摆。以坯的模数按测量放线标出位置尺寸，进行排坯摆底。对于主体第一皮坯的排列，山墙排丁坯，前后檐墙应排跑坯，俗称"山丁檐跑"或"横丁纵顺"。然后是墙的转角处和门窗处顶部的砌筑，顺砌层到头应接七分头，目的是错开坯缝，避免出现通缝。

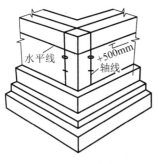

（a）轴线标高标志

（b）泥浆找平

（c）墙体标高墨线

图 9.13　抄平放线

　　接下来，在窗间墙进行排坯摞底时，要将竖缝的尺寸分好缝。当土坯需要砍成丁坯或七分头时，应将七分头排在窗口中间或附墙垛旁等不明显位置，以保持窗间墙处上下竖缝错位，使墙面美观整洁、缝路清晰。图 9.14 是窗间墙的竖缝排列。

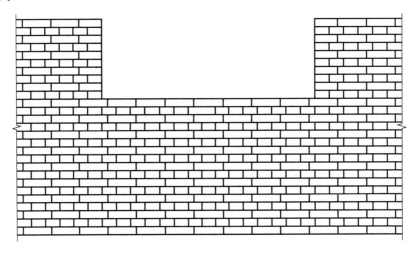

图 9.14　窗间墙的竖缝排列

排坯摆底时应注意，要严格核对门窗洞口的位置，以及窗间墙、垛、构造柱的尺寸是否符合排坯的模数，在保证土坯砌体灰缝为 8～10mm 的前提下，全盘考虑排坯摆底，既要保证错缝合理，又要保证砌筑墙面不出现改变竖缝的情况，同时使墙面整洁美观。

（3）立皮数杆

盘角挂线前，应先在墙的四个大角和转角处，以及内墙尽端和楼梯间处立皮数杆。皮数杆是砌墙过程中控制砌体竖向尺寸和各种构件设置标高的标准尺度。

首先要用 50mm×70mm 的方木制作皮数杆，长度应略高于一个山墙的高度，标清每皮的标高线、门窗洞口线等（图 9.15）；然后用它来标示墙体砌筑的层数（包括灰缝厚度）和建筑物各种门窗洞口的标高，以及预埋件、构件、圈梁及屋架的标高，依皮数杆进行施工。两皮数杆之间的间距为 10～15m。

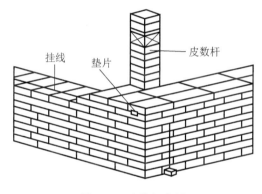

图 9.15　皮数杆位置

采用外脚手架时，皮数杆一般立在墙内侧；采用内脚手架时，皮数杆立在墙外侧。如果墙高度与坯层皮数不相匹配，可以调整灰缝厚度，使其符合标高和整坯层要求。皮数杆均应立于同一标高上，并要抄平检查皮数杆的 ±0.000m 线与抄平桩的 ±0.000m 线是否重合。

（4）盘角

盘角又称把头线、立头角、把大角等。盘角时除要选择平直、方正的坯外，还应该用半坯或七分头摆接、错缝砌筑，从而保证墙角竖缝错开；盘角时应随砌随盘，每盘一次角不要超过 5 皮；盘角时要仔细对照皮数杆的坯层和标高，控制好灰缝大小，使水平灰缝均匀一致。新盘的大角一定要随时吊靠，即用铅锤和靠尺板对其进行校正，做到墙角方正、墙面顺直、方位准确，如遇偏差应及时修正，应保证坯角在一条直线上并上下垂直。其平整和垂直完全符合验评标准规定的允许偏差值后，方可挂线砌坯。

（5）挂线

挂线是指以盘角的墙体为依据，在两个盘角中间的墙体两侧挂通线。挂线时，两端必须坠重拉紧，使线绳水平无下坠。若墙身过长导致线绳中间下坠，这时应先砌一块腰线坯。盘角处的通线以墙角的灰缝作为挂线卡，为了不使线绳陷入水平灰缝中，应采用厚度为 1mm 的薄钢片垫放在盘角墙面与线绳之间。若多人砌筑同一面墙体，灰缝要统一，不得有厚有薄。在挂线时，两端一定要保持一致，不得产生错层。

还有一种挂线方法，俗称挂立线，一般砌间隔墙时采用。挂立线前先检查留槎是否垂直，如果不垂直应根据留槎情况调整立线使其垂直，将此立线两端拴紧在钉入纵墙水平灰缝的钉子上。根据挂好的垂直立线拉水平线，水平线的两端要由立线的里侧往外栓，两端的水平线要与坯缝一致，不得错层造成偏差。

（6）砌筑

1）砌筑方法。土坯墙的砌筑通常采用"三一"砌筑法、挤浆法和满刀灰法等。

① "三一"砌筑法，即"一块坯、一铲灰、一挤揉"，并随手用瓦刀或大铲尖将挤出墙面的灰浆刮掉，放入墙中缝或灰桶中的砌筑方法。这种砌法的优点是泥浆饱满，黏结力强，墙面整洁，是当前应用较广的砌筑方法之一，在地震多发区主要采用此法。

② 挤浆法是先用灰勺、大铲或小灰桶将泥浆倾倒在墙顶面上，随即用大铲或刮尺将泥浆推刮铺平，然后用单手或双手拿坯并将坯挤入泥浆层一定深度，达到所要求的位置，放平坯并满足上限线、下齐边、横平竖直的要求。每次铺刮长度不应大于 700mm；当气温高于 30℃时，不应超过 500mm。

这种砌法的优点是可以连续挤砌几块坯，减少了烦琐的动作；平推平挤可使灰缝饱满；效率高；可保证砌筑质量。

③ 满刀灰法又称为打刀灰，主要用于砌筑空斗墙。砌筑空斗墙时，不能采用"三一"砌筑法或挤浆法，而应使用瓦刀舀适量的稠度和黏结力较大的泥浆，并将其抹在左手拿着的土坯需要黏结的位置上，随后将其黏结在墙顶上。

在砌筑过程中，必须注意做到"上跟线、下跟棱、左右相邻要对平"。"上跟线"是指坯的上棱必须紧跟准线。一般情况下，上棱与准线相距约 1mm，因为准线略高于坯棱，能保证准线可以水平颤动，出现拱线时容易发觉，从而保证砌筑质量。"下跟棱"是指坯的下棱必须与下皮坯的上棱平齐，以保证墙的立面垂直平整。"左右相邻要对平"是指前后、左右的位置要准确，坯面要平整。

在砌筑墙体时，严格按规范的方法组砌。为了保证土坯墙的强度，组砌过程中土坯砌块的排列要遵循内外搭接和上下错缝的原则，错缝和搭砌长度不应小于60mm。

2）砌筑过程。土坯墙砌筑之前，提前 1～2d 润坯，砂浆等材料及工具准备好之后就可以开始砌筑了。

砌筑应从转角处或交叉墙开始顺序推进，内外墙同时砌筑，严禁无可靠措施的内外墙分砌施工，纵横墙应交叉搭砌，砌筑时应上下错缝，填充墙不得通缝，搭砌长度不宜小于砌块长度的 1/3。为了保证各皮间竖缝相互错开，必须在外墙角处砌七分坯。

这里以一顺一丁砌法为例具体说明纵横墙交接处土坯墙砌筑的施工过程。

纵横墙 L 形交接处（图 9.16），从转角处开始砌筑，首先拉线看平（砌筑时每层都需要拉线看平），使水平缝均匀一致、平直通顺。接着开始第一皮坯的砌筑，七分头的顺面方向依次砌顺坯，丁面方向依次砌丁坯，转角处第二皮的砌筑同样要有七分头，和第一皮的方向相反，两皮之间上下竖缝错开 1/4 坯长。

纵横墙丁字交接处（图 9.17），仍从转角处顺序推进，纵横墙的砌筑方法是两皮之间顺坯和丁坯竖缝相互错开 1/4 坯长。遇到土坯墙的丁字纵横墙接头，应分皮相互砌通，内角相交处的竖缝应错开 1/4 坯长，并在横墙端头处加砌七分头坯。

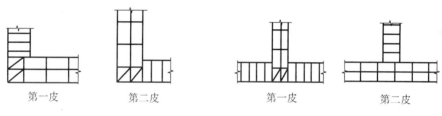

图 9.16　纵横墙 L 形交接处　　　图 9.17　纵横墙丁字交接处

纵横墙十字交接处（图 9.18），也应分皮相互砌通，立角处的竖缝相互错开 1/4 坯长。

图 9.18　纵横墙十字交接处

此处还需要设置构造柱，构造柱的具体做法见"3）注意事项"。

土坯墙砌筑一般是多人同时施工，每砌筑三到四层土坯，需要铺一层竹篾、树枝、藤条、荆条等拉结材料，并用泥浆泥平。

当墙砌到一步架高时，要用靠尺全面检查垂直度、平整度，这样可以保证墙面垂直平整。在砌筑过程中，一般采用"三皮一吊，五皮一靠"的原则，即每砌三皮要用铅锤检查墙角的垂直情况，每砌五皮用靠尺检查墙面的平整情况。当不符合要求时应立即进行修整，保证墙面平整、垂直。同时，要注意隔层的缝要对直，相邻的上下层缝要错开，防止出现"游丁走缝"的现象。

为防止由于砌块及砂浆灰缝变形下沉而产生裂缝，所有墙体分两次砌筑，每天砌筑高度不宜超过 1.2m；临时间断处的高度差不得超过一步脚手架的高度。

砌筑到一定高度时，需要设置圈梁，具体见后面 3）注意事项中的⑤圈梁设置。

遇到门窗洞口时，需要注意门窗洞口处的砌筑，具体见后面 3）注意事项中的⑥门窗洞口。

留槎：砌体的转角处和交接处应同时砌筑，严禁无可靠措施的内外墙分砌施工。对不能同时砌筑而又必须留置的临时间断处，应砌成斜槎，俗称"踏步槎"，斜槎的水平长度不应小于高度的 2/3（图 9.19）。土坯墙接槎时，应将接槎处表面的灰浆及杂物清理干净，浇水湿润，并填实泥浆，保持水平泥缝平直，侧面垂直。留设斜槎有利于接砌时灰缝饱满，接头质量容易保证。

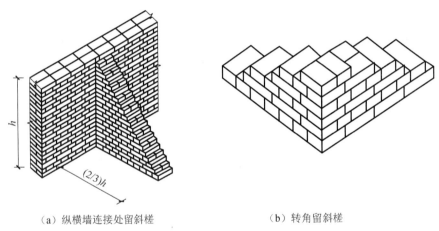

（a）纵横墙连接处留斜槎　　　　　　（b）转角留斜槎

图 9.19　斜槎的砌筑方式

在砌筑过程中，确实不能留斜槎时，除四个大角或转角处外，可留直槎，但是直槎必须做成阳槎。阳槎应距地面 120mm，上下垂直，并设置拉结材料。拉结材料从槎口的外端算起不得少于 1m，以增强墙体的整体性（图 9.20）。为保证接槎的正确性，可在接槎处设立挂线，依线操作。

合理地接槎后，再砌筑时就可以避免两次砌筑的部分搭接不牢固。

若后砌的非承重墙体和原来的外围护墙体不能同时砌筑，应在砌筑承重墙时预先留置水平拉结筋，在砌筑非承重墙体时砌入墙内，以加强非承重墙体与承重墙体之间的连接。

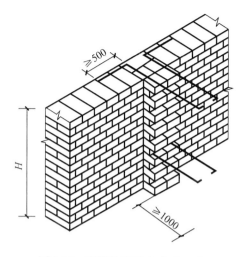

图 9.20   直槎的砌筑方式（mm）

3）注意事项。

① 砌筑时水平灰缝的泥浆应饱满，其饱满度不得低于 80%，水平泥浆缝的厚度应为 12～18mm。竖向灰缝可采用挤浆或灌缝的方法，使其砂浆饱满，竖向泥浆缝宽度不宜小于 10mm。灰缝应随砌筑随勾缝，每砌一皮土坯，就位校正后，都用泥浆灌垂直缝，随后进行灰缝的勒缝，深度为 3～5mm；灰缝应横平竖直，垂直灰缝宜用内外夹板灌缝，不得出现透明缝、瞎缝或假缝。

② 构造柱的设置。土坯墙应在外墙转角和纵横墙交接处设置构造柱（木柱）（图 9.21）。这是因为在较大的地震作用下，墙周边受到木柱的约束，有利于墙体抗剪。即使墙体因抗剪承载力不足而开裂、破坏，在与木柱有可靠拉结的情况下也可以防止墙体倒塌。木构造柱的梢径不应小于 120mm，应伸入墙体基础内，且沿墙高每 500mm 左右设置一条水平拉结筋，拉结材料可就地取材，用荆条、竹片、木条等伸入墙体内 1000mm 或至洞口边，并应采取防腐和防潮措施。在砖柱土坯墙房屋中，砖柱与土坯墙之间应用钢筋拉结。

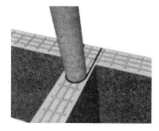
（a）连接（一）

（b）连接（二）

（c）连接（三）

图 9.21   生土墙与木构造柱的连接

木构造柱设在墙体的内侧或外侧，尽量少削弱墙体，而且不应破坏纵横墙体之间的整体性。木构造柱与生土墙体必须有可靠的连接，以保障构造柱与墙体能够协同工作，通常采用墙揽连接（图9.22）。

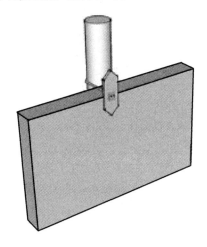

图9.22　墙揽与木构造柱的连接

③ 砌筑内墙。为了控制内墙的垂直度和平整度，要采用挂线的方法。在摊铺砂浆时应将砂浆摊铺平整，并且保证墙面的平整。

④ 纵横墙拉结。砌筑时不能使用碎砖石填充土坯墙的缝隙，应在纵横墙交接处沿高度每隔500mm设置一层由荆条、竹片、木条等编制的拉结网片，每边伸入墙体不应小于1000mm或至门窗洞边（图9.23）。首先，拉结材料使用前应先在水中充分浸泡，以加强和墙体的黏结。其次，将拉结网片编织在一起，在相交处应绑扎，编织成网片状可以使拉结材料在墙体内锚固得更好，切实起到作用。当墙中设有木构造柱时，拉结材料与木构造柱之间缠绕拉结。加强转角处和内外墙交接处墙体的连接，可以约束该部位墙体，提高墙体的整体性，减轻地震时的破坏。

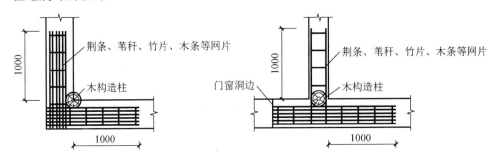

图9.23　纵横墙拉结做法（mm）

⑤ 圈梁设置。圈梁可以增强房屋的空间刚度和整体性，在一定程度上防止和

减少墙体因地基不均匀沉降或震害引起的开裂。当砌筑到一定高度时设置圈梁，圈梁可与构造柱形成边框，从而约束墙体，使墙体具有较高的变形能力。土坯砌体宜使用较高强度的砂浆砌筑圈梁。圈梁把上部荷载较均匀地传递到墙上，减少和抑制土坯墙的干缩裂缝，以及由干缩引起的不均匀沉降，以提高房屋的整体性和稳定性，从而提高房屋的抗震能力。由于土坯墙材料强度较低，为防止在局部集中荷载作用下墙体产生竖向裂缝，集中荷载作用点均应有圈梁或垫板；或直接将门窗过梁做成与墙同长同厚的木枋，也可起到圈梁的作用。

生土墙中圈梁与构造柱的连接如图 9.24 所示。

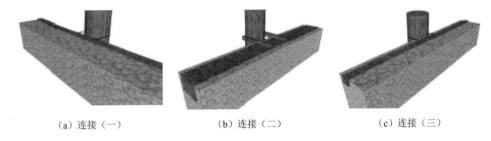

　　（a）连接（一）　　　　　　　　（b）连接（二）　　　　　　　　（c）连接（三）

图 9.24　生土墙中圈梁与构造柱的连接

在施工过程中，所有纵横墙基础顶面处都设置配筋砖圈梁；各层墙顶标高处应分别设一道配筋砖圈梁或木圈梁，土坯墙应采用配筋砖圈梁或木圈梁；当抗震设防烈度为 8 度时，土坯墙房屋应在墙高中部设置一道配筋砂浆带或木圈梁。

⑥ 门窗洞口。遇到门窗洞口，在开始排坯摆底时，应考虑窗间墙及窗上墙的竖缝分配，合理安排七分头位置，还要考虑门窗的设置方法（图 9.25）。砌筑门窗洞口时，应把木门窗框的木砖或预埋件砌入墙内，以保证门窗框与墙体的连接。预埋木砖的数量由洞口的高度决定，洞口高在 1.2m 以内时，每边埋 2 块；洞口高 1.2～2.0m 时，每边埋 3 块。木砖要做防腐处理，预埋位置一般在洞口的"上三下四，中档均分"处，即上木砖放在洞口下第三皮处，下木砖放在洞底上第四皮处，中间木砖要均匀分布，且小头在外大头在内，以防拉出。

土坯墙在竖向荷载长期作用下，洞口两侧墙体易向洞口内鼓胀，在门窗洞口两侧还应设木柱（板）来约束墙体变形，也可用强度高的砖砌体加强洞边。另外，门窗洞口两侧宜沿墙体高度每隔 500mm 左右加入由荆条、竹片、木条等编制的拉结网片，每边伸入墙体不应小于 1000mm 或至门窗洞边，该措施可以提高墙体的强度和整体性。

⑦ 过梁设置。若须留人行通道，洞口上方安放过梁，每边伸入墙体长度不少于 240mm。过梁上部有 3～5 层青砖，既有美观作用，还有对木过梁的保护功能。门窗两侧也会砌筑砖柱，用以保护门框和起到美观的装饰作用，同时可以防止地震作用对门窗的损坏。

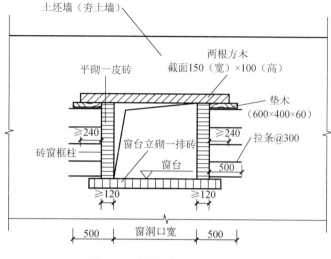

图 9.25　窗洞口的做法（mm）

　　土坯墙的强度都较低，与钢筋混凝土过梁和钢筋砖过梁的强度不匹配，因此宜采用木过梁。其中，矩形截面木过梁的宽度与墙厚相同，木过梁支撑处应设置垫木。当一个洞口采用多根木杆组成过梁时，木杆上表面宜采用木板、扒钉、镀锌铅丝等将各根木杆连接成整体，可避免地震时局部破坏塌落。

　　⑧ 土坯墙的构造要求。除以上过程与要求外，土坯承重墙体的厚度应该满足相应的构造规定：土坯墙的最小厚度，外墙不应小于 400mm，内墙不应小于 250mm；最大厚度不应超过 700mm。单层生土墙房屋进深不宜大于 5.0m，横墙最大间距不宜大于 6.6m。有抗震设防要求的地区，房屋横墙最大间距和房屋的局部尺寸要满足现行抗震规范要求。房屋门窗洞口的宽度不应大于 1.5m。对有抗震设防要求的地区，抗震设防烈度为 6 度、7 度时房屋门窗洞口的宽度不应大于 1.5m，8 度时不应大于 1.2m。一面自由墙的最大长度不应超过 6m。应限制山墙的高厚比（墙高与墙厚之比），山墙高厚比大于 10 时应设置扶壁墙垛（图 9.26）。

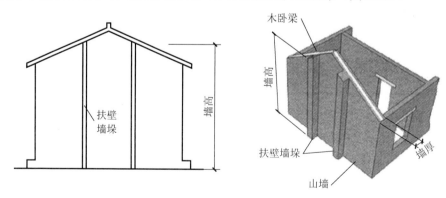

图 9.26　山墙扶壁墙垛

4）季节性施工。

① 夏季施工。由于高温干燥，土坯和泥浆中的水分急剧蒸发，泥浆易出现脱水现象，降低泥浆的黏结力。因此，在夏季砌筑土坯时应注意：严禁干坯上墙，土坯砌筑前要充分浇水湿润；根据气温调整泥浆的含水率，保证其和易性；泥浆随用随拌，一次不宜拌制过多；砌筑后的土坯墙需浇水养护，待泥浆强度稳定，即可继续砌筑。

② 雨期施工。雨期施工也对土坯墙的砌筑质量影响很大。由于土坯吸水性能较强，防水性能极差，应尽量避免雨期施工。如果雨期必须施工，应当注意：雨天应当停止施工，在大雨过后或小雨时才可砌筑；土坯要集中堆放于高处或者底部用木板架空，大雨及连续阴天应加以覆盖；适当减少砂浆含水率，比常温情况下黏稠一些即可；砌墙时泥浆不宜摊铺过长，防止土坯吸收过多水分；收工时，在墙上覆盖草袋、油毡等，并盖一层砖加以固定。

③ 冬期施工。由于土坯含水率较高，在冬期极易出现冻胀现象，且泥浆易受冻结冰，会破坏泥浆的内部组织，严重影响墙体的强度。因此，土坯墙民居不宜在冬期施工。

第 10 章　门窗与屋顶

10.1　门窗的施工工艺

门窗是建筑物区分室内与室外空间的主要界面，同时也是建筑物的重要组成部分。门窗在建筑物中，属于围护结构，具有遮风挡雨、采光通风等功能，对人们的工作和生活环境有着重要的作用。门是人们出入建筑的必经之处，内外空间分隔的标志，迈入室内的第一关，位置比较明显。窗户在建筑学上是指墙或屋顶上建造的洞口，用以使光线或空气进入室内。在生土墙民居中，门和窗同样有着不可忽视的作用[69,75,77]（图 10.1）。

（a）门

（b）窗

图 10.1　门和窗

10.1.1　门窗的功能与构造要求

1. 门窗的功能

门窗作为建筑物的脸面，不但有着自身独到的地域文化特色与内涵，而且还有着极其重要的文化、历史、民俗和审美价值。其一方面有着最基本的实用功能，另一方面还包含了初始的人类文明对大自然的认知进步及对美好事物的追求和美好生活的向往[93,94]。

门窗在建筑物中发挥的主要作用表现在以下五个方面。

（1）内外联系

门作为建筑的出入口，具有划分区域空间、沟通室内与室外的中间媒介功能，以及建筑群与外界联系的组织交通等功能。通过窗户，人们可以观察到屋内外的情况，而且有时可以通过窗户进行对话和传递东西。

（2）围护和分隔空间

门窗是建筑物围护体系的一部分，把空间分成了室内和室外两部分，起到了分隔空间的作用。此外，门窗还应该具有适应该建筑物所处地区气候要求的功能，如挡风、防寒、隔声等；窗户也应兼有避暴晒、阻噪声、挡虫鸟、保私密等功能。门有效地沟通了室内外空间，与此同时，门还应有足够的防御功能以保证居住者的安全。与门相比，窗的防御功能要弱得多。

（3）采光通风

传统生土民居建筑中的采光和通风往往是联系在一起的。我国北方的生土墙民居中，门窗布置的重要原则之一就是尽量让更多的阳光进入屋内，以获得更好的采光效果。同时，门窗布置时也应尽量让空气形成对流，以获得更好的通风效果。中国地处北半球，冬日阳光自南射入，南向的门窗有利于采光取暖，而北向的墙体一般不开门窗，正好抵挡冬日的北风，利于保温；夏日多为南向风流，南向布置的门窗也有利于凉风吹入，驱散室内的闷热与潮湿之气。

（4）交通和疏散

门是人与外界环境交流的主要通道，发挥着主要的交通功能。窗在特定情况下也有交通和疏散人群的作用。

（5）建筑立面装饰和造型

门窗是嵌在墙体里的门窗框中的，因此门窗的设置一般不影响墙体承重功能的发挥。我国民居中的门窗有各种各样的形式和造型，其中门窗的线条、线脚、纹样、雕刻、色彩、材质、饰件等大大丰富了建筑立面的形、色、质的构成，起着重要的装饰性作用。

传统生土民居建筑中门窗的发展历史和门窗所蕴含的文化体现了我国传统民居建筑历史发展的技术与艺术的精华部分，同时也反映了人们日常生活的风俗习惯、社会风尚及审美倾向。

2. 门窗的构造要求

门窗作为传统建筑，特别是传统生土民居中的围护结构，在制作与安装时有严格的构造要求 [92,95]，如下所述。

（1）窗的构造要求

1）有一定的洞口面积以满足采光要求。

2）有一定的活扇面积以满足通风要求。

3）开启灵活，关闭密封，坚固耐久。

4）符合建筑立面装饰和造型要求。

5）满足建筑的某些功能要求：保温、隔热、隔声、防水、防火等。

（2）门的构造要求

1）满足交通疏散及搬运家具的要求，有足够的宽度，设在适宜的位置。

2）其他要求同窗的构造要求。

10.1.2　门窗的基本类型

传统生土墙民居的门和窗户都有一定的灵活性，一般采用木材进行制作。木门窗有着很大的优势，如制作方便、价格低廉等。但是，木门窗也有一些缺点，如木材消耗大、不防火等。调研走访得知，生土墙民居的门窗有着不同的形式和分类。

1. 门的分类

根据门在生土墙民居中位置的不同，总体来讲可分为两大类，即大门和房门。

（1）大门

大门指的是宅院出入之门，有的地方又称"头门"或者"门楼"。

大门是一座民居的出入口，是由户外向庭院内过渡空间转换的重要节点，是家庭对外形象的展示，也是传统生土民居重点装饰的部分。大门体现的是房屋主人的身份等级、社会地位和财富水平。

大门的位置一般比较固定，通常坐北朝南的民居的大门位于东南角，坐南朝北的民居的大门位于西北角。按照民居构造、造型的不同，民居大门可以分为屋宇式和墙垣式两种类型。

屋宇式大门的基本形式与房屋类似，采用梁架结构，上承屋顶，盖瓦起脊，是一座完全独立的单体。按形制大小和等级高低可分为王府井大门、广亮大门、金柱大门和如意门等。

墙垣式大门（图10.2）是普通百姓常用的一种院落式门，也是小型民居院落围合中所使用的大门。最简单的做法就是在墙上开出一个门洞，有的会在门洞之上筑有简单的门罩，有安装门扇和不安装门扇两种形式。在我国广大农村地区的生土民居中，大门一般较为简陋，多采用墙垣式大门。

（2）房门

房门指的是生土民居的室内外门，又称"屋门"。在一般的生土民居中，房门高度为2000~2200mm，宽度为900~1000mm。针对传统生土民居的房门，按照门扇的组成方式可以分为两类，即板门和镶板门，如图10.3所示。

（a）墙垣式大门（一）　　　　　　　　　　（b）墙垣式大门（二）

图 10.2　墙垣式大门

（a）单扇板门　　　　（b）双扇板门　　　　（c）单扇镶板门　　　　（d）双扇镶板门

图 10.3　板门形式

1）板门。板门的结构属于"撒带门"形式，通常为同一尺寸及厚度的板材拼装而成。一般的板门形式较为简单，立面不加雕刻装饰，但是外立面通常要喷漆处理。常见的板门又分为单扇板门和双扇板门。

2）镶板门。镶板门是由抱框和抹头组成门扇的框架，然后在框架中镶嵌厚度约为 10mm 的木板组合而成的门。此类房门及门扇一般也较为简单，立面不加雕刻装饰，常有单扇和双扇之分，传统民居中以双扇门居多。

2. 窗的分类

由于生土墙民居受到墙体开洞条件制约，窗户一般开口狭小，经济实用。在生土房屋中，窗户一般分为两大类，一种是开在房屋正立面上的窗户，另一种是开在山墙上的高窗。

1）开在房屋正立面上的窗户尺寸一般为 1m×1m，窗棂的构造丰富多彩，在细部装饰上体现出了地域特色（图 10.4）。

（a）形式（一）

（b）形式（二）

（c）形式（三）

（d）形式（四）

图 10.4　窗户形式

2）开在山墙上的高窗可以为圆形、方形、六边形等（图 10.5），窗棂的构造也多种多样。实践中，高窗的尺寸、形状没有特别的限定，只要实用、美观就好。对于硬山屋顶来说，山墙上开窗可以使室内空气流通，从而保证檩条、椽等木构件不腐蚀。

（a）形式（一）

（b）形式（二）

（c）形式（三）

（d）形式（四）

（e）形式（五）

（f）形式（六）

图 10.5　高窗形式

10.1.3　门窗的制作与安装

1. 原料准备

制作门窗之前要先准备木材。在加工成门窗之前，必须使木材充分干燥。刚采伐的木材具有一定的含水率，如果在制作门窗前不做干燥处理或干燥不充分，在使用过程中就会出现门窗因木材干燥失水而发生扭曲变形。对于门窗用木材，应先行把原木锯成板材再进行干燥，以达到节省干燥时间的目的，在干燥过程中要防止太阳直接暴晒和雨水淋洒[95-98]。

2. 制作工艺流程

（1）门的制作

门的制作工艺流程包括：选料→配料和截料→刨料→过线→打孔→开榫、拉肩→起线→拼装等。

1）选料。传统民居中，门的材料多为本地所产的树木，如松木、杉木、榆木、桦木、椴木和核桃木等。用材的衡量标准如下：一是要依据制作对象的具体用途，以及长短、宽窄尺寸进行合理选料，做到物尽其用，不浪费；二是不能选用硬度大的硬杂木；三是尽量选用硬度匹配的树种，目的在于防止在榫卯结构处因热胀冷缩系数差异较大导致开裂，不便于加工制作。

2）配料和截料。在配料环节中应根据所需的毛料数量及尺寸进行量方计算，并需留有余量。截料的规律为"先长后短""先宽后窄"，使材料得到充分利用，并需注意观察和避让材料上的疤节、裂缝等缺陷处。

3）刨料。刨料的标准为横平竖直、平整光滑、直角见线，同时应注意木纹的走向，需选择顺纹方向进行刨削，这样既省力，又使刨削的料面光滑平整。

4）过线。在备好的木料的正反面上画出榫头线、打孔线的宽度尺寸和长度尺寸等。

5）打孔。依据榫卯在木料上所需开的孔洞大小用錾子凿洞。按照常规是应先打通孔，后打半孔。打通孔时，需先从背面打到一半处再从正面完成。

6）开榫、拉肩。开榫是依据榫头的过线纵向锯开木料，并保持锯子平直和吃线，若能吃半线，搭接时严丝合缝，效果最佳。拉肩是将榫头两旁的肩头锯掉，露出榫头部分。

7）起线。在木料的棱角处刨出线脚，采用线刨刨出线条形状，要求线条挺直、表面光洁、棱角分明且整齐。

8）拼装。拼装是将下好的料进行组合的工序。一般情况下，顺序是先里后外。榫头对准榫孔，用斧或锤轻轻敲入。在敲打处要垫上木块垫子，以免成料受到破坏或损伤。待所有的榫头安装完之后，再将每一个榫头校准、敲实。在拼装门扇时，应先将一根边梃料放平，再把抹头按序插装，同时将门裙板、绦环板嵌装于抹头及边梃之间的凹槽内。另外，在嵌装时应注意，裙板和绦环板插入抹头间的凹槽内需留有 20～30mm 的间隙。

（2）窗的制作

窗的制作工艺流程包括：画样→选材→配料→刨料→画线→锯口做榫→起线等。

1）画样。先画出窗的样式（或式样）。

2）选材。木窗料在选择时应选用材质较软和无节疤，且木纹较顺的材料，这样有利于整体的均衡受力和材料加工，如松木、杉木、椴木、杨木、柳木、黄杨木和榆木等都是不错的选择。同时，还要求板料必须顺纹、干燥且最好是木料中间段的材料。

3）配料。配料和选材是同步进行的。配料时，传统技艺讲究"窗棂薄厚要均匀，长料多配一两根"。这样做的目的是避免加工过程中折断损坏，若发生折断损坏也能够快速更换。

4）刨料。根据锯截的窗棂数进行平整刨光，先刨大面和小面，即规矩面。大面和小面不但要平整，而且要方正。刨光时，每根窗棂一定要用角尺考证，不可出现歪斜不直的状况。木工技术讲究分清大面和小面，大面、小面都是规矩面。

5）画线。先把刨光的木料按立、卧棂的长短分别调整排列。再以边梃作为规定的尺度，以竖边梃为立棂、横边梃为卧棂作为画线样板。画边棂榫眼的前皮线时，要特别注意边棂的起线，如若起线，相较于窗棂，边棂要加厚 5mm 后进行画线。

6）锯口做榫。锯截搭接榫口线时，是吃线锯截还是留线锯截，要依据刨出窗棂条的统一尺度进行确定。窗棂做榫要按照画线用木凿凿出，有的是半榫，有的是透榫，有的要剔出俊角榫。锯榫要按照錾子的宽窄和所画的线进行对照，才能决定锯割榫头需吃线还是留线，吃半线还是留半线，使榫卯达到匹配无误。

7）起线。起线是窗棂的边框需要刨出的一种花棱，也称文武线，大多数情况下，把每根窗棂边框都做成花棱或花边。花棱的名称和样式很多，如分坡线、圆线、花线、亚面线、浑面线等。

以上给出的是较规范的门窗的制作流程，具体的制作方法遵从当地木匠的制作技艺。

门窗的制作过程中，需要使用的木作工具如图 10.6 所示。

3. 安装准备

传统生土民居一般存在于农村地区，其经济比较落后，而且对门窗的装饰性等方面没有太高的要求，因此门窗的安装工艺没有那么严格。一般来讲，生土民居的门窗都是由当地的木匠根据经验制成，然后按照简单的施工工序把门窗安装好。

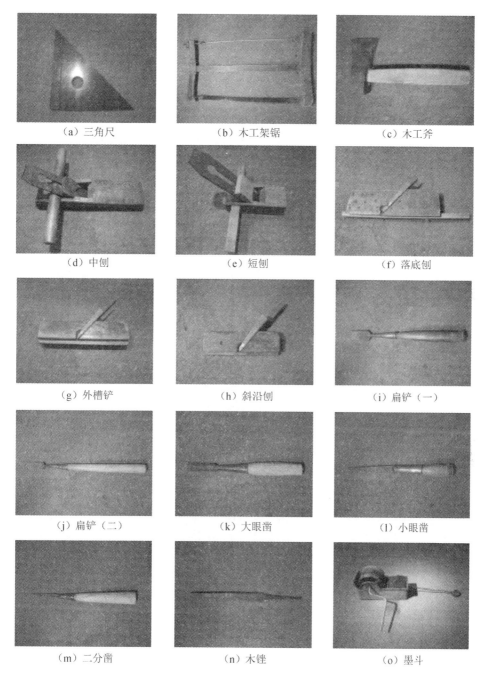

图 10.6 门窗制作中使用的木作工具

在门窗安装中，首先进行的就是门窗洞口的施工。在传统生土墙体中开门窗的方式有两种：一种是砌墙时预留出门窗洞口位置，当墙体砌筑至适当的高度后，预留门窗的开口洞，放置预制好的过梁，然后将上部的墙体砌筑完成，最后安装门窗［图 10.7（a）］；另一种是预埋木质过梁，等墙体夯筑完成后挖出门窗洞口，最后安装门窗［图 10.7（b）］。

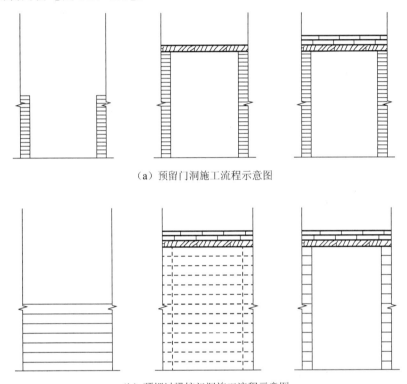

（a）预留门洞施工流程示意图

（b）预埋过梁挖门洞施工流程示意图

图 10.7　传统生土墙体中开门洞的方式示意图

应注意的是，一般的门窗洞口周边都会采用青砖砌筑，目的是防止因为洞口土坯或夯土的破坏而引起门窗破坏，以提高门窗的耐久性。据调研发现，一般在洞口的两侧会采用一皮丁砖进行砌筑，在洞口的木过梁上侧采用 1～3 皮砖进行砌筑，具体的砌筑形式不定，但是要注意错缝。此外，对于窗洞口而言，一般在窗台处用一皮青砖砌筑，砌筑形式不定。待洞口施工处理完毕后，即可进行后续的施工流程。

上述门窗洞口的施工中提到的过梁一般采用木过梁（图 10.8），木过梁要有一定的强度，不能使用虫蛀、腐烂的木料。木过梁的作用是承受洞口上方的荷载并将这些荷载传给窗间墙，防止门窗因受荷载太大而破坏。木过梁可分为一根方木的矩形截面木过梁和由多根圆形截面拼成的木过梁，木过梁截面高度（直径）宜按表 10.1 的规定采用，木过梁支撑处应设置垫木。当一个洞口采用多根木杆组成过梁时，木杆上表面宜采用木板、扒钉、镀锌铅丝等将各根木杆连接成整体。

（a）窗洞口木过梁

（b）门洞口木过梁

图 10.8　生土民居中门窗洞口处的木过梁实物图

表 10.1　木过梁截面尺寸

墙厚 /mm	木过梁截面尺寸					
	矩形截面	圆形截面		矩形截面	圆形截面	
	高度 h/mm	根数	直径 d/mm	高度 h/mm	根数	直径 d/mm
240	90	2	120	110	—	—
360	75	3	105	95	3	120
500	65	3	90	85	4	115
700	60	8	80	75	6	100

4. 安装工艺

在房屋主体建造完成后，一般采用下面的施工工艺来进行门窗的安装。

（1）门的安装

1）准备工作。在门的安装前应先进行施工前的准备工作，包括以下内容：

① 门扇安装前应先检查有无翘扭、弯曲、劈裂，若有此类现象应进行修理。

② 门框靠地一面应刷防腐涂料，其他各面及扇面应涂刷清油一道。

③ 清理门洞口附近的垃圾，确保门框安装的工作面干净。

2）工艺流程。安装工艺流程包括：找垂直后弹线→门框安装（或者在砌筑墙体时预埋门框）→门扇安装→涂装。

① 找垂直后弹线。用铅锤在木过梁下端吊垂直，在两侧墙体上弹出门框的安

装位置。

② 门框安装。门框也称"槛框",水平位置的构件称为"槛",而处于垂直位置的构件称为"框"。安装时应保证牢固,将制作好的门框放在适当位置,两侧木框上端穿入上门槛中,下端插入下门槛的榫眼中,完成门框的安装工作。待门框安装完成后,将下门槛置于门枕石上。

③ 门扇安装。将门扇的上轴插入上槛中预留好的圆形孔中,下轴插入门枕石中预留好的圆形孔中,然后固定好门扇,即完成了门扇的安装。

④ 涂装。在门扇安装完成后,用刷子按照当地的涂装工艺对门进行涂装工作。

（2）窗的安装

1）准备工作。在窗的安装前应先进行施工前的准备工作,包括以下内容:

① 窗扇安装前应先检查有无翘扭、弯曲、劈裂,若有此类现象应进行修理。

② 窗框靠墙一面应刷防腐涂料,其他各面及扇面应涂刷清油一道。

③ 清理窗洞口附近的垃圾,确保窗框安装的工作面干净。

2）工艺流程。安装工艺流程包括:弹线找规矩→铺砌窗台板→安装窗户→涂装。

① 弹线找规矩。用铅锤在木过梁下端吊垂直,然后在两侧墙上弹上规矩线,确定窗户的安装位置。

② 铺砌窗台板。根据匠人的经验或者当地的习惯,在窗台上用硬石板铺砌,石板的尺寸根据墙厚及窗框位置确定。一般生土民居中,采用的方法是直接铺砌一层青砖,起到窗台板的作用。

③ 安装窗户。将提前制作好的窗户,由当地的工匠按照经验安装在已经定好的安装位置,注意窗框与洞口处的连接不要留缝隙。

④ 涂装。在窗户安装完成后,用刷子按照当地的涂装工艺对窗户进行涂装工作。

5. 注意事项

门窗对于生土墙民居来说,在其制作及施工过程中,需注意以下问题:

1）在选材方面,木材由于耐久性差、易受虫蛀及气候干湿变化影响而产生变形,甚至会开裂,从而影响门窗的气闭性和美观效果。所以,应该尽量选用材质较为干燥、坚实、不易腐蚀的木材,并且在制作门窗时要对木材进行防腐处理。

2）在预埋过梁挖门洞的施工过程中,生土墙体在夯筑过程中因密实而发生高度降低,会导致门窗过梁放置的高度出现偏差,所以应该提前计算好门窗过梁在夯土墙内的位置。当墙体砌筑到一定高度后,将门窗的过梁夯筑在墙体内。过梁的宽度与墙厚一致,过梁伸入两端墙体中的长度必须符合规范要求,木过梁一般支撑在洞口两侧的青砖上。待墙体夯筑完成后,再将门窗洞口处的土体挖出,然后安装门窗。

3）开挖门窗洞口时，应从门窗洞口的形心向四周开挖，一次开挖的尺寸最好不要过大，一般开挖 3～5 次即可完成，这样做的目的是可以有效地使墙体内的应力重分布。当开挖到洞口尺寸接近门窗尺寸时，应耐心细致地将洞口四周凿平，并反复试装，避免发生洞口开挖过大的情况。

4）正门和高窗之间（门过梁上部）的墙体是处于受拉状态的，这部分墙体很容易开裂。这种破坏是由于高窗的存在，高窗上部的墙体因横向受力不均匀而导致墙体拉裂。一般的生土民居中，为了减少对墙体的削弱，尽量不在门洞上部设置高窗。如果需要设置时，高窗的尺寸应尽可能小，以减轻开高窗带来的不利影响。一般来说，高窗的宽度不应大于下部门洞的宽度，高宽比宜为 1：2 左右。

10.2 屋顶的施工工艺

屋顶又称屋盖，是建筑物的顶部结构。它通常由屋顶围护结构层（包括保温隔热层，简称屋面）、屋顶承重结构层（也称支撑体系），以及屋内装饰层组成。本节主要阐述屋顶的支撑体系和屋面[3,99]。

10.2.1 屋顶的种类与作用

1. 屋顶的种类

传统民居的屋顶形式主要有硬山屋顶、悬山屋顶和平屋顶三种。

1）硬山屋顶是屋面仅有前后两坡，左右两侧山墙分别与屋面相交并将檩条、木梁全部封砌在山墙内，且梁左右两端不挑出山墙之外的屋顶（图 10.9）。硬山屋顶是传统民居中比较普遍的屋顶形式之一，广泛用于住宅、园林、寺庙等建筑中。

2）悬山屋顶是两坡出水的五脊二坡式屋顶（图 10.10），一般由一条正脊和四条垂脊构成，但也有无正脊的卷棚悬山式。和硬山屋顶不同的是，悬山屋顶两侧的山墙凹进屋顶，屋顶的檩条伸出墙外，加博缝板保护。此类建筑的屋顶悬伸外挑于山墙之外，因此称为悬山屋顶或挑山屋顶。

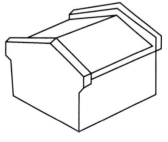

图 10.9 硬山屋顶

3）平屋顶，可以理解为平的屋顶（图 10.11）。但是，平屋顶也有一定的坡度，防止下雨时屋面积水，其坡度一般为 1%～3%。

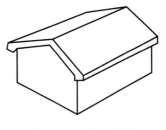

图 10.10　悬山屋顶

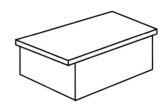

图 10.11　平屋顶

用于生土墙民居中的屋顶多为变通后的硬山屋顶，主要有双坡屋顶（图 10.12）和单坡屋顶（图 10.13）两种做法。其中，单坡屋顶结构不对称，房屋前后高差大，地震时前后墙的惯性力相差较大，高墙易首先破坏引起屋顶塌落或房屋倒塌。所以，生土结构房屋优先采用双坡屋顶，不宜采用单坡屋顶。坡屋顶的形式和坡度主要取决于建筑平面、结构形式、屋面材料、气候环境、风俗习惯和建筑造型等因素[100]。

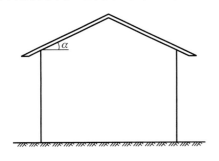

图 10.12　双坡屋顶

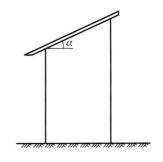

图 10.13　单坡屋顶

2. 屋顶的作用

屋顶的主要作用有以下几点。

（1）功能作用

屋顶主要功能是承重和防御。屋顶承受着自重恒荷载及屋面上的风、雨、雪等活荷载作用。除此之外，还起着防御自然界的风、雨、雪、太阳辐射和冬季低温等的作用。

（2）装饰作用

屋顶是中国传统建筑的冠冕，因此必须要满足一定的审美要求。屋顶形式的丰富多彩能增加建筑的艺术感染力，给人以震撼的感觉。另外，屋顶形式的多种多样也丰富了传统建筑的样式。建筑的艺术形象是中国传统建筑的显著标志。

（3）历史作用

不同的屋顶形式代表着不同的建筑风格，同时也反映了不同地区的文化差异及不同时期的时代差异，人们可以通过研究屋顶的形式来分析不同时期、不同地区人民的一些生活习惯，从而增强对传统文化生活的了解。

10.2.2　屋顶的构成

1．支撑体系

生土墙民居的屋顶支撑体系主要有木屋架结构和硬山搁檩结构。为保证屋顶的稳定性，不宜采用木屋架和硬山搁檩的混合结构[101]。

（1）木屋架结构

木屋架结构（图 10.14）是指屋顶的承重体系由木屋架组成的结构。屋架承重体系，即由一组杆件在同一平面内互相结合成屋架，屋架搁置在生土墙顶上，屋架与屋架之间搁置檩条构成空间网状结构来承受屋面荷载。采用木屋架结构屋顶的房屋较采用其他形式的屋顶的房屋更为空旷、高大，因此在生土民居中适用范围较广。

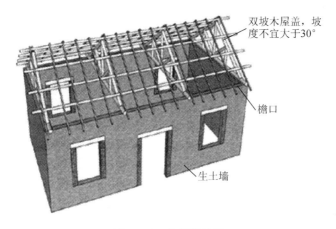

双坡木屋盖，坡度不宜大于30°

檐口

生土墙

图 10.14　木屋架结构

常见的木屋架结构的平面桁架由上弦杆、下弦杆、竖杆、斜腹杆组成，节点处一般采用榫卯连接，并用扒钉加固。然后在其上弦杆上搭设檩条，檩条上搭设椽，椽上钉木望板或铺芦席，最上层铺小青瓦作为屋面，也有少数铺脊瓦作为屋面的。木屋架结构侧立面图如图 10.15 所示。

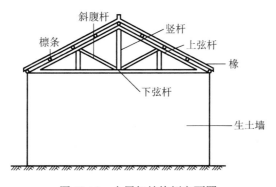

斜腹杆　竖杆　上弦杆

檩条

椽

下弦杆

生土墙

图 10.15　木屋架结构侧立面图

　　木屋架结构的传力路径为：屋面荷载→瓦→椽→檩条→屋架→墙体→基础。

　　1）木屋架的分类。常见的生土墙民居木屋架有三角形木屋架（图10.16）、八字形木屋架（图10.17）及抬梁式木屋架（图10.18）三种。这三种屋架的节点处连接均采用榫卯连接，从而给屋架体系提供了安全保障。因此，使用木屋架不仅可以增加房屋的跨度，还能提高房屋抵抗变形的能力。普通的民房一般采用三角形木屋架或八字形木屋架。与这两种屋架相比，抬梁式木屋架显得更华丽、气派，也很常见，但其自重较大，易导致结构变形不协调，从而降低结构的抗震能力。

图10.16　三角形木屋架　　　　　　图10.17　八字形木屋架

图10.18　抬梁式木屋架

　　2）木屋架的组成。

　　① 弦杆。弦杆是木屋架的主要组成部分。上弦杆主要承受檩条传来的屋面荷载，其他杆件受相邻杆件作用，因此作为弦杆的木材需要具备一定的抗压强度。另外，还应注意下弦杆应该起拱。下弦杆的起拱可以利用原木自然弯曲，弓背朝上，

加工成 1/200 梁长的起拱。同一建筑的起拱高度应该相同。通常弦杆的中间直径还应加粗，加粗值应为梁长的 0.8%～1%。梁的底、背、侧都应呈匀和的曲线，不应呈折线。

② 檩条。檩条搁置在梁头上，其上放置椽子。按照檩条所处的位置不同，通常将檩条分为脊檩、上平檩、中平檩、下平檩、正心檩、护崖檐檩等。从屋脊处开始，各个檩条层下置，可形成具有一定坡度的柔和双坡面。另外，檩条还有出山与不出山之分，当檩条两端伸出山墙外则称为"出山"。通常情况下，椽子的数量是由檩条的长度决定的。

檩条主要承受椽子传来的荷载，并将荷载作用传递给木屋架的上弦杆，因此，檩条和弦杆一样，需要具有一定的抗压能力。对于檩条大小头的放置，在传统营造中一般采用"有中朝中，无中朝东"的处理方法，即凡是有中间房间的房屋，其檩条的大头均应朝向中间（正间），那也意味着左右次间、边间上的檩条搁置方向为大头朝向正间，而正间的檩条搁置方向为大头向东，而中间的檩条向东。如果房屋是两开间的，那么该房屋檩条的大头均应向东布置。

③ 椽子。椽子直接承受屋面荷载。传统民居中使用较多的两种椽子形式是圆椽与方椽。其中，圆椽截面直径约为 10cm，较为粗大，也有地区使用简单处理后的不规则自然圆柱形；方椽尺寸在 6～8cm，一般比较规整，有一部分建筑还会在门楼出檐的椽头上雕刻图案。另外，由于椽子是斜摆在屋顶上的，因此椽子的尖要朝向屋脊的方向，即椽子的大头均向下。

（2）硬山搁檩结构

硬山搁檩结构一般用于横墙间距较小的坡屋面（图 10.19）。其做法是把横墙上部砌（夯筑）成三角形，檩条直接架在山墙和内横墙上，檩条上再架设椽子，形成屋面承重体系（图 10.20）。椽子之上再铺设望板、草席等面板，最后做屋面。

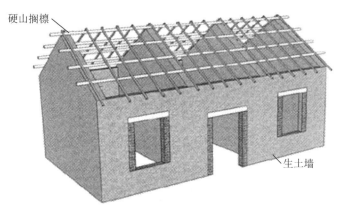

图 10.19 硬山搁檩结构

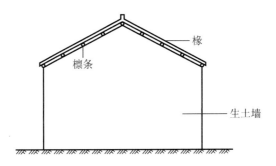

图 10.20　硬山搁檩的屋面承重体系

硬山搁檩是一种檩条设计方式，其中硬山指的是土体建造的夯土墙或者土坯墙，由于檩条搁置在山墙上，因此布置较为灵活，节约材料。其传力路径为屋面荷载→瓦→椽子→檩条→墙体→基础。这种方法将屋架省略，构造简单，施工方便，造价较低，适用于开间较小的房屋。

在抗震设防烈度为 8 度的区域，不应采用硬山搁檩结构屋顶。因为采用硬山搁檩结构屋顶时，如果山墙与屋顶系统没有有效的拉结措施，山墙为独立悬墙，平面外的抗弯刚度很小。纵向地震作用下，山墙承受檩条传来的水平推力，易产生外闪破坏。在发生烈度为 8 度的地震时，硬山搁檩的檩条拔出，山墙外闪以至房屋倒塌是常见的破坏现象。

硬山搁檩结构的支撑体系比木屋架结构简单，没有屋架。硬山搁檩结构的主要支撑体系由檩条和椽子构成。与木屋架结构不同的是，硬山搁檩结构的檩条是直接布置在山墙上的，其主要承受椽子传来的荷载，并将荷载作用传递给山墙。和木屋架结构的檩条一样，也需要具有一定的抗压能力。对于檩条大小头的布置及椽子的一些要求都和木屋架结构相同。

2. 屋面

屋面用的材料大致可分为瓦、草、灰泥、毡布、木板、树皮等几种，但是主要的使用材料是草和瓦两种。因此，传统生土民居的屋面主要有三种类型，即草屋面、草瓦结合屋面和瓦屋面[102-105]。其中，瓦屋面的应用最为广泛，草屋面和草瓦结合屋面则主要分布在局部地区。

（1）草屋面

草屋面是我国传统民居屋面中的一个重要形式，即屋面用草覆盖。草屋面的具体构造为：梁架檩条上铺椽子，其上铺苇笆或秸秆，抹上麦草泥，麦草泥上铺麦秸秆。传统生土民居的草屋面屋顶的檐下一般密封，且覆草也比较厚。

（2）草瓦结合屋面

将草和瓦两种材料结合，做成的屋面是从草屋面向瓦屋面过渡的一种形式，又称"缘边房"，即屋面用草覆盖，只在靠近屋脊、屋檐或者山墙的上部布置瓦。其具体构造为：只在两边山墙上的屋面盖一垄或者两垄瓦，称为"瓦秋"；其屋顶构造与草房相同；封山多采用散砖博缝式，且前后出檐。

（3）瓦屋面

瓦屋面的基本组成单位是瓦垄，瓦垄由板瓦从屋檐到屋脊自下而上依次压盖，或者筒瓦从屋檐到屋脊自下而上依次插接而成。瓦口向上时称为"仰瓦"，瓦口向下时称为"盖瓦"，仰瓦垄与盖瓦垄在横向通过不同方式进行组合便可形成瓦面。筒瓦只能作为盖瓦，而对于板瓦，如未特殊说明，则其砌筑方式为仰瓦。

瓦屋面的构造层次（图10.21）依次为承重层（椽子）、苫背垫层、苫背层、黏合泥层、瓦面层。

瓦屋面有很多种做法（图10.22），根据其做法不同，可分为筒瓦屋面、合瓦屋面、仰瓦灰梗屋面和干搓瓦屋面等[106]。

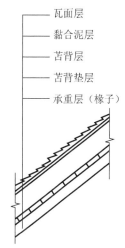

瓦面层
黏合泥层
苫背层
苫背垫层
承重层（椽子）

图 10.21　瓦屋面的构造层次

（a）筒瓦屋面

（b）合瓦屋面

（c）仰瓦灰梗屋面

（d）干搓瓦屋面

图 10.22　瓦屋面做法类型

1）筒瓦屋面。筒瓦屋面是采用板瓦作为底瓦，筒瓦作为盖瓦的瓦面做法。这种屋面用于规格较高的"大式"建筑中，一般仅在大型院落客厅房的屋顶使用。

底瓦的瓦垄之间留有空隙，空隙大小根据瓦垄间距调整确定，筒瓦垄盖在板瓦垄之间的空隙上。

2）合瓦屋面。合瓦在北方地区称为阴阳瓦，在南方地区称为蝴蝶瓦。合瓦屋面的特点是盖瓦也使用板瓦，底、盖瓦按一反一正即"一阴一阳"排列。合瓦屋面主要用于"小式"建筑和北京、河北等地的民居建筑，"大式"建筑一般不用合瓦。在这些地区，只要看屋面是筒瓦还是合瓦，就知道是民宅还是庙宇。

3）仰瓦灰梗屋面。仰瓦灰梗屋面在风格上类似于筒瓦屋面，但不做盖瓦垄，而是在两垄底瓦垄之间用灰堆抹出形似筒瓦垄的、宽约 4cm 的灰梗。仰瓦灰梗屋面不做复杂的屋脊，也不做垂脊，多用于不太讲究的民宅。仰瓦灰梗屋面与仰瓦的不同之处是在瓦垄对缝处用青灰墁一道类似筒瓦的灰梗。

4）干搓瓦屋面。干搓瓦屋面的特点是没有盖瓦，瓦垄间也不用灰梗遮挡，只用仰瓦相互错缝搭接放置，以上下瓦压四留六至压七留三为准则，将瓦垄与瓦垄巧妙地编在一起。干搓瓦屋面的正脊和垂脊一般不做复杂的脊件。这种屋面体轻、省料，不易生草，防水性能好。只要木架不变形，泥背不塌陷，就不易漏雨。干搓瓦屋面多见于河南地区及河北部分地区，是一种很有地方特色的民间做法。

10.2.3　木屋架屋顶的施工工艺

屋顶类型不同，施工工艺也不尽相同[107]。

木屋架屋顶施工流程大致分为以下几个过程：木屋架制作→布置木屋架→布置檩条→布置椽子→做垫层→铺泥挂瓦→建造屋脊→封檐→封山。

1. 木屋架制作

（1）画线、下料

材料应选择木纹平直、不易变形和干燥的木材。采用样板画线时，对方木杆件应先弹出杆件轴线；对原木杆件，先砍平找正后再弹十字线及中心线。将已套好样板的轴线与杆件上的轴线对准，然后按样板画出长度、齿及齿槽等。

（2）锯榫、打眼

榫卯是在两个木构件上采用的一种凹凸结合的连接方式。凸出部分称为榫或榫头（图 10.23），凹进部分称为卯或榫眼、榫槽（图 10.24），榫和卯咬合，起到连接作用。上、下弦杆之间在非承压面支座节点处宜留空隙，一般留 10mm；腹杆与上、下弦杆结合处（非承压面）宜留 10mm 空隙。钻螺栓孔的钻头要直，其直径应比螺栓直径大 1mm。钻孔时，先将所要结合的杆件按正确位置叠合起来，并加以临时固定，然后用钻一起钻透。

图 10.23 榫（榫头）

图 10.24 卯（榫眼、榫槽）

（3）屋架拼装

在平整的地面上先放好垫木，把下弦杆在垫木上放稳，然后按照起拱高度将中间垫起，两端固定，在接头处用夹板和螺栓夹紧。下弦拼接好后安装中柱，两边用临时支撑固定，再安装上弦杆。如无中柱则先安装上弦杆，而后安装斜杆，最后装拉杆。各杆件安装完毕并检查合格后，再拧紧螺母，钉牢扒钉。

就屋架拼接而言，分为以下两种情况：若两桁在同一高度、同一直线上相接，应做燕尾榫连接，榫最大处的宽度宜为桁条直径的 1/5，榫的大小头宽度之比宜为 1:0.8；若两桁在同一高度、不同直线上相接且未做敲交连接的，应做硬木榫连接两桁；当两桁在阳角相交，且相交内角在 135° 以内，相交两端应做阳角敲交榫；当两桁在阴角相交，应做硬木合角银锭榫连接两桁（图 10.25）。

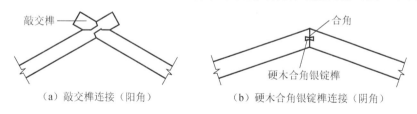

（a）敲交榫连接（阳角）　　　　（b）硬木合角银锭榫连接（阴角）

图 10.25 两桁相交节点

2. 布置木屋架

木屋架应满搭于墙体，支撑长度不应小于 370mm，并在支撑处设置木垫板，木垫板不得小于 500mm×370mm×60mm。当墙体厚度不足 370mm 时，应在支撑处设置壁柱。

木屋架的间距不宜大于 2.5m。木屋架安装前，必须在屋面梁及檐口上弹出标高控制线、安装位置线来控制安装位置，在拦板上标出标高，在木梁上找平并弹出中心线位置，并采取防止构件错位、倾覆和连接松动的措施。

由专人号令指挥，工人合力将木屋架缓缓移至生土墙垫梁上或直接移至墙上，通过屋脊、屋檐的几条控制麻线来调整、校核木屋架的安装标高，确保无误后与预埋件固定安装。第一榀木屋架上墙后，立即找中、找直、找平，并做相应的连接。待第二榀木屋架上墙后，立即安装脊檩作为连接构件。

布置木屋架最关键的环节就是木屋架与其他构件的连接。木屋架与木屋架、木屋架与山墙、木屋架与檩条之间都必须有可靠连接，这样才能提高屋顶系统的整体性，从而提高结构的抗震性能。

（1）木屋架之间的连接

木屋架之间的连接一般采用在跨中处设置纵向水平系杆的方式。当抗震设防烈度为 8 度且跨度大于 9m 时，宜在位于端部的两个屋架之间设置竖向剪刀撑。剪刀撑宜设置在上弦屋脊节点和下弦中间节点处，并采用螺栓连接。剪刀撑交叉处宜设垫木并用螺栓连接。

（2）木屋架与墙体的连接

木屋架与墙体连接时应设置墙揽（图 10.26）。

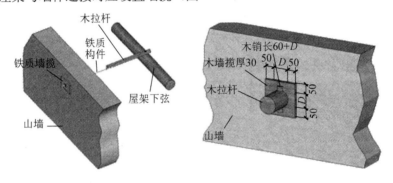

图 10.26　墙揽构造示意图（mm）

墙揽的设置及构造需要满足下列几点要求：墙揽可采用角铁、梭形铁质构件或木条等制作；墙揽的长度不宜小于 300mm 且应竖向放置；墙揽应靠近山尖墙面布置，最高的一个应设置在脊檩正下方的位置，其余的可设置在其他檩条的正下方或与屋架腹杆、下弦及柱上的对应位置处；抗震设防烈度为 6 度、7 度时的墙揽数不宜少于 3 个；抗震设防烈度为 8 度、9 度或山墙高度大于 3.6m 时，设置的墙揽数不宜少于 5 个。

3. 布置檩条

檩条是搁置在屋面主结构上的水平构件。先对选好的用于檩条的木材进行局部加工、找平，分类堆放。根据木屋架之间的距离及木屋架的宽度来确定檩条的长度，檩条应沿着与坡向垂直的方向布置。檩条必须按设计要求正放，要求坡面平整，同一行檩条要通直。所有安放好的檩条的表面应在同一水平面上。屋面承重檩条的间距一般不应大于 1.2m，梢径（小头）一般不小于 120mm。当屋面荷载较大或者开间尺寸过大时，承重檩条的截面尺寸和间距布置应该通过计算确定。

　　与木屋架布置相同，檩条布置也同样需要考虑檩条与其他构件的连接，主要是考虑檩条与木屋架上弦的连接及檩条与檩条的连接。

　　（1）檩条与木屋架上弦的连接

　　檩条和木屋架连接时宜采用搭接，应在木屋架上弦设置三角形垫木（图 10.27）。每个垫木至少用两个长 100mm 的钉子钉牢在上弦上，垫木高度不得小于檩条高度的 2/3。在进行双脊檩与木屋架上弦的连接时，除应符合以上要求外，双脊檩之间还应采用螺栓或木条连接，但檩条需搭接时应在木屋架处搭接，搭接长度不宜小于木屋架上弦的宽度。木屋架及脊节点和其他上弦节点及其附近的檩条、支撑架节点处的檩条，应通过螺栓与屋顶上弦连接。

图 10.27　三角形垫木

　　（2）檩条与檩条的连接

　　檩条与檩条连接时，内墙檩条应满搭并用扒钉钉牢（图 10.28），不能满搭时应采用木夹板对接或燕尾榫扒钉连接。

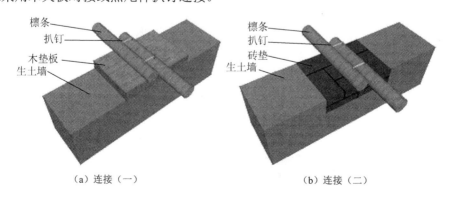

（a）连接（一）　　　　　　　　　　　（b）连接（二）

图 10.28　檩条与檩条的连接

4. 布置椽子

在檩条上均匀地垂直布置椽子时，应该将其较细的一头朝向屋脊，椽子用圆钉固定在檩条上。前檐椽超出檐檩之外的部分称为"出檐"，出檐椽与飞子共同组成檐部。椽子长度依照屋顶檩条之间的步架距离确定，一般在 85cm 左右。两椽椽心之间的距离则依照苫背垫层的不同确定，一般在 150～200mm。当苫背垫层为望砖时，椽间距以适合望砖尺寸为主；当苫背垫层为竹笆、苇箔等廉价物时，椽间距比较大，一般为采用望砖时的两倍（图 10.29）。

（a）椽间距小　　　　　　　　　　　　　　（b）椽间距大

图 10.29　采用不同苫背垫层时的椽间距

5. 做垫层

垫层包括三个部分：望板层、灰背层、结合层。

（1）望板层

望板层是铺砌在椽子上，用以承托屋面灰背层的构件。望板层通常采用木望板，或者采用席箔、苇箔、荆笆、瓦笆、砖笆、石笆等代替木望板。许多传统生土民居，木望板仅用在建筑屋面的出檐部分，廊下和室内使用木望板的情况并不多见，多由方砖、板瓦或席箔、苇箔等代替（檐椽部位用席箔，檐椽以上部位用苇箔），还可以采用荆笆、瓦笆、砖笆及石笆等做法。荆笆是以荆条编制的片状物作为灰背的基层；瓦笆和荆笆类似，即将板瓦铺在椽子上，瓦与瓦的对缝处应勾抹素灰膏；砖笆，即将砖作为望板，并在砖缝之间勾抹石灰膏，此时砖和板又称"望砖"和"砖望板"；石笆则是用薄石板代替木望板铺在椽子上。

（2）灰背层

灰背层是屋面围护层的主体，位于望板层之上，屋面瓦之下，是屋面构造中最厚的一层，其主要作用是挡风遮雨、保温隔热，同时也可以改变水流方向。当然，灰背层也是屋面荷载最主要的来源。灰背层的施工过程称为苫背。

其主要的工艺流程：勾抹板缝→苫护板灰→苫泥背→晒泥背→苫麻刀月石灰背→粘麻打拐子→扎肩→晒灰背、修补等。

① 勾抹板缝：若木望板之间的距离大于 0.5cm，则需要进行勾缝处理，即用较稠的麻刀月石灰塞实勾平，当缝隙较大时，可在勾抹之前先钉补木条。

② 苫护板灰：是在望板上抹一层厚度为 1~1.5cm 的月白麻刀灰。

③ 苫泥背：一般按照设计要求的厚度苫抹泥背。对于厚度较大的泥背，应该分层苫抹，将每层的平均厚度控制在 5cm 左右。

④ 晒泥背：泥背在拍打密实之后，需要晾晒一段时间，从而保证其水分能够充分蒸发，防止木基层被水汽"闷"坏，导致望板甚至椽子糟朽。

⑤ 苫麻刀月石灰背：待底层泥背充分蒸发水分后，按设计要求的层数分层苫麻刀月石灰背，此时每层灰背的平均厚度应控制为 2~3cm。

⑥ 粘麻打拐子：待灰背干至八成时，要在灰背上进行"粘麻打拐子"处理。其方法是用梢端呈半圆状的木棍在灰背上打出许多圆形的浅窝。拐子一般为 5 个一组，也称梅花拐子。下腰节以上每个拐子与相邻拐子之间的距离应该为 5 组拐子的宽度，即"隔五打一"，中腰节以上是"隔三打一"，上腰节以上是"隔一打一"。另外，每组拐子之间要进行粘麻处理。

⑦ 扎肩：在抹完青灰背之后，在两坡相交的脊线上拴一道水平线，沿该线在脊上抹麻刀月石灰，平均宽度为 30~50cm。上面应按线找平，下面与前后坡灰背抹平即可。

⑧ 晒灰背、修补：如前所述，待灰背工作结束后，需要晾晒一段时间，使其在自然状态下充分蒸发水分，直至干透。晒灰背后若出现裂缝，需要对裂缝进行修补。可以先用小锤沿着裂缝砸出一道小沟来，然后用麻刀灰补平，并反复刷浆赶轧。

（3）结合层

结合层以黄土、石灰为主要材料，可另加少量煤灰调成近似砖瓦的深灰色，打一垄泥铺一垄瓦。石灰应采用块灰或生石灰粉，使用前应充分熟化，不得含有未熟化的生石灰块，其粒径不应大于 5mm，也不得含有过多水分。

6. 铺泥挂瓦

将之前准备好的麦草泥均匀地抹在垫层上，再直接铺设瓦，这个过程称为铺泥挂瓦。其具体的工序为：审瓦、沾瓦→冲垄→檐头勾滴→底瓦→盖瓦→黑活筒瓦→清垄擦瓦→翼角挂瓦→屋顶刷浆。

（1）审瓦、沾瓦

在铺瓦之前应该审瓦，即检查瓦的质量。瓦的质量必须符合设计要求，必须有出厂合格证及质量检验报告等相关证明。瓦应满足边缘整齐，表面光洁的要求，不得有分层、裂缝和露砂等缺陷。平瓦的瓦爪与瓦槽的尺寸应配合适当。

筒瓦屋面的盖瓦还应沾瓦，即用生石灰浆浸沾底瓦的前端。

（2）冲垄

冲垄就是在大面积挂瓦之前先挂几垄瓦。实际上，"挂边垄"就是在屋面的两侧冲垄。冲好边垄之后，在屋面的中间按照边垄的曲线将三趟底瓦和两趟盖瓦挂好。若挂瓦的人员较多，可以分段冲垄。在冲垄过程中，这些瓦垄必需以已拴好的齐头线、楞头线和檐口线为标准。

（3）檐头勾滴

勾滴，即勾头瓦和滴水瓦。做檐口勾头瓦和滴水瓦时要拴两道线，一道线拴在滴水尖的位置，另一道线为冲垄之前拴好的"檐口线"。勾头的高低及出檐的长度不得超过本身长度的一半。勾头出檐为瓦头的厚度，即勾头要紧靠着滴子，且高低要以檐线为准。

勾头瓦、滴水瓦下，应放一块遮心砖（可以用碎片瓦代替），这样做的目的是避免勾头瓦中盖瓦灰掉落。然后，用钉子从勾头的圆洞中钉入灰里，还应该在钉子上扣钉帽，圆洞内应用麻刀灰塞严。

（4）底瓦

底瓦可分为以下五个步骤：

1）开线。先在齐头线、楞线和檐口线上分别拴一根短的镀锌铅丝，即"吊鱼"，吊鱼的长度应根据线到边垄底瓦翘的距离来确定。然后是开线，开线就是按照已经排好的瓦当和脊上冲垄的标记，将线的某一端固定在脊上，其高低应以脊部齐头线为标准。另一端则拴一块瓦，吊在房檐下。这条做瓦用的线就称为瓦刀线（一般用帘绳或三股绳）。瓦刀线的高低应以吊鱼的底棱作为标准，当瓦刀线与边垄线不一致时，可在瓦刀线的某些适当位置绑上几个钉子来对其进行调整，使其一致。底瓦的瓦刀线应拴在瓦的左侧。

2）做瓦。拴好瓦刀线后，铺灰（或泥）做底瓦，若用掺灰泥，则采用"坐浆瓦"做法，即在打泥后泼上石灰浆。瓦底灰的厚度一般为4cm。底瓦应窄头朝下，从下往上依次摆放。瓦底灰（泥）应该饱满，瓦要摆正，不得歪偏。底瓦垄的高低及直顺程度都应以瓦刀线为准。因此在施工过程中，每块瓦底的瓦翘及宽头的上棱都应贴近瓦刀线。

3）背瓦翘。摆好底瓦后，要将底瓦两侧的灰顺着瓦翘用瓦刀抹齐，不足的地方要用灰补齐。背瓦翘一定要保证背足，将背拍实。

4）扎缝。待上一步结束之后，要扎缝。扎缝就是要在底瓦垄之间的缝隙处（又称蚰蜒当）用大麻刀灰将其塞严塞实，注意扎缝需要盖住两边底瓦垄的瓦翘。

5）勾瓦脸。勾瓦脸是为了使瓦下水分迅速蒸发，从而避免望板糟朽和弄脏釉面。

（5）盖瓦

盖瓦时，瓦刀线两端以排好的盖瓦垄为准。

盖瓦灰应比底瓦灰稍硬，盖瓦与底瓦之间应该存在一定的距离，称为睁眼。睁眼要不小于筒瓦的 1/3。盖瓦要熊头朝上，从上往下依次安放，上面的筒瓦应压住下面筒瓦的熊头，熊头上要抹熊头灰（又称节子灰）。熊头灰一定要注意抹足挤严。

盖瓦垄的高低及瓦垄的直顺程度都要以瓦刀线为准，每块盖瓦的瓦翅都应贴近瓦刀线。如果瓦的规格不是十分一致，应特别注意不必每块都要"跟线"，满足"大瓦跟线，下瓦跟中"要求即可。否则就会出现一侧齐而另一侧不齐的情况。

（6）黑活筒瓦

黑活筒瓦主要有以下三种做法。

1）捉节夹垄。"捉节"就是将瓦垄清扫干净之后用月石灰在筒瓦相接的地方勾抹。"夹垄"就是用夹垄灰将睁眼铲平。夹垄应分糙、细两次进行，实际操作时要用瓦刀把灰塞严拍实，上口与瓦翅外棱抹平，这项工作称为背瓦翅。

2）裹垄。裹垄灰分糙、细两次抹，注意打底时用泼浆灰，抹面时用煮浆灰。先在两肋夹垄，夹垄时应注意下脚不要大，然后在其上面抹裹垄灰，最后用刷子蘸青浆刷垄并用瓦刀赶轧出亮。

3）半捉半裹。这种做法介于第一种做法和第二种做法之间，仅将不齐的地方用灰补齐即可，整齐的部分仍然用捉节夹垄做法。

（7）清垄擦瓦

瓦垄内应清扫干净，触角应擦净擦亮。

（8）翼角挂瓦

翼角挂瓦之前应先进行攒角，攒角一般从翼角端开始，攒角可以分为以下几个步骤：

1）把套兽装灰套在角梁上，并用钉子将其钉牢，然后在其上立放"遮朽瓦"，遮朽瓦背后应紧挨连檐并且装灰堵严。然后，仔角梁头做成三岔头形式，不用套兽。

2）在遮朽瓦上铺灰并挂两块割角滴水瓦。

3）在两块滴水瓦上再放一块遮心瓦，然后铺灰，挂螳螂勾头瓦。攒角结束后，开始挂翼角瓦。从螳螂勾头瓦上口正中，到前后坡的边垄焦点上口，拴一道线，这条线就是槎子线。槎子线既是两坡翼角瓦相交点的连线，又是翼角挂瓦所用的瓦刀线的高低标准。然后以此为准，开线挂翼角瓦。挂的方法大致与前后坡瓦相同，但应注意，因为翼角向上方翘起，所以翼角瓦、盖瓦均不能水平放置，越靠近角梁就越不平。除边垄应与前后坡及撒头同高度外，其余应随屋架逐垄高起。两坡翼角相交处的两块滴水瓦要用割角滴水瓦，瓦垄要挂过斜当沟的位置。

（9）屋顶刷浆

挂完瓦后，整个屋顶应刷浆提色。瓦面刷青浆或深月白浆，檐头、眉子、当沟刷烟子浆（内加适量胶水和青浆）。

筒瓦屋面的阴角转角处，既可以做较为复杂的屋脊，也可在挂瓦时随瓦面做法一起做成。其做法是：顺着两坡合缝处挂一垄斜瓦垄，该筒瓦最好使用大一号的筒瓦，并能压住每垄底瓦。屋面上筒瓦垄与斜瓦垄相交的地方一定要用灰堵严轧实。这种仅做一垄斜瓦垄的垂脊形式称为"蜈蚣脊"。该做法一般用于正脊为过垄脊的屋面。

7. 建造屋脊

脊瓦应在平瓦挂完后拉线铺放。接口顺主导风向。扣脊瓦用1:2.5石灰砂浆铺平实，搭接缝用混合砂浆嵌填，缝口平直，砂浆严密。铺好的屋脊应与斜脊平直，无起伏现象。

传统民居屋脊曲线的构造做法如下：脊檩两端上部垫单层或者多层升头木，从而抬高正脊两端的脊翼，形成曲线。明清时期官式建筑的屋脊曲线消失后，民间建筑的屋脊曲线的构造开始大大简化，即取消正脊两端的升头木，只把屋脊两端徒板下的方砖加厚，从而形成屋脊曲线。

除上述做法外，传统生土墙民居的屋脊曲线还有自己的独特做法，其做法如下：

1）一根短木代替升头木，一端置于次间上空脊檩的中间，另一端搁置在山墙上，高出下面脊檩30cm。这根短木相当于副檩的作用，不仅使正脊升起，形成优美的曲线，还加强了结构的整体稳定性。

2）把屋脊两端的当沟部分加厚，同时在当沟上自两边向中心排叠瓦片时，逐渐加大竖立瓦片的倾斜角度，增加散瓦部分的倾斜角度。

8. 封檐

封檐（图10.30），即封护檐墙。封护檐墙的砖檐部分用砖层层向外出挑，形成叠涩拔檐。其特点是整个拔檐的每层都采用水平叠涩的方式，即以砖的顺头向外平砌；由下至上，砖的出挑距离变大且呈渐变趋势，形成的界面刚好呈内凹曲线。

图10.30　封檐

9. 封山

封山就是封护建筑的挑山部分。常见的
两种封山方式为方砖博缝式封山和散砖博缝
式封山。方砖博缝式封山是将卧砖和立砖结
合的一种封山方式（图 10.31）。其具体做法
为：上下为两到三层卧砖，又称拔檐；中间
为立砖，立砖的尺寸一般比较大，且大于上
下卧砖的尺寸；快到墀头位置的立砖多雕刻
有各种纹饰。

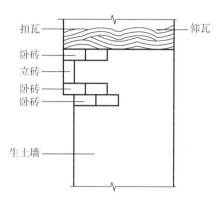

图 10.31　方砖博缝式封山

散砖博缝式封山只有几层卧砖（图10.32）。
其具体做法为：卧砖层数有三层、四层和五
层等，但以三层为主；卧砖的摆放与封护檐墙中的砖檐做法类似，即上下三层或
多层的卧砖以顺头对外，有的中间一层卧砖以丁头对外，像抽屉檐一样做成抽屉
状的伸缩，或者像菱角檐一样做成菱角形。

图 10.32　散砖博缝式封山

10.2.4　硬山搁檩屋顶的施工工艺

1. 硬山搁檩屋顶建造

硬山搁檩屋顶的施工流程大致分为以下几个过程：布置檩条→布置椽子→
做垫层→铺泥挂瓦→建造屋脊→封檐→封山。

就施工流程来看，硬山搁檩屋顶的施工少了制造木屋架和布置木屋架两个流
程，所以其施工流程与木屋架屋顶施工过程相比，会更简单一些。而就具体施工
过程而言，硬山搁檩屋顶的檩条是直接放在山墙上的，所以与木屋架屋顶的檩条
布置有一定的区别。

　　首先将选好的用于檩条的木材进行局部加工、找平，分类堆放。根据承重横墙之间的距离，确定檩条的长度。檩条要满搭在墙上，内墙檩条搭接时应用扒钉固定（图10.33）。

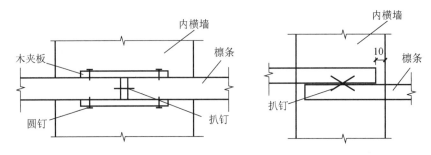

图 10.33　内墙檩条搭接（mm）

　　在搭接中，为避免因搭接长度不足而在地震中被拔出，端檩要出檐，檩条挑出尺寸不宜小于500mm，并在山墙内外两侧设置方木与檩条固定（图10.34）。不应采用单独的护崖檐木，以免护崖檐木在地震时往返摆动造成外纵墙开裂甚至倒塌，可以通过纵墙墙顶两侧设置双檐檩来夹紧墙顶，以此固定挑出的椽子（图10.35）。

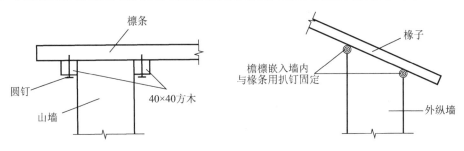

图 10.34　山墙与檩条连接做法（mm）　　　　图 10.35　双檐檩檐口做法

　　一般来说，对于硬山搁檩屋顶形式，应在屋檐高度处设置不少于三道的纵向通长水平系杆，以加强横墙之间的拉结，增强房屋纵向的稳定性；水平系杆与横墙、山墙应通过墙揽连接牢固。另外，还应该注意木檩条与墙体交接段进行防腐处理，常用方法是在山墙上垫防腐卷材一层，并在檩条端部涂刷防腐剂。

　　2. 屋顶建造注意事项

　　（1）木屋架的选材要求

　　1）对于梁，选料时选用木材的大头来做榫头可提高其强度；若木材弯曲，应将弯背向上。

　　2）对于檩，选材时材料若有弯曲，应将弯背向上；另外，檩条搭接接头最好设在中部。脊檩必须选用好料，若檩条带疤痕等缺陷，则缺陷必须在允许范围内。

　　3）椽子选料时应将大头向下。

4）选用木材时，还要考虑木材的规格，要适当调配，避免发生大材小用、长材短用、优材劣用等，避免浪费。

（2）屋面木构件的尺寸及间距要求

檩条若为方木，其宽不应小于 60mm，高宽比立放时不应大于 2.5，斜放时不应大于 2；若为原木，梢径不应小于 70mm；椽子的截面为 30mm×60mm～50mm×120mm；檩条的间距为 500～2500mm，椽子的间距为 400～1000mm。

（3）木屋架的木构件连接

1）木屋架上檩条应满搭或采用夹板对接或燕尾榫、扒钉连接。

2）屋架上弦檩条搁置处应设置檩托，檩条与屋架应采用钢丝、扒钉或其他工具相互连接。

3）檩条与其上面的木望板或椽子应采用钢丝、圆钉等相互连接。

4）在选用铁制墙揽时应采用角钢或有一定厚度的钢件，不宜选用平面外刚度较差的扁钢。檩条出山墙时可采用木墙揽，檩条不出山墙时宜采用铁质墙揽。

（4）采用硬山搁檩屋顶

1）檩条支撑处应设垫木，垫木下应铺设砂浆垫层。

2）端檩应出檐，内墙上檩条应满搭或采用夹板对接或燕尾榫、扒钉连接。

3）木屋顶各构件应采用圆钉、扒钉或钢丝等相互连接。

4）竖向剪刀撑宜设置在中间檩条和中间系杆处；剪刀撑与檩条、系杆之间及剪刀撑中部宜采用螺栓连接；剪刀撑两端与檩条、系杆应顶紧不留空隙。

5）木檩条宜采用钢丝与圈梁中的预埋件拉结。

（5）苫背施工

1）苫背施工应注意季节性，不宜安排在雨季。

2）苫背时应尽可能一次苫完，若为不能一次苫完的工程，应注意对接槎部分进行处理。接槎部分只能留斜槎，不能留直槎，槎子不能刷浆。

3）屋面铺设应尽量均匀，使其受力均衡，且避免局部堆载的情况，以减小屋面局部应力。

（6）屋面施工

1）底瓦沾浆应用生石灰浆，盖瓦沾浆用月白浆；每块瓦的沾浆长度不应过短，应长于本身长度的 2/5；盖瓦应沾大（宽）头，底瓦应沾小（窄）头。

2）瓦垄一般需要满足"底瓦坐中"的原则，应以明间正中作为全坡中间一趟底瓦垄的中线，再向两边赶排瓦垄。当施工中出现坐中的底瓦垄中线与已钉好的檐椽中点的差距在 4cm 以内时，应以檐椽中点为准重新调整底瓦垄中线；当超过 4cm 时，应通知相关人员予以纠正。

3）底瓦施工时还应注意"不合蔓"及"喝风"的问题。"不合蔓"指瓦的弧度不一致造成合缝不严；"喝风"泛指合缝不严，既包括瓦的不合蔓，也包括因为摆放不当造成的合缝不严。在实际操作中还应注意摆放不当而造成的喝风，对于明显不合蔓的瓦，要进行更换。

4）黑活筒瓦时若采用裹垄做法，则应特别注意垄要直顺，下脚要干净，灰要"轧干"，不得"等干"，至少要做到"三浆三轧"。赶光轧亮时不宜用铁撸子，不然会对灰垄质量产生不好的影响。

5）瓦面出檐应一致。出檐尺寸如下：合瓦 5～8cm，琉璃瓦、筒瓦 6～10cm。

6）瓦泥中的石灰应为石灰浆或泼灰，严禁石灰中含有生石灰渣。搅拌均匀后须放置 8h 方能使用。石灰与黄土宜按 4∶6（体积比）的比例混合。底瓦泥（或灰）的厚度，不宜超过 4cm。

第 11 章　墙面与地面

11.1　墙面装饰

生土房屋常见的墙面装饰方法就是墙面抹灰[108]。

墙面抹灰是用泥浆涂抹在房屋建筑的墙、地、顶棚、表面上的一种传统做法。我国有些地区把它称为"粉饰"或"粉刷"。生土墙民居外墙一般采用草泥浆抹灰，可以提高土坯墙的抗风雨侵蚀、腐蚀等能力，使土坯墙面更加经久耐用。同时，抹灰还有美观的作用，经抹灰之后的墙面平整光洁，可更好地提高墙面的寿命（图 11.1）。

（a）未抹灰　　　　　　　　　　　　　　（b）抹灰后

图 11.1　墙面有无抹灰对比

11.1.1　墙面抹灰的作用

1. 美化功能

抹灰层能使建筑物的表面平整、光洁、美观、舒适，改善室内卫生条件，净化空气，美化环境，提高居住舒适度。

2. 提高抗剪能力

土坯墙由土坯单元与泥浆共同受力，在结构整体性方面具有先天的缺陷，墙面抹灰与土坯墙黏结在一起，可以增强土坯墙的抗剪性能。

3. 抗腐蚀

墙面抹灰能够保护墙面不受风、雨、雪的侵蚀，增加墙面防潮、防风化能力，增加墙面的寿命。

4. 保温隔热性能优越

墙面抹灰能够起到保温隔热的作用，提高墙身的耐久性能和热工性能。

11.1.2 墙面抹灰的分类

根据抹灰的位置，墙面抹灰可分为内墙抹灰和外墙抹灰。

1. 内墙抹灰

内墙抹灰（图 11.2）主要是保护墙面和改善室内卫生条件，增强光线反射，美化环境；在易受潮湿或酸碱腐蚀的房间里，主要起保护墙身、顶棚和楼地面的作用。建筑施工中通常将采用一般抹灰构造作为饰面层的装饰装修工程称为毛坯装修。只有完成这个工序，才能对墙面进行进一步的装饰（涂装、贴壁纸和做硅藻泥等）。

2. 外墙抹灰

外墙抹灰（图 11.3）的作用主要是保护墙身、顶棚、屋面等部位不受风、雨、雪的侵蚀，生土墙的外抹灰一般有草泥浆，利用草泥浆本身的吸水特点和热惰性，提高墙面防潮、防风化、隔热的能力，增强墙身的耐久性，同时外墙抹灰也是对各种建筑表面进行艺术处理的有效措施。

图 11.2　内墙抹灰　　　　　　　　图 11.3　外墙抹灰

11.1.3 墙面抹灰的施工

1. 材料准备

墙面抹灰的材料一般用草泥浆和石灰砂浆，多采用当地泥土拌制的泥浆抹面，可就地取材，成本较低，下面介绍抹面所用草泥浆和石灰砂浆的制备。

（1）草泥浆

草泥浆制备的流程：选择黏性土→选择掺加料→加水拌和。

首先选择杂质较少、黏性好的黏土，避免使用黏性不好的砂土，因为黏土可以提高草泥浆的黏结力。然后在黏土中掺入麦糠、麦秸秆等成分，这样可以有效防止浸水后，抹面层的泥浆流失。接着加适量水拌和，使草泥浆黏稠合适，不能过稠也不能过稀，否则都会影响草泥浆的黏性，不利于与墙面有效黏合。最后，拌好的草泥浆应该随伴随用，不能存放时间过长（不宜超过 6h），施工中若发现草泥浆产生泌水现象，应重新拌和后再使用。

（2）石灰砂浆

石灰砂浆就是石灰+砂+水组成的拌和物。它是由石灰和砂子按一定比例搅拌而成的砂浆，完全靠石灰的气硬性而获得强度。相比草泥浆，石灰砂浆强度更高，石灰的硬化原理是氧化钙溶于水后形成氢氧化钙，氢氧化钙和空气中的二氧化碳反应生成碳酸钙，石灰的多少决定了石灰砂浆的强度。

石灰砂浆的制备：首先选用杂质含量少的砂子，以免砂中泥及其他杂质含量多影响砂浆强度，可以通过过筛将砂子中的大颗粒筛掉。然后在砂浆中掺入石灰膏、粉煤灰等粉状混合材料，以提高砂浆的保水性。把所有材料搅拌均匀后，最后加适量的水均匀拌和。这里要注意的是，基底为多孔吸水性材料，在干热条件下施工时，应选择流动性大的砂浆；相反，基底吸水少，或在湿冷条件下施工时，应选择流动性小的砂浆。

2. 施工工艺

墙面抹灰分为外墙抹灰和内墙抹灰两种形式，两种抹灰类似，其施工工艺都是：墙面基层清理→浇水润湿墙面→墙面刮毛→上第一层泥（黏结层）→上第二层泥（找平层）→上第三层泥（找平层）→面层抹灰（刷白）。

（1）墙面基层清理

清理土坯墙上的凸起、杂质等，用刷子将基层表面的浮土清理干净（图 11.4），严禁先抹灰后修凿。

（2）浇水润湿墙面

墙面应自上而下浇水湿润，土坯墙面应浇水湿透（图 11.5），一般应在抹灰甩毛前一天浇水两遍以上。

图 11.4　墙面基层清理　　　　　　　图 11.5　浇水润湿墙面

（3）墙面刮毛

浇水润湿之后，把墙面刮毛（图11.6），这样有利于墙面和抹灰层的黏结，使黏结层更加牢固。

（4）上第一层泥

第一层其实就是黏结层，通常上第一层泥（图11.7）称为甩泥，也称抓坯泥，首先在拌制的泥浆中掺加石灰、麦糠和轧短的麦秸秆进行拌和，要注意拌和时间不能太长，防止石灰作用下的麦秸秆失去强度。然后将拌和后的泥浆用力"甩抹"墙面，同时挤堵坯缝；这层泥主要是土坯墙面的"毛化处理"，主要起填堵坯缝和黏结层的作用。

图11.6　墙面刮毛　　　　　　　　　　图11.7　上第一层泥

（5）上第二层泥

第二层是找平层，首先选择几个位置，用泥浆做灰饼，确定墙面抹灰的厚度，然后用拌制好的泥浆抹平。

上第二层泥（图11.8）的作用主要是找平。由于土坯墙砌筑时，不同尺寸土坯交错摆放，墙体结构断面不均匀（下宽上窄），土墙表面凹凸不平，第一层黏结层不能直接抹平，加上湿泥随水分蒸发干缩、塌陷等致使找平不能一步到位，故需要多层泥抹面。一般来讲，第二层泥厚度较大。

图11.8　上第二层泥

（6）上第三层泥

第三层泥也是找平层，上第三层泥（图 11.9）时需要掺加石灰和麦糠或轧短的麦秸秆。这层泥对于生土建筑的外墙来说是面层，泥中掺入石灰和麦秸秆可以有效增加泥的强度和黏结力，增强压抹后的光洁度和外墙面抗雨水冲刷的能力；对于内墙而言，第三层是找平层，第三层泥中掺加石灰和麦秸秆除增加强度和黏结力外，还可以防止泥层失水硬化产生裂缝，从而有利于面层抹灰和防止面层开裂。

图 11.9　上第三层泥

（7）面层抹灰

面层抹灰主要起美观的作用，使土墙面平整、光洁、美观、舒适。面层抹灰有内墙和外墙抹灰。灰浆中加入石灰膏、麻刀或棉花，其中麻刀和棉花主要起拉结和分格作用，防止灰层开裂。土坯墙抹灰示意图如图 11.10 所示。

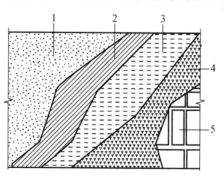

图 11.10　土坯墙抹灰示意图

1—面层抹灰（内墙刷白）　2—第二层找平（外墙面层，泥浆抹面）
3—第一层找平　4—抓墙泥（掺加石灰）　5—土坯墙

3. 注意事项

1）墙面抹面时，应分层抹面，每层厚度为 7～9mm，总厚度大于 10mm；抹面时，用力使面层与基层黏结在一起，以填堵裂缝，避免出现"两层皮"的现象；

各层抹面泥浆的用土尽量取自一处，且配合比相当，这样容易黏合，避免分层严重；不同基层材料交接处应铺钉钢丝网，每边搭接长度为100～150cm。

2）遇到窗台施工时，应做成向外倾斜的斜面，防止雨水进入屋内或积聚在洞口位置，切忌倒坡。坡度不应小于1：5，并保证抹灰最薄处不小于墙体抹灰厚度。

3）遇到基础施工时，对于石基础，由于其防潮性质较好，故无须做防潮层即可有效避免墙脚侵蚀。对于灰土基础或砖基础，应在基础和墙体间做防潮层，防止地下水汽上升引起墙脚侵蚀。

4）夏季墙体抹面应避免在烈日下进行，宜在清晨或者傍晚进行施工；冬季抹面后应加铺草垫，防止抹面受冻开裂。

11.1.4　其他墙体的装饰

1. 檐口

外墙抹面有一系列防止生土墙体遭受破坏的作用，但是它自身的耐久性能是有限的，为此可以采用屋面护崖檐的方式来保护外墙面不被雨水淋湿，防止墙面被侵蚀。檐口的构造如图 11.11 所示。一般来说，瓦屋面的出檐宽度宜为 300～500mm。

（a）构造（一）　　　　　　　　　　（b）构造（二）

图 11.11　檐口的构造

在砌筑檐口前，确定砖檐的挑出宽度和每层砖挑出的尺寸；若檐口有装饰图案，则根据砖檐挑出的宽度和总高度作出大样，砌筑时按照大样的顺序进行砌筑。

檐口的施工流程如下：

1）排砖。确定砖的位置和数量，如果出现非整砖时，应通过灰缝调整处理。砖应提前浇水湿润，以水渗入砖内15mm为宜，和土坯砌筑时类似，不得边用边浇水润砖。

2）挂线。砌筑檐口的挂线和其他砌砖的挂线相反，通线应挂在出檐砖的底棱，因为檐口是以出檐砖的底面平齐为标准的。

3）砌筑。砌筑时使用有一定黏度的灰浆，最好用麻刀灰，将出檐砖坐浆砌牢，然后补齐后口砖，再用砖块压住出檐砖的后半部分，防止出檐砖下垂。在进行后口处理时，一定要按稳出檐砖，防止后口处理时把出檐砖向外挤。

注意事项：砌檐口砖时应用满刀灰法，所有竖向灰缝全部为满缝，砂浆应饱满；出檐砖砌有两皮之后，不得用瓦刀敲砖来调整平直度；檐口上不得放置重物，以免物体过重造成檐口承载力不足导致破坏。

2. 包青墙

（1）包青墙墙体

抹面是一种比较常见的装饰措施，除此之外，还可以采用包青墙墙体作为装饰措施。包青墙墙体既美观，抵御风、雨、雪的能力又更强，通常包青墙需要勾缝清面。

（2）清水墙勾缝

清水墙勾缝一般有八字形缝、圆形缝、平缝和三角缝（图 11.12）。

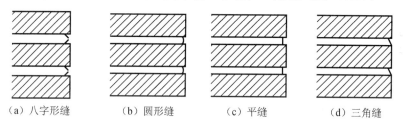

（a）八字形缝　　　　（b）圆形缝　　　　（c）平缝　　　　（d）三角缝

图 11.12　清水墙勾缝的类型

为了保证清水墙面的美观，砌筑一定高度墙体后，要及时扫墙面和勾缝。勾缝是用专门的缝刀用力将砂浆向灰缝内挤压，形成一定的灰缝形式。正确的勾缝程序是：开凿→浇水冲刷→准备水泥细砂砂浆→勾缝→扫缝→养护。

1）开凿：勾缝之前，首先将墙体上深度不够的灰缝以及瞎缝和砖体缺棱掉角部位进行开凿处理，深度为 10mm 左右，灰缝上下切口应整齐。

2）浇水冲刷：用水冲刷掉墙上的浮灰、杂物等，以免墙体与砂浆黏结不牢固。

3）准备水泥细砂砂浆：和石灰砂浆做法类似，细砂过筛，水泥细砂砂浆配合比为 1：1：5，砂浆稠度以勾缝溜子挑起不落为宜。

4）勾缝：当墙面风干以后，开始勾缝。勾缝要等砂浆收水以后才能进行，否则勾缝时砂浆容易被挤压到墙面上。但是也不能等到砂浆结硬以后再进行，这样会导致缝口粗糙，影响美观。外清水墙勾深度为 4～5mm 的凹缝，为使凹缝切口整齐，宜将勾缝溜子做成倒梯形断面。首先用溜子将砂浆压入缝内，来回压实，并保证上下口切齐。竖缝溜子断面构造相同，竖缝应与水平缝搭接平整，左右口切齐。这里应注意，瞎缝或砂浆不饱满处也应用同样的砂浆填满。

5）扫缝：勾缝完成以后，待砂浆中的水分被砖面吸干，即可开始扫缝。先扫水平缝，再扫竖缝，同时为了减少对墙面的污染，扫缝时应不断地抖掉扫帚中的砂浆粉粒。

6）养护：若是干燥天气，在勾缝以后应该洒水进行养护。

3. 墀头

墀头俗称"腿子"或"马头"，是中国古代传统建筑装饰方法之一。

墀头砌筑在一栋房屋的两边墙上，多由叠涩出挑后加以打磨装饰而成，所以成对使用。墀头伴随着硬山墙的出现而产生，墀头衔接了山墙与房檐瓦的连接。

硬山墙是将山墙伸出两山屋面，突出在两边山墙边檐，用以支撑前后出檐，保护山面木构，该部位承担着屋顶排水和边墙挡水的双重作用。但是，由于其位置的特殊性，远远看去，像房屋昂扬的颈部，于是屋主用尽心思来装饰，使之成为一个既有屋顶排水、边墙挡水作用的构件，又有美观作用的装饰，即墀头。墀头在明代砖的生产大发展之后开始普遍使用。

墀头一般由上、中、下三部分组成。上部以檐收顶，为戗檐板，呈弧形，起护崖檐作用；中部称炉口，是装饰的主体，形式和图案有多种式样；下部多似须弥座，称为炉腿，有的地区也称兀凳腿或花墩。

墀头的装饰简繁不一，简单的墀头全无雕饰（图 11.13），只叠合多层枭混线，形成一个弧形。复杂的墀头会雕琢中国传统文化中的各类吉祥图案（图 11.14），同一院落墀头中的图案往往取同一类吉祥图案或同一组人物故事，具有明显的连贯性和统一性，寓意深厚，内涵丰富。

图 11.13　无雕饰的墀头　　　　　图 11.14　有雕饰的墀头

墀头装饰的图案大体上可分为五类，即植物类、动物类、器物类、文字类、综合类。

1）植物类图案：有梅、兰、竹、菊、牡丹、卷草等。梅、兰、竹、菊被人称为"四君子"，梅的高洁傲岸、兰的优雅空灵、竹的苍劲有力、菊的淡泊名利，千百年来始终为世人所钟爱；牡丹为富贵花，象征雍容华贵，富贵祥和；卷草缠连不断，是主人对长寿、多子多孙的渴望。

2）动物类图案：常用鹤、鹿、麒麟、凤凰、猴子、马、蝙蝠等寓意明确的动物。鹤象征延年益寿；鹿寓意高官厚禄；麒麟送子，希望早生贵子，子女成就非凡；凤凰为百鸟之王，不仅形象美丽，又是祥瑞之鸟，象征美好和平；猴子骑在马上意为马上封侯；蝙蝠取福的谐音。

3）器物类图案：主要有四艺图、博古图，以及与宗教有渊源的图案。四艺图指琴棋书画，寓意家人多才多艺；博古图具有琳琅满目、古色古香的艺术效果，表现了主人追求清雅、高贵的意向；与宗教有渊源的图案，有佛教或道教用品及以宗教生活为内容的图案，如"巴达马"（莲花）、道七珍（珠、方胜、珊瑚、扇子、元宝、盘肠、艾叶）、暗八仙（葫芦、团扇、宝剑、莲花、花笼、渔鼓、横笛、阴阳板）等。

4）文字类图案：利用汉字的谐音作为吉祥寓意的表达，也起到装饰的作用，这在墀头的装饰运用中十分普遍。常用的吉祥文字有"福""禄""寿""喜"四个字，寓意福气、高官厚禄、长寿、喜事多多等，表达了人们追求幸福生活的美好愿望。

5）综合类图案：运用多种象征手法，赋予图案更丰富的含义，增加了趣味性和故事性，如植物和动物、植物和人物，以及人物和动物的搭配等，甚至也可以是人们喜闻乐见的人物故事和戏曲故事。

墀头在整个建筑中只是其装饰的一方微小天地，但在这很有限的空间中屋主和工匠却尽情地挥洒着自己丰富的情感，鲜活了墙头屋顶，是对美好生活的向往，是对封侯拜相的渴望，是对清高雅逸的追求。

11.2　地　面　装　饰

生土建筑的地面装饰常见的有地面夯实（图 11.15）和青砖墁地（图 11.16）两种形式。地面装饰使地面平整光洁，美观舒适，带给人们视觉和生活上的享受。与此同时，通过地面装饰，可强化地面防潮，提高室内的舒适度。

图 11.15　地面夯实

图 11.16　青砖墁地

11.2.1　地面夯实的施工工艺

1. 材料准备

1）土：宜优先选用黏土、粉质黏土或粉土，不得含有有机杂物，使用前应先过筛，其粒径不大于 15mm。

2）石灰：石灰应用块灰，使用前应充分熟化过筛，不得含有粒径大于 5mm 的生石灰块，也不得含有过多的水分；也可采用磨细的生石灰。

2. 施工流程

地面夯实的施工流程包括：清理基土→放线、设标志→分层铺黏土与夯实（做垫层）→找平层→面层→养护等。

（1）清理基土

铺设黏土前先检验地面土质，清除松散土、污泥、杂质（图 11.17），并打底夯两遍，使表层土密实。

（2）放线、设标志

找好标高，挂线，在地面上铺设一块泥浆作为标志（图 11.18），作为控制铺填黏土厚度的标准。

图 11.17　清理基土　　　　　　　　图 11.18　放线、设标志

（3）分层铺黏土与夯实

这道工序实质上是做垫层，房屋回填的土方应优先采用黏（黄）土夯填，夯填的灰土配合比宜采用 3∶7 或 2∶8（图 11.19），夯填每层厚度以 150～200mm 为宜，夯实的密实度要达到 0.97（图 11.20）。

图 11.19　拌和三七土　　　　　　　　图 11.20　地面夯实

底层地面架空板下的地基回填土应按设计要求分层夯实，同时在夯实过程中需设置防潮层，以尽量减少潮湿的水气渗入架空板与地基土之间的空间。架空板下应有足够的空间和良好的通风条件。

（4）找平层

先找标高，根据水平标准线和设计厚度，在四周墙、柱上弹出垫层的上平标高控制线；同时，在墙柱上用泥浆做一个找平墩，有坡度要求的应按设计要求的坡度拉线，抹出坡度墩。用砂浆做找平层时，还应冲筋。然后以墙柱上的水平控制线和找平墩为标志，检查地面的平整度，高的部分铲掉，低处补平。用水平刮杠刮平，然后表面用木抹子搓平。

（5）面层

找平之后立即铺砂浆，在灰饼之间将砂浆铺均匀，然后用木刮杠按灰饼高度刮平。铺砂浆时如果灰饼已硬化，则木刮杠刮平后，同时将用过的灰饼敲掉，并用砂浆填平。

面层的施工工序主要有四步：木抹子搓平→铁抹子压第一遍→第二遍压光→第三遍压光。

1）木抹子搓平：木刮杠刮平后，立即用木抹子从内向外退着搓平，并随时用2m 靠尺检查其平整度。

2）铁抹子压第一遍：木抹子抹平后，立即用铁抹子压第一遍，直到出浆为止，如果砂浆过稀表面有泌水现象时，可均匀撒一遍干黏土和砂（1∶1）的拌和料（砂子要过 3mm 筛），再用木抹子用力抹压，使干拌料与砂浆紧密结合为一体，吸水后用铁抹子压平。如有分格要求的地面，在面层上弹分格线，用劈缝溜子开缝，再用溜子将分缝内压至平、直、光。上述操作均在砂浆干结之前完成。

3）第二遍压光：面层砂浆初凝后，人踩上去有脚印但不下陷时，用铁抹子压第二遍，边抹压边把坑凹处填平，要求不漏压，表面压平、压光。有分格的地面压过后，应用溜子溜压，做到缝边光直、缝隙清晰、缝内光滑顺直。

4）第三遍压光：在砂浆干结前进行第三遍压光（人踩上去稍有脚印）。铁抹子抹上去不再有抹纹时，用铁抹子把第二遍抹压时留下的全部抹纹压平、压实、压光（必须在终凝前完成）。

（6）养护

地面压光完工后 24h，铺锯末或其他材料并洒水养护，保持湿润，养护时间不少于 7d，当抗压强度达 5MPa 时才能上人。

3. 注意事项

1）垫层应铺设在不受地下水浸泡的基土上，施工后应有防水措施。垫层应分层夯实，经湿润养护、晾干后方可进行下一道工序施工。

2）黏土摊铺的虚铺厚度一般为 150～250mm（夯实后为 100～150mm），垫层厚度超过 150mm 时应由一端向另一端分段分层铺设，分层夯实，各层厚度通过打标桩控制。夯实采用蛙式打夯机，夯打遍数一般不少于 3 遍，碾压遍数不少于 6 遍；人工打夯应一夯压半夯，夯夯相接，行行相接，纵横交错。灰土的最小干密度（g/cm³）：黏土为 1.45，粉质黏土为 1.50，粉土为 1.55。每层夯实厚度应符合设计要求，在现场经试验确定。

3）垫层接缝：分段施工时，上下两层灰土的接槎距离不得小于 500mm。当灰土垫层标高不同时，应做成阶梯形。接槎时应将槎子垂直切齐。接缝不要留在地面荷载较大的部位。

4）面层施工前 1～2d，应对基层认真浇水湿润，使基层具有清洁、湿润和粗糙的表面。

5）室内外地坪：为了防止室内潮湿，在房屋入口处，室内应比过道高出 50～100mm；室内地坪应比室外地坪高出 300mm 以上；院内的地面应有一定的坡度，并应有排水沟、渗井等有效的排水措施；房屋周围应做散水，散水宽度应大于屋檐宽度，排水坡度不小于 3%。

6）施工环境。

① 雨期施工。灰土作业应连续进行，尽快完成，施工中应有防雨排水措施。刚打完或尚未夯实的灰土，如遭受雨淋浸泡，应将积水及松软灰土除去，并补填夯实；受浸湿的灰土，应晾干后再夯打密实。

② 冬期施工。灰土垫层不宜冬期施工，当必须施工时应采取措施，并不得在基土受冻的状态下铺设灰土，土料不得含有冻块，应覆盖保温，当日拌和的灰土应当日铺完夯完，夯完的灰土表面应用塑料薄膜和草袋覆盖保温。

7）在室内设置防潮层。

① 防潮层的位置。防潮层一般应设置在室内地面不透水垫层范围以内，通常在 -60mm 标高处设置，而且至少要高出室外地坪 150mm，以防雨水溅湿墙身［图 11.21（a）］。当地面垫层为碎石、炉渣等透水性材料时，防潮层的位置不应设置在垫层范围内，而应设置在与室内地坪平齐或高于室内地面一皮砖的地方，即 +60mm 处［图 11.21（b）］。当两相邻房间之间的室内地面有高差时，应在墙身内设置高低两道水平防潮层，并在靠土体一侧设置垂直防潮层，将两道防潮层连接起来，以免回填土中的潮气侵入墙身［图 11.21（c）］。

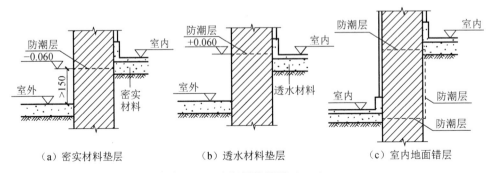

（a）密实材料垫层　　　　（b）透水材料垫层　　　　（c）室内地面错层

图 11.21　防潮层的设置（mm）

② 防水砂浆防潮层广泛应用于墙体防潮中，其整体性较好、抗震能力强。防水砂浆防潮层就是在设置防潮层的位置抹一层厚度为 20～25mm、掺有 3%～5% 防水剂的 1∶2 水泥砂浆。不允许用防潮层的厚度来调整基础标高的偏差。砂浆铺平后和未凝固之前，不得在其上砌筑墙体。

③ 当采用防水卷材或防水胶做防潮层时，卷材和所涂的防水胶的厚度不得小于 3mm，搭接长度不得小于 10mm。

④ 当相邻室内地面存在高差或室内地面低于室外地坪时，为了避免地表水和土中的潮气侵害，除了设置水平防潮层之外，还要对高差部位的垂直墙面做防潮处理。方法是在高低地面之间或地面与室外地坪之间，即在易受潮气侵害的垂直墙面上先用水泥砂浆进行抹面，然后涂两道高聚物改性沥青防水涂料；也可以直接用掺有 3%～5%防水剂的砂浆抹面，抹面厚度为 10～20mm。垂直防潮层位置如图 11.22 所示。

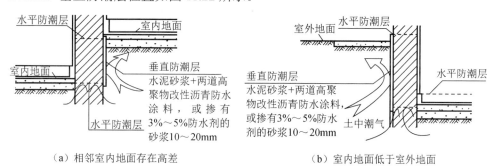

（a）相邻室内地面存在高差　　　　　　　（b）室内地面低于室外地面

图 11.22　垂直防潮层位置

11.2.2　青砖墁地与水泥地面的施工工艺

1. 青砖墁地

青砖墁地和地面夯实垫层的找平层施工工艺一样，这里不再介绍，本节重点介绍面层，即青砖的铺设。

（1）分类

青砖的排列方式可以分为方砖十字缝、条砖十字缝、拐子锦、条砖斜墁、套方、套八方、席纹、人字纹等（图 11.23）。

（2）施工工艺

青砖墁地的施工流程包括：基层处理→找标高、弹线→铺找平层→弹铺砖控制线→铺砖（图 11.24）→勾缝、擦缝→养护。其施工工艺的前面部分和地面夯实一样，不再一一介绍，下面从铺砖开始着重解释。

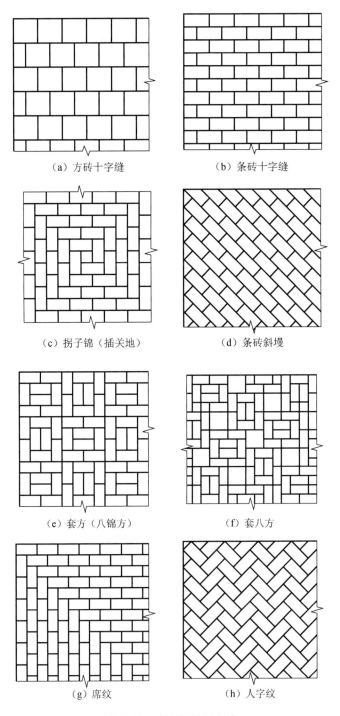

（a）方砖十字缝　　　　　　　　（b）条砖十字缝

（c）拐子锦（插关地）　　　　　　（d）条砖斜墁

（e）套方（八锦方）　　　　　　　（f）套八方

（g）席纹　　　　　　　　　　　（h）人字纹

图 11.23　青砖的排列方式

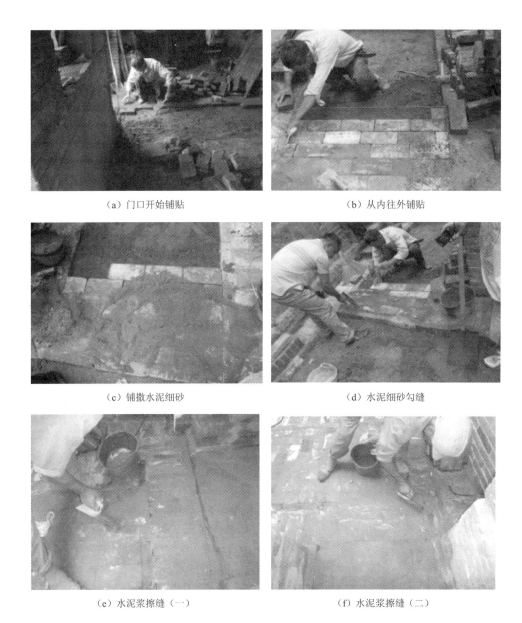

（a）门口开始铺贴　　　　　　　　　（b）从内往外铺贴

（c）铺撒水泥细砂　　　　　　　　　（d）水泥细砂勾缝

（e）水泥浆擦缝（一）　　　　　　　　（f）水泥浆擦缝（二）

图 11.24　铺砖过程

1）铺砖。首先进行排砖，确定每一排所需砖的数目，若是遇到非整块的，可以根据情况进行砍砖或者调整灰缝的宽度来解决。

为了找好位置和标高，应从门口开始，纵向先铺 2～3 行砖，以此为标筋拉纵横水平标高线，铺设时应从里面向外退着操作，人不得踏在刚铺好的砖面上，每块砖应跟线。

铺贴时，砖的背面朝上抹黏结砂浆，铺砌到已刷好的水泥砂浆的找平层上，砖上楞略高出水平标高线，找正、找直、找方后，砖上面垫木板，用橡胶锤拍实，顺序为从内退着往外铺贴，做到面砖砂浆饱满，相接紧密、结实。铺地砖时最好一次铺一间，大面积施工时，此项工作应在结合层凝结之前完成。

铺完 2～3 行，应随时拉线检查缝格的平直度，如超出规定应立即修整，将缝拨直，并用橡胶锤拍实，此项工作应在结合层凝结之前完成。

2）勾缝、擦缝。面层铺贴应在 24h 后进行勾缝、擦缝工作，并应采用同品种、同强度等级、同颜色的水泥，或用专门的嵌缝材料。

① 勾缝：用 1：1 水泥细砂勾缝，缝内深度宜为砖厚的 1/3，要求缝内水泥细砂密实、平整、光滑。边勾边将剩余水泥细砂清走、擦净。

② 擦缝：如设计要求缝隙很小时，则要求接缝平直，在铺实修好的面层上用浆壶往缝内浇水泥浆，然后将干水泥撒在缝上，再用棉纱团擦揉。最后将面层上的水泥浆擦干净。

3）养护。铺完砖 24h 后，洒水养护，养护时间不应少于 7d。

（3）施工要求

1）基本要求：

① 铺砌前将砖块放入半截水桶中浸水湿润，晾干后表面无明水时，方可使用。

② 找平层上洒水湿润，均匀涂刷素水泥砂浆（水灰比为 0.4～0.5），涂刷面积不应过大，铺多少刷多少。

③ 基层应清理干净，洒水润湿均匀，砖面层的表面应洁净、色泽一致、接缝平整、深浅一致、周边顺直。砖块无裂缝、掉角和缺楞等缺陷。

④ 面层邻接处的镶边用料及尺寸应符合设计要求，边角要整齐、光滑。

⑤ 面层表面的坡度应符合设计要求，不倒泛水、无积水；与地漏、管道结合处应严密牢固，无渗漏；地面铺贴平整，无高差出现。

⑥ 做完面层之后，禁止在面层上拌和砂浆，否则会造成面层污染。

2）面砖要求：进场验收合格后，在施工前应进行挑选，将有质量缺陷的剔除，然后将面砖按大中小三类挑选后分别码放在垫木上。

3）结合层要求：

① 结合层的厚度：一般采用水泥砂浆结合层，厚度为 10～25mm；铺设厚度以放上面砖时高出面层标高线 3～4mm 为宜，铺好后用大杠尺刮平，再用抹子拍实找平（铺设面积不得过大）。

② 结合层拌和：使用干硬性砂浆，配合比为 1：3（体积比），应随拌随用，且在初凝前用完，以防止影响黏结质量。砂浆稠度以手捏成团，落地即散为宜。

4）铺贴过程要求：

① 在铺贴操作过程中，对已安装好的门框、管道都要加以保护，如门框钉装保护铁皮、运灰车采用窄车等。

② 切割地砖时，不得在刚铺贴好的砖面层上操作。

③ 铺贴砂浆的抗压强度达 1.2MPa 时，方可上人操作。

2. 水泥地面

水泥地面是除了地面夯实、青砖墁地之外的另一种地面做法，它比直接用泥浆抹平的地面结实很多，但是这是一种现代的地面做法，这里进行简要介绍。

1）水泥地面的做法。先控制水泥砂浆的水灰比，将用水量控制在水泥质量的20%～24%，然后进行面层的压光。水泥的压光一般不应少于 3 遍：第 1 遍应在面层铺设后随即进行，先用木抹子均匀搓打一遍，使面层材料均匀、紧密，抹压应平整，以表面不出现水层为宜；第 2 遍压光应在水泥初凝后、终凝前完成，将表面压实、压平整；第 3 遍压光主要是消除磨痕和闭塞细毛孔，进一步将表面压实、压光滑，但切忌在水泥终凝后压光。

水泥地面压光后，应视气温状况，一般在一昼夜后进行洒水养护，或用草帘、锯末覆盖后洒水养护，养护时间不应少于 7d。

2）若是采用水泥地面，要合理安排施工流向，避免过早上人（一般 7～10d 后方可上人）。如在低温条件下抹水泥地面，应防止早期受冻。抹地面前，应将门窗玻璃安装好，或增加供暖设备，以保证施工环境在 5℃ 以上。采用炉火烤火时，应设有烟囱，向室外排放烟气。室内温度不宜过高，并应保持室内有一定的湿度。

3）水泥宜采用早期强度较好的普通硅酸盐水泥，其强度等级不应低于 32.5 级，安全性要好。过期结块和受潮结块的水泥不得使用。砂子宜采用中粗砂，泥含量不应大于 3%。

11.3 散水与勒脚

11.3.1 散水

散水是为防止雨水渗入地基导致基础下沉或腐蚀破坏，把屋面或墙面流至建筑物周围的雨水迅速地排走而在建筑物或者构筑物四周设置的保护层。特别是传统生土民居的墙体和墙体与基础的连接部位极易发生腐蚀破坏，如果不及时排水，则雨水极易对房屋的安全性、耐久性产生不良后果，所以散水的地位和作用是不容忽视的[59]。散水的构造如图 11.25 所示。

 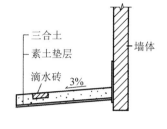

（a）实物图　　　　　　　　　（b）示意图

图 11.25　散水的构造

散水的作用首先是排除雨水，保护墙体和墙基免受雨水侵蚀，保护建筑结构，以增加建筑物的安全性和耐久性。除此之外，散水还能美化主体形象，通过与整体结构的有机结合，与建筑物成为统一、和谐的整体。

传统生土建筑的散水构造一般有两种方法，一种是砖砌散水，另一种是三合土散水。第一种构造在施工过程中稍微复杂一些，但是效果明显，耐久性好，能与建筑物更好地形成一个统一的整体。三合土散水如果施工方法正确，同样能够满足要求，而且造价低廉，施工简单，对于生土民居的建造者来说不失为一种好的方法。但是三合土散水需要长期维护才能满足要求，从而在一定程度上导致这种散水不能满足要求[109]。现将两种散水的施工方法阐述如下。

1. 砖砌散水

（1）施工前的准备

散水施工都是在整体结构完成后开始的，包括墙体装饰抹面、勒脚等与外墙所有相关程序都完成后才能施工。

1）对施工现场进行清理，拆除外墙施工支撑结构，将外墙四周所有不相关的杂物打扫干净，以提高施工现场的整洁性。

2）施工工具准备：铁锹、筛子（6～10mm、16～20mm）、小推车、木抹子、大小夯锤、扫帚、墨盒。

3）施工材料的准备：

① 土：宜优先使用建房时基槽中挖出的土，或土质与之相似的黏土、亚黏土，不得含有有机杂质，使用前必须过筛，土的粒径不大于 15mm，用 16～20mm 筛子过筛。

② 石灰：应用块灰或者生石灰粉，使用前应充分熟化，块状石灰一般宜消解 3～4d，不得含有未熟化的生石灰块，熟石灰粒径不大于 5mm，使用时要用 6～10mm 的筛子过筛（图 11.26）。

③ 砖块：除有特殊要求，如散水纵横墙交接处外，不得使用形状有缺失的砖块，使用前应充分润湿（图 11.27）。

图 11.26　筛土　　　　　　　　　　　　　　　　图 11.27　润砖

（2）施工工艺

1）平整场地。根据散水基底标高开挖土层，将杂土、杂草清理干净，并及时运走（图 11.28）。用重锤夯实开挖后的土层，使土层更加紧实，如果开挖之后土层强度不够，不适合作为散水垫层，则需用三七灰土回填夯实（图 11.29），至满足需求为止。回填夯实的目的是在散水施工结束之后，散水不会凹陷或者不平整，以保证散水的作用。

图 11.28　平整场地　　　　　　　　　　　　　　图 11.29　回填夯实

2）放线。放线的过程操作与监测是保证和提高施工质量的根本所在，而工程测量起到了非常关键的作用。在散水施工前对场地进行放样定位和高程测量为下一步工作提供了基准，这一步工作非常重要，测量的精确度越高，施工成功的可能性越大。首先是内放线（图 11.30），在墙面上进行内放线（也称弹线）时，砖砌散水要考虑垫层的厚度、砖的厚度，即散水表面距地面的总距离。通常散水表面应该高于基础顶端一皮砖的距离，按照该距离先在散水的一端确定位置，然后使用墨盒弹线确定另一端的位置并在墙上留下墨迹。其次是外放线（图 11.31），在散水外边缘的位置，需要先测定离墙距离，散水离墙距离要比屋檐滴水远 200～300mm，在散水外围用细绳做好标记，并用尺子检查中间任意一段到墙面的距离是否相等。散水外缘表面的高度需要考虑散水的坡度，一般情况下散水坡度为

3%～5%，所以需要通过计算确定，在放线过程中随时进行调整。

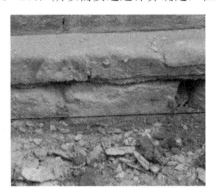

图 11.30　内放线

图 11.31　外放线

3）散水外边缘竖砖施工。放线之后需要先砌筑散水外边缘竖砖（图 11.32 和图 11.33），原因如下：①根据放线砌筑竖砖能起到更好的参考作用，既为后面的施工起到直观的参考，也能检测放的线是否满足要求并且能够固定好线，使线和砖结合在一起；②方便对散水垫层的施工，可以直接铲除竖砖里面的杂土至底层。

图 11.32　散水外边缘竖砖施工

图 11.33　散水外边缘竖砖施工后

4）散水垫层。通常情况下散水垫层根据所用材料可分为两种，一种是素土垫层，一种是三七灰土垫层。由于散水上部荷载较小，散水发生不均匀沉降的可能性几乎没有，垫层只要夯实严密基本都能满足要求，建房者可以根据自己的要求选择任意一种。素土垫层（图 11.34）施工时，首先将散水下面土层清除，并挖一皮砖的深度，然后将筛选好的土料均匀撒在挖除的土层上，用大锤逐步夯实即可。同样，三七灰土垫层（图 11.35）在原土层挖除后将拌匀的灰土铺满散水基础下，用大锤夯实。施工过程中应确保土层被夯实且表面平整，从而减小砌砖的难度。

图 11.34　素土垫层　　　　　　　　　　　图 11.35　三七灰土垫层

　　5）砌砖。散水砌砖包括两个方面的施工，一是纵横墙交界处的施工，二是其他砖块施工。砌筑散水应首先摆砖（图 11.36 和图 11.37），且适当敲击砖使砖的位置合适，如砖块不平凸起，则需对垫层挖除重新夯实；如摆砖时砖块晃动，则需加厚垫层。对有特殊形状要求的砖要提前处理，如纵横墙交界处的砖等。

图 11.36　散水摆砖（一）　　　　　　　　图 11.37　散水摆砖（二）

　　① 纵横墙交界处的施工。纵横墙交界处发生的沉降可能不一样，而且纵横墙砌砖不单独施工，很难完整结合在一起，所以这里的施工难度稍大，施工过程稍复杂。由于摆砖之后，砖的位置、形状基本确定，这里的施工主要是能使砖结合得更加完美。首先将纵横墙交界处至墙根的各个竖砖砌好，墙根处此时空出 10～12mm 的空隙，其次是在竖砖两边砌上对称的砖块，过程如图 11.38 所示。

　　砌筑时要在砖块四周抹上拌和好的石灰，使砖块更好地黏结在一起。

　　② 其他砖块施工。其他砖块施工相对容易一些，对摆好的砖块四周抹灰，砌入相应的位置即可。在砌筑过程中需要对砌筑的每一块砖认真对待，如果砌筑不合理，应随时取出重新砌筑，对挤出的灰浆要用木抹子随时清除。

（a）砌竖砖

（b）试摆砖

（c）抹灰砌

（d）成型

图 11.38　纵横墙交界处施工

6）灰缝处理。砌筑过程中由于边砌边清灰，因此砖与砖之间的缝基本是饱满的。在砌筑过程中由于砖的位置都是贴着散水边缘的竖砖砌筑的，要处理的就是散水与墙体之间大于 20mm 的灰缝。

灰缝处理的方法通常如下：首先在砌筑好的散水上洒水润湿以增加灰浆的黏聚力；然后在灰缝上面灌灰处理，由于灰缝比较小，在灌灰过程中用木抹子敲实挤密；同时在砌砖上面铺一层灰，施工之后再用扫帚清扫干净，同时将砖块上面黏结的石灰块铲除，这样做的目的是彻底将散水面上的灰缝消灭掉，以增加建筑物的美观性和结构的整体性。灰缝的处理过程如图 11.39 所示。

（a）洒水

（b）填缝

图 11.39　灰缝的处理过程

（c）刮灰　　　　　　　　　　　　　　　　（d）清扫

图 11.39（续）

2. 三合土散水

三合土散水的施工过程相对简单一些，对于传统农房来说效果也能满足要求，其整体协调性也很好。因此，在传统生土民居建筑中，三合土散水应用很广泛。三合土散水的主要施工工艺如下。

（1）施工前的准备

三合土散水施工前的准备与砖砌散水类似，最大的区别是材料方面的准备。三合土散水需要大量的石灰，石灰在使用前应该充分熟化；还需要大量碎石或者碎砖作为垫层，碎石或者碎砖的尺寸要求为 50～80mm，即一个成人的拳头大小；砂子在使用前也需要进行筛选处理，最后将 3 种材料按比例拌和成三合土。

（2）施工流程

1）平整场地。将现场的杂土、杂草和其他一些施工废料清理干净，然后开始开挖散水垫层，一般挖掘深度为 150～200mm，开挖的长度大于建筑滴水檐的最外沿（根据建筑形式确定）。开挖的土如果杂质较少可以留下直接使用，不能直接使用的需从别处取土，并将土进行筛选处理。

2）垫层施工。首先对挖好的散水基础进行夯实处理，夯筑要均匀严密。三合土散水垫层是在夯实好的基础上均铺，通常垫层材料为碎砖或者碎石，平铺一层，对铺好的垫层需再夯实，在夯实的过程中尽量使垫层不产生晃动。在夯实的垫层上均铺一层三合土，铺实厚度以不能看见碎砖垫层为准，然后夯实处理。

3）放线及滴水砖施工。首先确定滴水砖位置，滴水砖应沿着滴水檐砌筑，且滴水砖应该丁砌。青砖中心位于滴水檐正下方，按照这个要求在建筑物四周放线。然后沿横墙交界处向中间开始滴水砖施工，施工过程中要确保滴水砖中间位于线下，不能产生误差，施工时砖与砖的交接面和砖下面都应抹灰，使砖能够很好地黏结在一起。

4）三合土散水施工。当滴水砖施工完毕后，在滴水砖与墙体中间铺上三合土，此时三合土散水的铺实厚度约高出滴水砖 20mm，且挨着墙的位置铺实厚度根据散水宽度及散水坡度确定，一般需高出散水滴水砖 30mm 左右，具体根据实际情况确定。然后进行夯实处理，即可确保三合土与滴水砖之间没有交接缝。三合土散水施工完毕后,表面要洒水润湿,然后做抹平处理。

3. 注意事项

1)无论是砖砌散水还是三合土散水,施工过程中一定注意散水表面是否平整且标高一致,施工过程中要随时处理,以保证雨水不会积聚在散水上。

2)要注意散水与墙接触部位的处理,可能散水与基础的沉降不一致,所以在施工过程中要留缝处理,然后用灰土或者其他防水性能好的弹塑性材料填充埋实。

3)散水也需要养护,散水施工完毕之后需要随时洒水润湿,以防水分蒸发过快产生裂缝,影响质量。

11.3.2　勒脚

建筑物的外墙与室外地面接近的一段部位通常要做勒脚。勒脚也称为外墙裙,需要和散水、墙身水平防潮层形成闭合的防潮系统[110]。

1. 勒脚的作用

勒脚的工程量虽然不大,但对于建筑物来说它的作用不可小觑,其作用如下:

1)防止雨水和地下水对墙体的腐蚀。下雨天雨水落在地面会反溅,容易对建筑物的外墙造成污染或腐蚀。

2)保持建筑物室内干燥,提高耐久性。勒脚对地面水、雨水的侵蚀,以及外力作用对墙面的撞击可进行有效保护,使得室内保持长期干燥,建筑物耐久性也得以提高。

3)使建筑物外观更显美观,提高建筑的观赏度。

传统生土民居勒脚主要有两种,一种是石砌勒脚(图 11.40),另一种是砖砌勒脚(图 11.41)。这两种勒脚都能够有效地满足墙面的防水防潮要求,从而减少墙根处的腐蚀,增加墙面的耐久性[111]。

图 11.40　石砌勒脚

图 11.41　砖砌勒脚

2. 施工工艺

1）确定勒脚的高度，通常情况下勒脚的最顶端位于窗户正下方两块砖的距离即可，在没有窗户的情况下勒脚高度取值为 600～900mm。按照该要求在砌筑基础时砌筑到指定位置即可。

2）勒脚施工一般是在整体结构施工完毕之后才开始进行的，因为勒脚位于结构的底端，这样施工的好处是减少施工过程的干扰。由于基础施工及墙体施工均已完成，这里需要做的就是检查上部结构施工是否造成基础的损坏，在外墙脚其他一些构造完成且脚手架拆除之后，检查勒脚的勾缝是否有掉落的现象，然后进行勾缝处理。先对勒脚进行润湿处理，然后用三七灰土勾缝，灰土的含水率可适当大一些；施工完毕后应洒水养护，以免勾缝发生开裂，影响勒脚质量。

3）勾缝完毕之后抹一层灰，这样能够更好地保护墙体免受雨水的损坏。

3. 注意事项

1）勒脚是最贴近墙身且接近室外地面的部分，一般情况下，其高度为室内地坪与室外地面的高差部分，通常情况下尽量高于该高度即可满足要求。

2）抹勒脚灰时，容易出现"露骨"和松散不实等现象，这是因为砂浆的保水性不好，强度也偏低。因此，抹泥浆必须分两遍完成，即先勾缝后抹灰，勾缝应用力，使灰压入砌缝中，面层应揉实压光。

3）抹灰脱落的原因是工序倒置，正确的做法是勒脚的施工一定在散水施工之前，散水与勒脚的空隙只能是水平方向，因为散水属于墙体结构的一部分，其沉降与散水的沉降必定不会一样，散水几乎不会发生沉降。如果散水先施工，其与勒脚之间会发生挤压破坏。

第 12 章　生土墙承重民居改良技术

12.1　屋架改良技术

生土墙民居大多数是农民自筹自建，由于缺乏必要的技术指导，房屋建造随意性较大，存在房屋选址不合理、地基基础未处理、结构方案不利于抗震、墙体抗震强度较差、维修与加固不及时等诸多问题，造成我国农村地区生土墙承重民居中存在大量的危房，这些房屋在抗震防灾方面存在着极大的隐患，在历次地震中破坏相当严重。为了减少人员伤亡和经济损失，对该类传统民居进行保护，同时为抗震加固提供依据，对这些农村危房提出一些切实可行的加固方案具有非常重要的现实意义。

生土墙承重民居抗震性能的好坏主要取决于生土墙抗震承载力及房屋结构的整体性。本节介绍一种木屋架结构安全性提升的改良技术——剪刀撑，该技术的应用能大大提升生土墙房屋的抗震能力[112, 113]。

生土墙民居的屋顶结构形式主要有木屋架结构和硬山搁檩结构两种。木屋架结构的基本构成如图 12.1 所示，由上弦杆、下弦杆、竖杆、斜腹杆等组成平面桁架；然后在其上弦杆上搭檩，檩上设椽，椽上钉木望板或铺芦席，最上面一层铺设屋面瓦。

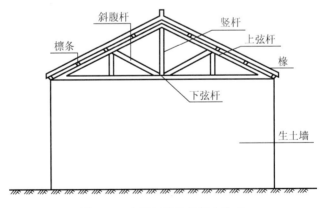

图 12.1　木屋架结构的基本构成

木屋架的构件一般采用榫卯连接的方式，在地震作用下木屋架可能会产生较大的变形，如果榫接头处没有设置保证连接牢固的措施，榫头部位会产生一定的位移，严重时甚至会拔出或折断榫（即拔榫与折榫）。因此，节点处的破坏程度取决于木屋架的整体变形程度，以及榫接头处的连接变形能力及牢固程度。

在地震灾害中，木屋架的整体破坏主要是由于连接节点失效或整体变形过大，轻者节点处松动，木屋架整体歪斜，产生不能恢复的整体变形；重者部分节点出现折榫或拔榫，部分构件因连接失效脱落，导致整个屋架歪闪塌落。

归纳起来，木屋架的破坏由轻到重，呈现三种破坏形态：①构架歪斜，但未脱榫，震后可扶正修复；②部分构件因脱榫或折榫掉落，屋架局部塌落；③木屋架整体塌落，导致房屋整体破坏。在破坏过程中，榫卯节点的变形具有一定的耗能作用，但超过一定程度的变形就会引起节点的破坏。

为了避免木屋架在强外力作用下发生塌落，必须在一定程度上提高木屋架横向与纵向的稳定性，从而改善房屋的抗震性能。剪刀撑（图 12.2）的抗震构造措施就是基于这样的思路而设置的。

图 12.2　两榀木屋架间设置的剪刀撑

1. 技术原理

木屋架各弦杆之间通常是榫接，节点没有足够的强度和刚度，在较大水平地震作用下一旦松动就变成铰接，木屋架在平面内就变成了几何可变体系，即便不脱卯断榫，木屋架也会倾斜，严重的甚至会倒塌。屋架剪刀撑可以帮助木屋架分担一部分作用力，同时还能增强木屋架平面外的纵向稳定性，使结构在地震作用下仍保持其几何不变的特性，从而提高木屋架的整体刚度，提高屋顶的抗震性能。

2. 技术特点

1）设置剪刀撑提高了木屋架平面外的纵向稳定性，以及木屋架的整体刚度，改善了结构的抗震性能。

2）在相邻屋架之间设置屋架剪刀撑，一定程度上解决了屋架在地震作用下易破坏的问题,延长了房屋的使用寿命。同时也有利于对土坯房和夯土房进行更好的传承和保护。

3) 剪刀撑施工工艺简单,容易掌握,有较好的实施性。

3. 施工工艺

剪刀撑的施工流程主要分为剪刀撑制作、弹线和剪刀撑布置 3 个步骤。

(1) 剪刀撑制作

1) 画线、刨平:剪刀撑采用的材料一般为木材,对原木板件,先削平找正后弹十字线及中心线,再对木材进行进一步的加工,按照尺寸进行刨平,制作成截面尺寸为 120mm×60mm 的木板条。其长度由木屋架之间的间距决定,其长度为一侧木屋架的两个上弦杆的交点处到另一侧木屋架的下弦杆中间的距离。对于设有竖向腹杆的,其长度也可以是一侧木屋架腹杆顶部到另一侧木屋架腹杆下部的距离。

2) 端部处理:剪刀撑的端部还应根据实际情况进行一些加工处理,一般加工成弧形,弧度大小与木屋架的弦杆一致。满足其布置时,端部就能与木屋架的弦杆紧密贴合。

(2) 弹线

在两侧木屋架上剪刀撑应该布置的位置处弹线,所弹墨线应该竖直。

剪刀撑的布置位置:①三角形木屋架的剪刀撑宜设置在靠近上弦屋脊节点和下弦中间节点处;②对于没有设置竖向腹杆的木屋架,剪刀撑的一侧设置在木屋架两个上弦杆的交接处,另一侧为木屋架下弦杆的中间处;③对于设有竖向腹杆的木屋架,剪刀撑的两端都可以布置在屋架的腹杆上,上方的一端位于腹杆顶部,下方的一端在另一侧木屋架腹杆底部。

竖向剪刀撑的设置可根据屋架跨度的大小沿跨度方向设置一道或两道,沿房屋纵向应间隔设置,并在垂直支撑的下端设置通长的纵向水平系杆(图 12.3)。

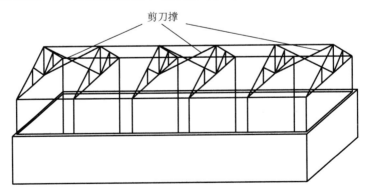

图 12.3　屋架之间竖向剪刀撑的间隔布置

（3）剪刀撑布置

1）布置一个撑杆：按照木屋架之间的间距计算好撑杆的长度，将加工好的木板条的两端放在弹线的位置，然后利用厚度为 3mm 的 L 形钢板连接撑杆和弦杆，再用螺栓固定。

2）布置另一个撑杆：和布置第一个撑杆的方法一样，先计算其长度，然后将其放在弹线的位置，再利用 L 形钢板和螺栓将撑杆与弦杆连接。为了增强剪刀撑的整体性（即稳定性），还应在剪刀撑交叉处设置垫木并采用螺栓连接。

4. 注意事项

1）剪刀撑撑杆宜选用强度较高、曲度较小且耐久性较好的木材。

2）撑杆布置时应保证撑杆的端部能与木屋架的弦杆紧密贴合。

3）撑杆与钢板连接采用的是直径为 8mm 的螺栓，而钢板与弦杆连接及剪刀撑交叉处采用的螺栓的直径要更大一些。若该地区抗震设防烈度为 6 度、7 度，则螺栓直径为 10mm；若抗震设防烈度为 8 度，则螺栓直径为 12mm。

12.2　夯土墙改良技术

随着绿色建筑理念越来越受到广泛的关注和认可，人们关于夯土墙的研究也逐步深入，改善夯土墙抗震性能的新技术不断涌现，为夯土建筑的推广提供了有力的支持。

夯土墙在成型过程中存在着天然施工缝，每一层夯土之间都有缝隙。夯土作为一种耐压不耐拉的脆性材料，在使用过程中也容易出现裂缝等病害。通过一定的构造手段使得各个板块夯筑之间的连接强度得到增强，分担墙体内的剪应力和拉应力，增强各板块之间的变形协调能力等，将会大大提升夯土墙的整体性能。也可以通过施加整体约束等手段，限制其变形的幅度，提升墙体的整体性，弥补现有夯土墙的缺点，改善结构整体性能和抗震性能。根据新型夯筑技术的创新原理，可以把这些新型技术简单分为植筋夯土墙、组合木格构夯土墙和预应力夯土墙三大类。

12.2.1　植筋夯土墙

植筋夯土墙主要是指在夯土内植入纵横交错的草绳（图 12.4）、藤条、竹篾，甚至是在夯土墙内间隔分布砂浆配筋带等能够分担剪应力和拉应力的材料的夯土墙。植筋材料取材灵活，可以因地制宜，根据当地的资源采用稻草、麻绳、棕绳、竹篾、藤条等均可，使用不同的材料其相应的夯筑流程也会略有差别[114, 115]。

传统施工工艺中已经有了植筋的做法，在隔一版或者定数几版的位置铺设一道水平藤条。这种植筋手段施工较为简单，而且可以有效防止竖向裂缝的开展，在一些承受竖向集中荷载的檩条下方，或者门窗洞口上方铺设几道水平加筋层都能起到很好的效果。

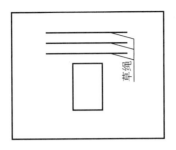

图 12.4　门窗上方布置草绳

　　植筋夯土除了能改善夯土墙的抗拉性能之外，还能通过协调整体夯土墙的变形来提升墙体的整体性，从而改善整体结构的抗震性能。为了更充分地发掘植筋对墙体性能的提升效果，将墙内简单的水平植筋经过改良，发展出空间木骨架、竹筋骨架和钢丝网片等夯土墙夯筑技术。本章讨论的植筋夯土墙包括内置草绳网夯土墙、空间木骨架夯土墙、竹筋骨架夯土墙和钢丝网片夯土墙。

　　1. 内置草绳网夯土墙

　　内置草绳网夯土墙指的是在夯土墙行墙过程中添加一道或者两道绳网（图 12.5 和图 12.6），绳网的作用类似于钢筋混凝土内的钢筋，起到承担拉应力的作用。内置的草绳串联整个夯土墙，在各版块夯土块之间形成了位移约束点，相邻的夯土块之间一致变形，相互牵扯，在出现微裂缝之后还能工作。内置的草绳可以改善夯土墙的抗震性能，对于我国夯土墙民居建设意义重大[116, 117]。

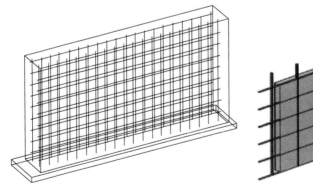
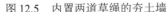
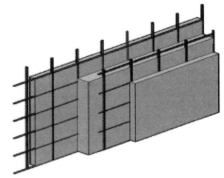

图 12.5　内置两道草绳的夯土墙　　　图 12.6　内置两道草绳的夯土墙剖面示意图

　　内置草绳网夯土墙与传统素土夯土墙相比，主要的施工差别在于草绳网的布置。

（1）施工工艺

1）准备材料。准备材料包括夯土材料、绳网材料和施工工具的准备。绳网材料选用比较灵活，可以因地制宜，根据当地的资源、经济情况等选用。一般情况下，绳网可以由稻草等编制（图 12.7），也可以用机制棕绳（图 12.8），或者采用农村地区常见的蛇皮袋拆线编制而成，直径为 15～20mm。准备的绳网事先用水浸泡 1d，浸泡之后的绳网会充分软化，便于施工，以免夯筑时折断；而且，潮湿的绳网表面和夯土之间的黏结强度更好，黏土内的胶结物质会在绳网表面形成胶结层，可更好地发挥绳网的作用。

图 12.7　稻草编制的草绳　　　　　　　图 12.8　机制棕绳

2）布置竖向草绳。在基础夯筑即将完成时，在剩余最后两层夯筑层时开始布置竖向绳网。为了方便描述，此处以 600mm 墙厚，布置两道草绳为例进行具体说明。两片草绳埋入墙面内 120mm，草绳网格尺寸设定为 400mm，每版的夯筑高度为 400mm。

首先，预备的绳网可以截取适当长度，以便于施工。其次，埋入基础内的一端打结，以此增强基础和绳网之间的咬合强度，起到增强锚固的作用。最后，模板内填一层土，然后把草绳的打结一端按照具体间距和位置各个埋入土里，周围踩实，固定位置。草绳另一端甩在模板一侧，以免夯筑过程中草绳凌乱，妨碍夯打。

3）开始夯打。夯打从没有草绳的一侧开始，先轻打两道，起到再次固定草绳位置的作用。然后把草绳甩到夯打过的一侧，在另一侧同样轻打两道。最后，把草绳分别摆在两侧模板外，进行中间的夯打，中间的夯打可以一直夯打到密实为止。中间夯打密实之后再分别把草绳甩到一侧，进行两侧的夯打，直到密实为止。

本层夯打完成之后再填土进行下一层的夯打，夯打流程不变。

4）布置水平草绳。在升模时，水平草绳网布置在两版之间的版缝中。

基础层夯筑完成之后拆除模板，布置两根水平草绳。水平方向的草绳与竖直方向的草绳在相交处可以用绳段进行简单捆扎，以提高草绳网的整体性，更好地发挥对夯土版块的约束作用。门窗洞口处的草绳端头可以直接砌筑进门窗边框的砖缝内,作为加强边框和墙体之间的连接;墙端的草绳端可以捆绑在构造暗柱上,以提高墙体和柱子之间的连接强度。

草绳布置完成之后,升模,进行下一层夯筑,直到夯土墙标高处。

(2)注意事项

1)夯筑过程中注意草绳网的定位,避免夯筑不均匀造成草绳位置移位。草绳的移位会造成整张网片不在同一个平面内,整体性大打折扣,变形过大的区域也会由于受力复杂容易出现破坏。

2)夯打过程中由于土体的压缩,竖向草绳容易出现不可见的堆叠和弯曲。为了避免这种情况,填土和夯筑前两遍时要提起草绳,尽可能保证内部的草绳竖直。

3)施工过程中,竖向草绳或水平草绳长度不能满足要求时,草绳段之间的搭接可以直接打结,这样操作简单,而且效果好。

4)对于毛石基础或者砖基础,竖向草绳端可以砌筑在砖缝内或者石缝内,作为墙体在基础内的锚固措施。

5)地下水位附近深度或者是含水率较大的土层内不宜埋入草绳,避免草绳在潮湿环境内迅速腐朽,在基础内留下空隙。

6)对于不设角部暗柱的墙体,转角处的草绳布置应避免整根直接弯折,以免在地震等大变形情况下草绳拉裂墙体转角。两个方向的草绳要断开搭接(图 12.9 和图 12.10)。

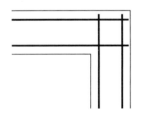

图 12.9 L 形转角处的草绳布置
(相交处不捆扎)

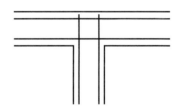

图 12.10 T 形转角处的草绳布置
(相交处不捆扎)

经过试验验证分析,植入草绳网片的夯土墙抗剪能力大大加强,在水平作用下,不会发生类似素土夯土墙的剪切脆性破坏,抗剪承载力大大提升。这其中除了草绳网片充当拉结筋的作用之外,穿织起来的夯土块协调工作,也在一定程度上提高了夯土墙的整体性,改善了夯土墙的抗震性能。然而,作为"配筋"的草绳天然存在着耐久性不足的缺点,很容易在夯土内水分的作用下腐朽,草绳腐朽之后留下的空隙又会成为削弱墙体的一个不利因素。另一方面,草绳作为柔性材料,抗拉不抗剪,整面墙体有大的变形时,草绳网起到的约束作用有限。

此时,以藤条作为替换材料,不仅能起到上述改良作用,还能避免这些缺点,而且藤条（图 12.11）作为民间常用的天然材料，长期用于编制箩筐、桌椅等生活用品，其性能和处理手法已经充分为人们所掌握，符合村镇建筑就地取材、成本低廉的特点。

藤条在夯土墙内的布置与草绳网的布置方式类似，施工流程大同小异。在藤条的选材上，直径不宜超过 20mm，因为太粗的藤条首先处理起来不方便，同时比较粗的藤条自身刚度较大，在墙体内一旦出现受力不均匀，很容易发生局部翘曲，顶破表层夯土。民间常见的藤条布置方式是仅布置水平藤条（图 12.12），或仅并排布置几根纵向藤条。

图 12.11　未经处理的藤条

图 12.12　仅布置水平藤条

藤条网片在材料强度和耐久性方面与草绳网相比有了很大程度的提升。但是，两片网片之间没有横向连接，两者之间的变形协调性仍然没有挖掘出更大的潜能，还有进一步改进的空间。

2. 空间木骨架夯土墙

实际工程中，有些墙体厚度不足以安放两道草绳网，只能在墙体中间布置一道。为了达到更好的改善效果，可以把草绳材料换为窄木板，制作成空间木骨架（图 12.13），做成空间木骨架夯土墙[118]。

空间木骨架夯土墙与草绳网夯土墙相比，主要差别在于施工流程的木骨架布置方式不同。以墙厚 400mm，竖向木条间距 600mm，水平木条间距 400mm 的墙体为例，对空间木骨架夯土墙的具体施工工艺介绍如下。

1）准备材料。材料准备主要是夯土材料的准备和木条的制备。制备的木条宽 100mm，长度根据材料规格尽可能取上限值。竖向木条上开槽，槽口尺寸为深 50mm，宽 10mm，间距 600mm；水平木条槽口尺寸一样，间距取 400mm。所有材料准备好后堆放待用。

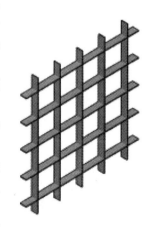

图 12.13　空间木骨架

2）布置竖向木骨架。与草绳网布置方式一样，竖向木骨架的布置要从基础开始。在基础夯筑即将完成时，把竖向木条插入夯土墙中间。布置完成之后要检查所有槽口是否在同一侧，以及所有槽口是否在同一竖直平面内和标高处。反复调整竖向木条的埋入深度，使得第一道槽口的下沿对齐最底层夯土层的上表面，调整妥当之后继续夯筑，然后开始下一步工序。

3）布置水平木骨架。水平木骨架主要布置在上下两层夯土层之间，在前一层夯筑全部完成之后，升模夯筑下一层之前进行水平木骨架的布置。

布置之前，首先检查并确保夯土层表面平整，没有坑洼不平现象。其次，把准备好的水平木骨架扣入准备好的竖向木骨架槽口内完成安装。

4）重复上述工作，直到墙体标高处。

3. 竹筋骨架夯土墙

竹筋骨架夯土墙也称为竹筋配筋夯土墙，其与草绳网和藤条网片都不同的是，这种"配筋"方式不仅可以配置多片竹筋，还可在各片竹筋之间进行横向连接，形成更高层次的空间骨架结构[119]（图 12.14）。

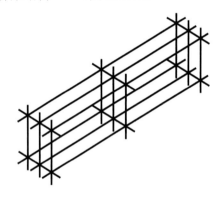

图 12.14　竹筋骨架

（1）施工工艺

为了方便描述，这里以厚度 600mm 的竹筋骨架夯土墙夯筑流程为例进行简要说明。夯筑模板每版长 1200mm，高 400mm。竹筋布置三道，中间一道，边侧两道，距墙体侧面各 50mm，横向搭接竹条两端伸出长度为 20mm。

1）准备材料。除夯土原材料和施工工具之外，竹筋骨架材料常用的有竹条和藤条。竹条形状规则，取材便利，但是竹篾尺寸有限，制成的竹条直径在毫米数量级。相比之下，藤条直径就有更大的选择空间，而且藤条表面粗糙，有更好的黏结强度。两种材料各有利弊，需要根据实际情况决定。两种材料的优缺点见表 12.1。

表 12.1 竹条、藤条优缺点对比

材料	优点	缺点
竹条	取材方便,制作简单;尺寸规则,易于控制;韧性好	直径受到竹篾厚度限制;受到剪力作用易脆折;表面光滑,黏结强度差
藤条	直径选择空间大;抗剪强度高;表面粗糙,黏结强度高	取材和处理过程稍复杂;尺寸变化大,较难控制

本例选取竹筋作为加筋材料进行说明。水平长竹条沿墙长度方向布置,截面尺寸取 10mm×4mm,铺设间距取 100mm;横向竹条截面尺寸取 5mm×5mm,长度取 540mm,沿墙厚度方向布置,与水平竹条和竖向竹条垂直交叉,铺设间距取版长 1200mm(图 12.15)。

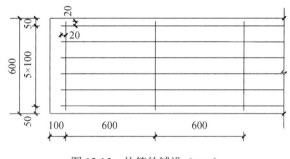

图 12.15 竹筋的铺设(mm)

水平竹筋网片沿墙高每 400mm 铺设一道,竖向竹条之间间距取 600mm,布置位置对应于水平竹筋网片上的各个节点。在水平纵横两方向和竖向的竹条相交处用钢丝捆扎。

2)布置竖向竹筋。竖向竹筋的布置和草绳网片的布置方式类似,要从基础开始对竹条进行锚固,这样能加强墙体和基础之间的连接。砖石基础可以直接把竹筋砌筑在灰缝内。基础完成之后,开始第一层墙体的夯筑。

3)布置水平竹筋网片。竹筋的布置先从两端开始,两端的铺设在距墙端100mm 处位置开始,纵横两方向上的竹筋两端分别超出最外侧竹条长度为 20mm,以免节点处滑动散开。纵向竹筋间距 100mm,横向竹筋间距 1200mm,沿着版缝铺设。竹筋网片铺设完成后开始安装下一版模板,准备下一版的夯筑。

重复步骤 2)和步骤 3),直到到达墙体标高。

相关的数值模拟分析表明:①加入了竹筋的夯土墙,拉应力得到了有效的降低,与素土夯土墙对应的竹筋夯土墙受拉区,其夯土拉应力降低近 50%,墙体变形减少近 18%。由此可见,植入竹筋对于减少夯土墙变形及提高整体性具有较好的效果。②在受压区,夯土受到的压应力有了一定程度的提高,因为竹筋约束了夯土在受压变形之后的膨胀趋势,导致约束区夯土处在三向受压状态,内部压应力有了相应的提升。这也说明了内部的竹筋骨架对夯土墙起到了约束作用。③加入了竹筋的夯土墙在墙体开裂承载力下降之后又会有一个反弹阶段，表明加筋夯土墙确实可以和钢筋混凝土结构一样，带裂缝工作，这增加了结构的延性。

（2）注意事项

1）骨架材料选用竹条等易脆断的材料时，要注意每版夯筑面的平整度，避免表面出现夯打坑洼，从而导致竹条在下一层的夯筑过程中被折断。

2）墙体转角处的竹条布置与草绳网的布置类似，在交叉处同样不能捆扎。

3）夯筑时会有模板中间的竖向竹条的干扰，可以先从中间开始夯起，起到先期固定的作用，同时可避免夯筑时砸断竖向竹条。

4）竹条网片的竖向间距可以根据实际需要适当加密。为了便于施工，竖向间距应注意与模板高度和每层夯筑厚度相协调。

5）当采用藤条作为骨架材料时，因为藤条不规则，所以藤条网片最外侧的藤条距离墙面的间距要稍微取大一些，避免藤条的翘曲破坏夯土墙的保护层。

6）夯土的材料特性决定了夯土墙内不能出现截面削弱，所以无论是竹条网片还是藤条网片，都应该注意网片的水平截面面积占墙体截面面积的比例，避免网片过于密集而形成上下层之间的隔离层。

7）通长的竖向竹条会给夯筑施工带来很大的不便，可以根据每版的厚度截取短竹条，这样便于施工。以本例为例，可以截取长500mm的竹条作为竖向骨架筋，竹条的上下搭接长度取50mm。

无论是内置草绳网夯土墙还是竹筋骨架夯土墙，都会在很大程度上增加施工的复杂程度，延长施工周期。而且，草绳、藤条以及竹篾的耐久性都不如夯土材料自身的耐久性，这种耐久性上的不同步也在一定程度上降低了结构的耐久性，加筋技术仍然有改进空间。

4. 钢丝网片夯土墙

钢丝网片夯土墙与内置草绳网夯土墙、竹筋骨架夯土墙的区别在于，其加筋方式不是一种内置型的植入方式，而是类似纤维布加固混凝土结构的外裹型加筋方式[120]，其中钢丝网片如图12.16所示。

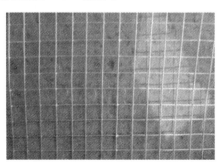

图12.16　钢丝网片

（1）施工工艺

1）网片裁剪。网片根据施工过程的需要和施工方便进行裁剪。根据需求不同，网片可以全墙面布置（图 12.17），也可以只在受力复杂的应力集中部位布置（图 12.18）。根据实际需要，把钢丝网片裁剪出相应的尺寸待用。网片裁剪尺寸要超出设计的布置面积，留出受力区域外的锚固区域。

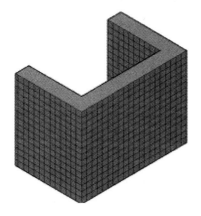 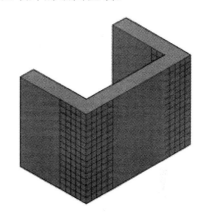

图 12.17　全墙面布置　　　　　　　　图 12.18　转角处布置

2）钉钢丝网片。钉之前简单清理墙面，然后用钢钉、木楔等把钢丝网钉在墙上。为了达到足够的锚固强度，钢钉或木楔的长度不能太短，要深入墙身内部。钢钉上可以增加一个垫片，避免钢丝网从钉帽上脱落。安装过程中，先在网片周边简单钉上几个位置，起到临时固定的作用。然后从上到下，依次按照固定间距钉入钢钉或木楔，直到全部完成。

3）抹面。墙体抹面按照正常施工程序进行。抹面既是钢丝网和内部墙体的保护层，同时也可以借助钢丝网加强其与墙体的黏结。首先，钢丝网片夯土墙与内置草绳网夯土墙、竹筋骨架夯土墙相比，在施工速度和难易程度上有了很大的改进，施工速度能达到最简单的素土夯土墙的施工速度。其次，钢丝网片能起到一举多得的作用，既能增强抹面和墙体的黏结强度，又能抑制抹面的干裂和脱落。同时，钢丝网"捆"在墙体外表面，还能约束内部夯土的横向变形，使得夯土处在三向受压状态下，增强了墙体承载力。在地震作用下，即使墙体内出现裂缝和破损，夯土块也不会散落，造成人员伤亡。对于使用过程中出现的裂缝，钢丝网也会起到很好的拉结作用，抑制裂缝的进一步发展。

（2）钢丝网片与夯土墙的连接措施

钢丝网片夯土墙虽然具有很多优点，但这些优点都是建立在钢丝网和墙体之间有很好的连接的基础上。在地震作用下，墙体受力情况复杂多变，钉入的铆钉很可能在墙体的变形作用下拔出，不能达到预期的提升抗震性能的目的。为了加强钢丝网和墙体之间的连接强度，使夹在墙体两侧的钢丝网之间能有效互动，共同工作，应采取以下措施。

1）建立连接点。建立连接点是指在墙体内植入木桩等贯穿整个墙体，墙体两侧的钢丝网片固定在分布的木桩上（图 12.19 和图 12.20）。植入的木桩长度等同墙厚，为了避免尖端出现应力集中，最好采用圆形木桩。

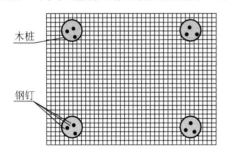

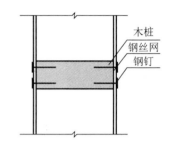

图 12.19　木桩布置示意图　　　　　　图 12.20　木桩连接剖面示意图

通过贯穿木桩连接的两片钢丝网，即使钉在墙体上的钢钉被拔出，两片钢丝网也能通过木桩上的连接固定在墙体上，继续发挥作用，不会出现钢钉逐个拔出之后脱落失效的现象。

2）建立张拉锚固体系。张拉锚固体系是指用钢筋夹在钢丝网片两侧，通过钢丝穿过墙体，约束两侧钢筋，张拉之后通过施加压力把网片固定在墙体上（图 12.21 和图 12.22）。

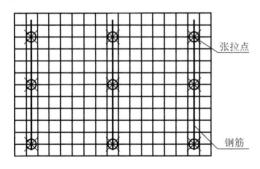

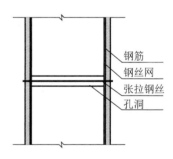

图 12.21　张拉点布置示意图　　　　　　图 12.22　张拉孔剖面示意图

张拉锚固措施相对于木桩连接点而言，从点约束延伸到线约束，约束分布更加均匀，能够基本避免锚固点拔出或者钢丝网局部撕裂而导致的失效范围迅速扩大的现象。而且，通过调整张拉点钢丝的松紧程度，还能在夯土墙上施加横向预应力，约束夯土墙的横向变形。竖向分布的钢筋也会增强墙体在该方向上的刚度，抑制墙体因为施工或者地基不均匀沉降等原因造成的墙体起鼓等现象。场地环境差、抗震设防烈度较高的地区，为了进一步增强约束强度，可以通过在纵横两个方向上布置双向钢筋，来增强墙体的约束强度和均匀程度。

钢丝网片夯土墙虽然在性能和施工程序上都有了很大的改进，但是要想达到预期目标，必须保证钢丝网片和钢筋有足够的耐久性。在安装之前，网片、钢筋和拉结钢丝等都应该做防锈保护措施，如涂刷防锈漆等。其次，墙体抹面要能够提供足够的保护层厚度，以减缓室内外空气中的氧气和水汽腐蚀钢筋和网片。即使钢筋出现锈蚀，也可以在去除抹面之后，在不扰动墙身的情况下替换原有锈损的网片和钢筋，延长使用寿命。

　　植筋夯土墙作为一种改良的夯筑技术，植筋之后的夯土墙形成了类似钢筋混凝土剪力墙的效果，使原生态的素土夯土墙有了一个质的提升。类比剪力墙的原理可知，合理的植筋设计和相应的构造措施，可以使墙体具有很高的延性和抗震承载力。

12.2.2　组合木格构夯土墙

　　植筋夯土墙在结构形式上类似于现代配筋混凝土，改进后的墙体也可达到类似钢筋混凝土的延性效果。在此基础上进一步延伸，同样类比现代混凝土结构中的组合结构，提出组合木格构夯土墙（图 12.23），其可更加充分地利用夯土材料的抗压强度，提升墙体的整体性能。组合木格构夯土墙骨架的强度和刚度更高，能够分担更大的作用力，也能更好地协调墙体的变形[118]。

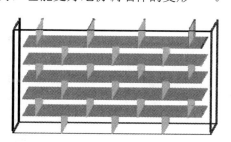

图 12.23　组合木格构夯土墙示意图

1. 施工工艺

　　组合木格构夯土墙的施工特点与前述两种墙体的施工特点相比，最大的区别在于施工过程中对组合木板的利用。

　　（1）准备材料

　　首先是夯土土料的准备和施工工具的准备，其次是组合木板的制备。组合木板应该配合夯土墙的厚度和模板的尺寸进行制作，以便于施工。为了叙述方便，此处以墙厚 500mm，每版长 1200mm，高 500mm 的夯土墙施工为例进行详细说明。

　　组合木板的材料制备主要包括两种尺寸的木板，长板是沿墙体通长布置的整块木板，短板长度取 620mm。长板每隔 600mm 开一个槽口，槽口深 250mm，宽 10mm，所有槽口开在同一侧；短板在距两端各 50mm 处开槽，开槽深 250mm，宽 10mm（图 12.24 和图 12.25）。所有木板准备好之后，摆放妥当备用。

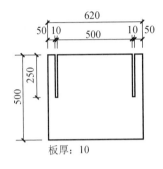

图 12.24　木骨架短板尺寸（mm）

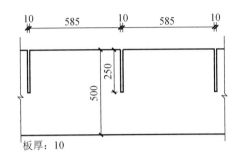

图 12.25　木骨架长板尺寸（mm）

模板的侧板在中间位置须开一道宽 10mm、深 50mm 的槽口，以备施工使用。

（2）布置第一层竖向短板

第一道夯土墙的模板安装要利用短板作为模板两端的挡板，模板侧板上口和短板上方的 10mm 开口下沿齐平，短板间距为 1200mm，即一版长度；然后按照正常夯打程序，填土夯筑（图 12.26）。等到一版夯筑还差最后一层填土时，在模板侧板的槽口上加上配套的厚 10mm、宽 50mm 的木板，最后一层填土被分为模板两侧的左右两格，在两格内填土夯筑（图 12.27）。

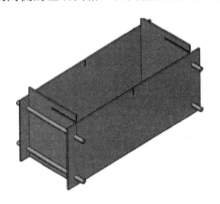

图 12.26　拼装后未加中间隔板的模板示意图

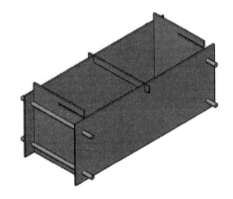

图 12.27　最后一层填土时装上中间隔板示意图

为了确保夯筑之后上表面平整和密实，最后一层填土夯筑要超过模板侧边的上沿，完成后上表面微微隆起，然后铲平上表面，保证这一版最后一层的夯筑完全密实，避免坑洼不平给后续施工带来不利影响。铲平过程可以采用铁铲等工具，去除上部浮土和隆起部分的夯土，刮铲过程要以两侧模板上口作为控制基准，直到表面和两侧檐口齐平为止。

等到一版夯筑工序完成之后，进入下一个模板的安装，如此循环往复，直到该层全部夯筑完毕。

（3）安装下一层模板

拆除侧面模板，夯土层表面清理平整之后，短板露出宽 10mm 的槽口，夯土段中部有宽 10mm、深 50mm 的槽口（图 12.28）。

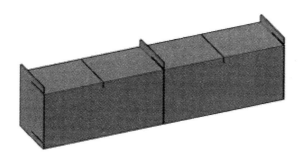

图 12.28　夯筑完成的夯土墙局部

把水平长板的各个槽口对准短板的槽口，沿夯土上表面推进，扣合。水平长板安装完成之后，在长板中间的槽口内插入竖向短板，作为该层夯筑的两端挡板（图 12.29 和图 12.30）。长板的安装可以在上一层的夯筑完成之后全部铺好，然后按照施工进度每夯筑一版，加设一块短板，依次推进。

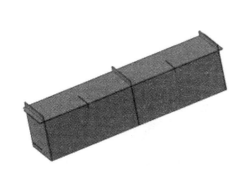
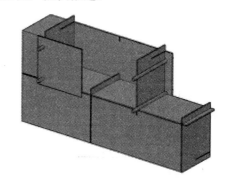

图 12.29　铺设完成的水平长板（局部）　　　　图 12.30　模板安装后示意图

（4）填土夯筑

填土夯打过程中，第一层的夯打要避免把暴露出来的竖向短板打折，夯打过程要从中间开始，先轻打几下，确保下面夯土厚度在 50mm 以上时再进行全力夯打。夯筑到还差最后一层（厚度至少为 50mm）时，在模板中间加入横向挡板，预留下一层夯土的竖向短板安装凹槽，然后继续按照第二步要求进行夯筑。

如此循环往复，直到完成整面墙体夯筑。

2. 注意事项

1）空间组合木板的长、短板制作要标准，开槽宽度、深度和间距都应该严格按照尺寸要求进行施工。否则，开口过大会出现咬合不严密、松动；开口太小，不能相互扣合。间距应一致，否则不能进行下一步的模板安装。

2）每一层夯土的夯筑都应该反复捶打密实，不能出现密实度不足或者局部坑洼的现象。否则，软弱区域会在下一层夯筑过程中沉降，导致水平长板挠曲甚至折断。

3）组合木格构夯土墙表面必须有良好的抹面层来保护墙体，否则墙内木板极易在反复干湿循环作用下腐朽。

4）为了确保结构的整体性，组合木格构夯土墙应该在角部采取加强措施，如采用砖柱等，否则转角处会形成薄弱环节，出现"强构件，弱节点"。

5）长板的搭接（图 12.31）可采用木板条。两块拼接模板安装就位后，在接缝处设置两块木条横跨接口，两侧钉入钢钉作为锚固。拼接接口不宜做成平口，因为斜口拼接有利于增强抗剪性能。

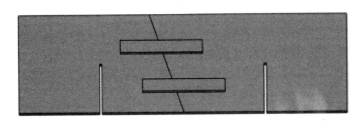

图 12.31　长板搭接示意图

6）组合木格构夯土墙需要夯土和木骨架相辅相成才能最大限度地提升墙体性能。木格构作为抗拉和抗剪结构，相互咬合的构造在平面外具有较好的刚度；但是在平面内，抗侧移刚度显然不足。内部相互错缝咬合的夯土为刚体单元提供了墙体平面内的抗侧移刚度。所以，模板的设置要保证夯土单元为长方体，这样才能具有较大的截面矩。

7）每版夯筑厚度不能太小，一要避免反复安装模板减慢施工速度，增加木材用量；二要避免夯土单元长细比太大，容易折断。

组合木格构夯土墙把墙体分为若干个夯土单元，单元之间通过格构相连，格构起到了约束内部夯土变形的作用，同时也是承担剪力和拉力的构件。内部夯土实际上处在双向约束状态，在一定程度上也提升了夯土的强度。木格构的形式并不仅限于这一种，实际工程中根据抗震性能或其他功能需求，在夯土墙内添加木圈梁和构造柱等构造措施也可以看作一种简单的木格构结构。

12.2.3　预应力夯土墙

除了以上几种通过添加受力构件来分担夯土承受的作用力之外，给夯土施加预应力或者其他变形约束，使得土体处于多向受压状态下，也能够充分利用夯土耐压能力较强的特点，在一定程度上提升夯土墙的承载能力。

预应力夯土墙（图 12.32）是在夯土墙土体内设置多组沿墙身长度方向布置的预应力钢筋，钢筋通过两端的钢板固定和施加预应力，使墙体处于双向受压状态，提高了墙体的抗压、抗剪承载力，避免了竖向裂缝的形成，保证了夯土墙的使用年限，又避免了在墙内植入草筋、藤条和木骨架导致的耐久性不足的缺点[121-122]。

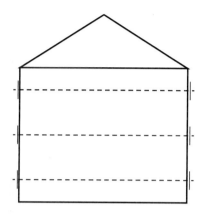

图 12.32　预应力夯土墙示意图

1. 施工工艺

（1）准备材料

除了夯土土料和施工器具的准备之外，材料准备还包括预应力筋材料、套管、预应力钢筋、固定板、垫圈、螺栓、螺母等。

（2）焊接组装预应力筋

把准备好的预应力筋和套管根据墙体长度或截取或焊接，取得适当长度。套管和预应力筋焊接完成之后，在钢筋和套管表面涂刷防锈漆，然后把钢筋穿进套管，在两端焊接上准备好的螺栓。

（3）夯筑墙体

墙体夯筑按照正常施工步骤进行，直到第一层预应力筋位置。墙体夯筑平垛之后，根据套管的直径，在墙体正中间开出槽口，使得套管正好沉入槽内。开出的槽口不能太大，正好能够放入套管即可，太深、太宽除了增加工作量外，还会加剧对已经夯筑完成的墙体的扰动；太窄、太浅的话，套管不能完全沉入槽内，露出的套管会妨碍下一层夯土的支模和夯筑。

（4）重复夯筑

按照正常顺序进行下一步支模和夯筑，按照预定位置布置预应力筋，直到墙体夯筑完成为止。

（5）施加预应力

墙体养护到一定强度之后，开始施加预应力。首先，把固定板安装到螺栓上，加上垫圈，拧紧螺母（图 12.33）。两侧螺母要同时拧紧，确保施加的预应力沿整根钢筋均匀分布。最后，在垫板和螺栓上涂刷防锈漆。

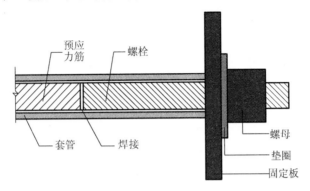

图 12.33　螺栓连接样式

至此，墙体部分施工完成，进行下一步的抹面等施工程序。

2. 注意事项

1）预应力筋的摆放层面要保证水平，避免凹凸不平或者倾斜，否则施加预应力之后会对墙体形成弯矩作用。

2）预应力筋要布置在墙体正中间，避免出现偏心受压状态。

3）固定垫板要有足够的尺寸，避免垫板面积太小出现局部受压破坏。

4）预应力的施加可以分几次间隔性施加，避免钢筋应力松弛引起预应力损失而不能达到预期效果。

5）对于较厚的墙体，可以在同一层面布置并排两道预应力筋，从而使施加的预应力更加均匀。

本节集中介绍了在传统夯筑技术的基础上作出改进的三类新型夯筑手法，除此之外，还介绍了很多从其他角度出发提出的新型技术，如错层夯筑就是其中一例。这些方法虽然都效果明显，但是各有利弊，在具体的问题上还需要根据实际情况和各种方法的特点进行合理选择，可以选择其中一种，也可以多种进行组合。

所有的这些改良技术旨在提升墙体的整体性和承载力，弥补夯土材料天然存在的脆性缺陷。改良后的夯土墙在抗剪能力、抗拉能力和抗压能力方面都有了较大的提升，结构的抗震性能也得到提高，这对于农村等经济欠发达地区而言，少量的投入取得可观的效果很有意义。改良后的夯土墙夯筑技术开拓了一片新的视野，无论是植筋夯土墙、组合木格构夯土墙，还是预应力夯土墙，都应用了现代结构理论成果，这为夯土技术理论的系统化、规范化摸索出了新的道路，也进一步为村镇建筑的规范制定提供了工程经验之外的理论支持[123, 124]。

12.3　土坯墙改良技术

土坯墙房屋的结构整体性差，纵横墙体之间相互拉结的措施在地震作用下，很容易发生墙体开裂、房屋倒塌现象，这是传统土坯农房的主要震害之一（图 12.34）。对传统生土土坯房屋进行抗震加固是提高结构抗震能力和使用寿命的有效方法，可以最大限度地减少地震带来的经济损失和人员伤亡[125, 126]。

（a）土坯墙体开裂　　　　　　　　　　　（b）土坯房屋倒塌

图 12.34　地震造成的灾害

12.3.1　木圈梁带

结合传统生土土坯农房的施工材料与传统施工工艺，提出一种木圈梁带抗震加固技术，在不影响传统土坯农房正常使用的前提下，可有效地增强房屋的抗震性能。

1. 施工工艺

（1）施工准备

1）施工所需要的工具及材料。

工具：小锤、泥抹、瓦刀、木锯、托泥板、墨斗、手工刨、扳手、喷水壶、扫帚。

材料：质地优良的木材板，厚度 3～4cm 若干，厚度 1cm 若干；薄钢板若干；水泥钉若干。

2）木板条的准备与制作。

① 画线、刨平：采用样板画线时，先用墨斗在已选好的质地良好的木板件上弹出杆件轴线；对原木板件，先砍平找正后弹十字线及中心线。然后按照尺寸进行刨平，制作宽为墙厚（一般为 20～30cm），高为 4cm 的木板，以及横截面为 4cm×1cm 的木板。

② 锯块：木板的上承压面必须平整、严密；板与板之间应用木锯锯下一

块木材，以方便在纵横连接时搭接，两个木板切掉的木板与块的夹角之和应为 90°（图 12.35）。

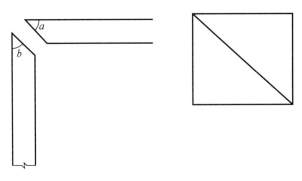

图 12.35　板与板之间切掉部分

③ 刻槽：在木板两表面用刻刀刻划纵横交错的刻槽，以方便与草泥浆良好黏结，增强房屋的整体性能。

（2）施工流程

木圈梁带的施工工艺流程：墙体表面处理→木圈梁的拼接成型→木圈梁带成型→木圈梁带加固。其具体的施工过程如下。

1）墙体表面处理。

① 新建的生土土坯农房，墙体砌筑到安装圈梁的高度时，对于土坯墙上表面，要避免出现后期与木圈梁接触不整齐的现象；对于存在墙体最上层的建筑残留物，应用扫帚清理，用泥瓦刀刮平土坯墙表面的不平区域。

② 提前准备好抹灰高凳或脚手架，架子应距离墙面及墙角 200～250mm，以便操作。面层清理完成后，用五齿耙在崖面上刷出纵横交错的浅沟壑，以便泥浆与下层土坯良好接触，沟壑深度为 3～10mm，用扫帚轻扫去面层浮土。

2）木圈梁的拼接成型。

① 在木圈梁高度处抹上厚度大约为 2cm 的草泥浆，用泥抹来回压数次，抹平草泥浆的表面，使其厚度维持在 2cm 左右且表面平行于土坯墙上表面；然后用木板的一面压上去，木板两侧与墙体垂直无翼缘，即木板的宽度与墙体的厚度一致［图 12.36（a）］，并随时用瓦刀或大铲尖将挤出的草泥浆收起。这种做法的优点是泥浆饱满，黏结力强，可与木圈梁带良好连接；也可以使墙面整体美观整洁，缝路清晰。

② 对于纵横交接处，在最上层用薄钢板进行锚固，将两张薄钢板交错搭接成 L 形，用螺钉在各自角落钻钉锚固，重叠部分锚固 4 个［图 12.36（b）］。对于内外角落则用两片 10cm×4cm 的薄钢板锚固，各侧分别锚固 4 次。墙体最上层中间段若因为长度的问题需要搭接，则需用一块长 10cm 的薄钢板进行锚固，交接的两侧各用木螺钉锚固 4 次，最终形成一个封闭的木圈梁带。

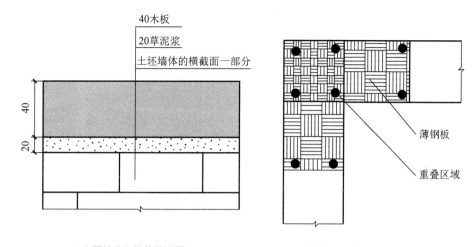

（a）木圈梁带与墙体截面图   （b）木圈梁带纵横交接处连接的横截面

图 12.36　木圈梁带的细部构造（mm）

3）木圈梁带成型。土坯房屋一般高度为 3m，纵墙的高度一般为 2m，沿墙高每 500mm 配置一层木圈梁带，按照步骤 2）的施工过程。若高度与门窗高度冲突，圈梁被门窗洞口截断时，应在洞口上部增设相同截面的附加圈梁。附加圈梁与圈梁的搭接长度不得小于 1m。

4）木圈梁带加固。制作长 2～3m 的木条若干（称为构造夹板），其纵截面的尺寸为 4cm×1cm，间距为 50cm，依次在竖向与墙体搭接，在与木圈梁带重叠部分用 6 根水泥钉锚固（图 12.37）。木条加固了木圈梁带，并共同形成了墙体的外箍。

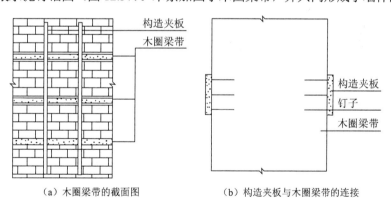

（a）木圈梁带的截面图   （b）构造夹板与木圈梁带的连接

图 12.37　木圈梁带加固示意图

2. 注意事项

1）圈梁宜连续设在同一水平面上，并形成封闭状；当圈梁被门窗洞口截断时，应在洞口上部增设相同截面的附加圈梁，附加圈梁与圈梁的搭接长度不小于 1m。

2）纵横木圈梁带交接处的圈梁应有可靠的连接。用水泥钉进行锚固时，应全部钉实，不得有预留。

3）选用木材时应严格控制质量，需采用质地优良的木材。开裂超过 1/3 的木材不能用于主材；鉴于木材本身具有裂缝，在挑选木料时最好选用纹路为直纹的木材，扭纹的木材不能使用；尽量使用没有髓心及木节较少且小的木材。

4）木圈梁带的搭接需错缝紧密，不应有空隙。

12.3.2 内外格栅加筋网

生土土坯墙承重民居抗震性能差，采用内外格栅加筋网可对土坯墙形成很好的约束，增强土坯房屋的整体性。墙体内、外侧的水平和竖向草泥浆加筋带形成了"弱框架"，穿墙拉结加筋的作用保证了在水平地震作用下草泥浆加筋带与土坯墙协同受力[127]。

1. 技术原理

生土土坯墙房屋的层高一般为 3m 左右，沿墙高在墙体内外侧布置 3～4 道水平草泥浆加筋带，草泥浆加筋带厚 50～60mm，宽 150～200mm（图 12.38），沿着墙体高度方向的间距为 700～1000mm。窗户底部位置设置一道，以便与窗户两侧的竖向草泥浆加筋带连接在一起；窗户与门洞过梁顶部位置设置一道，以便与加筋带连接起来，增强草泥浆加筋带的整体性和窗洞处的局部刚度；墙体内外侧顶部设置一道，有助于屋面与墙体之间拉结钢丝的设置。

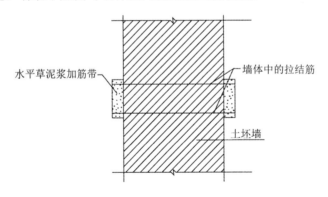

图 12.38 水平草泥浆加筋带布置

为了增强纵、横墙体间的整体性能，以及草泥浆加筋带对墙体的约束作用，同时设置了竖向草泥浆加筋带，与水平草泥浆加筋带形成了一个内外格栅加筋网。竖向草泥浆加筋带包括设置在内外墙角处的竖向草泥浆加筋带、内墙角处的竖向草泥浆加筋带，以及山墙中部的竖向草泥浆加筋带。竖向草泥浆加筋带增强了横墙与前后纵墙的整体性，可以防止山墙的外闪破坏。门窗洞口两侧的竖向草泥浆加筋带将内外侧水平砂浆加筋带连接成一个整体。墙体内外侧转角处竖向草泥浆加筋带大样图如图 12.39 所示。

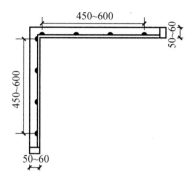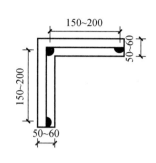

（a）外墙角竖向草泥浆加筋带横断面　　　（b）内墙角竖向草泥浆加筋带横断面

图 12.39　墙体内外侧转角处竖向草泥浆加筋带大样图（mm）

在水平地震作用下，要保证内外侧草泥浆加筋带协同受力，就必须将其连接起来，本节采用穿墙拉筋的方式解决该问题。土坯墙打孔方便，沿着水平草泥浆加筋带位置，按间距 400～600mm 布孔，墙体中的拉筋两端分别焊接在水平草泥浆加筋带中的受力钢筋上。由于传统的土坯墙承重房屋的屋面与墙体的连接性能较差，在较大的地震作用下，屋面可能会滑落坍塌造成人员伤亡，本技术通过拉结钢丝将屋面与墙体连接，在檩条与椽子靠近墙体的部位缠绕拉结钢丝，然后绑扎在顶部草泥浆加筋带中的拉结钢筋上（图 12.40）。

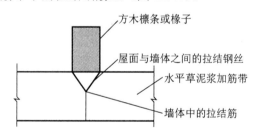

图 12.40　屋面与墙体连接示意图

2. 施工工艺

（1）施工准备

工具：瓦刀、抹子、卷尺、泥瓦铲、锤子、托泥板、扫帚、喷水壶。

材料：生土、麦秸、钢筋。

（2）施工流程

布置穿墙拉结钢筋→加筋带草泥浆调平→连接加筋带中的水平和竖向钢筋→拉结固定屋面→养护。

1）布置穿墙拉结钢筋。沿着水平草泥浆加筋带，水平方向间距 400～600mm，竖向间距 60～80mm 用冲击钻穿墙打孔，孔的直径约为 8mm，用于穿墙拉筋的布置。考虑到加固面层为 50～60mm，穿墙钢筋长度定为 460～480mm，两端各自伸出墙面 30～40mm，以便与下面步骤中的水平方向钢筋焊接。

2）加筋带草泥浆调平。为避免草泥浆加筋带中钢筋在地震作用下与土坯墙直接接触，造成土坯墙的局部破坏，需要在加筋带位置预先抹一层厚度为 10～15mm 的草泥浆。施工前先放线，定出水平和竖向加筋带的位置，用气排钉将木模板直接固定在加筋带的边界位置，抹草泥浆时每次不能太厚，分几次完成。

3）连接加筋带中的水平和竖向钢筋。每道水平加筋带中布置两根直径为 8mm 的纵向受力钢筋，分别与伸出墙体的穿墙拉结钢筋连接，墙体内外侧均用相同方法处理。需要注意的是，要将门窗洞口处及墙体内外侧的水平向钢筋连接在一起，纵、横墙交接处的水平向钢筋要有一定的搭接长度且都要连接在一起。竖向加筋带内的纵向受力钢筋连接在一起，而且要与水平向钢筋连接在一起。墙体的内侧和外侧都用相同的方法连接，内外侧加筋带通过穿墙拉结钢筋连接在一起。

4）拉结固定屋面。考虑到墙体顶部内外侧各有一道水平加筋带，可以用 8 号钢丝绑扎在檩条和椽子靠近墙体的部位，另外一端固定于顶部水平草泥浆加筋带中伸出的穿墙钢筋和水平向钢筋上。

5）养护。完成以上步骤后，直接分层抹草泥浆达到设计厚度，即 50～60mm，加固完成后要注意草泥浆加筋带的养护。

3. 注意事项

1）该技术既可加强生土土坯农房的抗震性能，还可减少房屋抹泥面的脱落。

2）施工后抹面层表面要平整，外观整洁。

3）避免冬期施工，防止草泥浆在砌筑过程中因冻融作用而受冻开裂。夏季施工时，为避免草泥浆中水分蒸发过快形成干缩裂缝，面层施工完成后需要喷水养护。

4）秸秆最好用当年的，且要坚韧不含杂质，在使用前把秸秆轧扁，并用铡刀切成不长于 3cm 且长度不等的短节。在筛细的黄土中加入适量石灰和切好的秸秆，混合均匀待用。

参 考 文 献

[1] 侯继尧, 任致远. 窑洞民居[M]. 北京: 中国建筑工业出版社, 1989.

[2] 侯继尧, 王军. 中国窑洞[M]. 郑州: 河南科学技术出版社, 1999.

[3] 王其钧. 中国民居[M]. 北京: 中国电力出版社, 2012.

[4] 张钰晨, 王珊. 视平线下的建筑: 地坑院[J]. 华中建筑, 2016, 34 (1): 162-166.

[5] 谢北川. 风水民俗的地理科学性探讨[D]. 重庆: 西南大学, 2014.

[6] 李冰倩. 基于风水理论的陕北窑洞村落选址与布局研究[D]. 西安: 西安建筑科技大学, 2016.

[7] 童丽萍, 张晓萍. 生土窑居的存在价值探讨[J]. 建筑科学, 2007, 23 (12): 7-9+19.

[8] 陈瑞芳. 地坑窑民居传统营造中的科学性研究[D]. 郑州: 郑州大学, 2011.

[9] 唐丽, 徐辉, 刘若瀚. 豫西地坑窑院构造技术探讨[J]. 四川建筑科学研究, 2012, 38 (4): 216-219.

[10] 张晓娟. 豫西地坑窑居营造技术研究[D]. 郑州: 郑州大学, 2011.

[11] 赵非. 平陆地窨院营造技术初探[D]. 太原: 山西大学, 2015.

[12] 赵恩彪. 原生态视野下的豫西窑洞传统民居研究[D]. 上海: 上海交通大学, 2010.

[13] 马成俊. 下沉式窑洞民居的传承研究和改造实践[D]. 西安: 西安建筑科技大学, 2009.

[14] 郑青. 黄土塬上的地下村落: 河南陕县地坑窑[J]. 室内设计与装修, 2008, (4): 110-113.

[15] 童丽萍, 韩翠萍. 黄土材料和黄土窑洞构造[J]. 施工技术, 2008, 37 (2): 107-108.

[16] 童丽萍, 赵自东. 生土窑居的生态特性研究[J]. 郑州大学学报 (理学版), 2007, 37 (4): 174-177.

[17] 童丽萍, 张晓萍. 濒于失传的生土窑居营造技术探微[J]. 施工技术, 2007, 36 (11): 90-92.

[18] 曹源, 张琰鑫, 童丽萍. 地坑窑尺寸设计及其对力学性能的影响[J]. 建筑科学, 2012, 28 (S1): 103-107.

[19] 王徽, 杜启明, 张新中. 窑洞地坑院营造技艺[M]. 合肥: 安徽科学技术出版社, 2013.

[20] 童丽萍, 陈瑞芳. 地坑窑院中拦马墙的传统营造[J]. 建筑科学, 2010, 26 (12): 73-78.

[21] 曹源, 童丽萍, 赵自东. 传统地坑窑居水循环系统的研究[J]. 郑州大学学报 (理学版), 2009, 41 (03): 85-88.

[22] 付海龙. 试论中原地区商代的水井[D]. 北京: 中央民族大学, 2015.

[23] 伍珂佳. 水井与文化变迁[D]. 吉首: 吉首大学, 2016.

[24] 朱俊亮, 王宗山, 端木琳, 等. 火墙式火炕的结构改进实验研究[J]. 建筑科学, 2011, (02): 26-32.

[25] 庄智. 中国炕的烟气流动与传热性能研究[D]. 大连: 大连理工大学, 2009.

[26] 陈荣耀, 吕良. 炕连灶技术讲座[J]. 可再生能源, 1987, (1): 11-12.

[27] 陈荣耀, 吕良. 从炕灶测试结果谈炕灶的结构[J]. 可再生能源, 1985, (4): 4-7.

[28] 郭继业. 炕墙火墙式大坯花洞炕[J]. 可再生能源, 1985, (2): 29.

[29] 曹源, 童丽萍. 地坑窑居中"炕"的功能和构造研究[J]. 建筑科学, 2009, 25 (12): 12-15.

[30] 许多. 三门峡陕县下沉式窑洞保护研究[D]. 西安: 西安建筑科技大学, 2009.

[31] 毛立慧. 窑脸装饰艺术研究[D]. 长沙: 中南林业科技大学, 2011.

[32] 李秋香. 窑洞民居的类型布局及建造: 建筑史论文集[C]. 北京: 清华大学出版社, 2000.

[33] 瞿平山. 基于自然地理学下的豫西地区窑洞民居研究[D]. 郑州: 郑州大学, 2014.

[34] 秦嘉庆. 三门峡陕县窑洞民居保护与发展研究[D]. 西安：长安大学，2010.

[35] 崔红伟，朱兰兰. 豫西民居奇葩：地坑院[J]. 中州今古，2004，（2）：58-59.

[36] 孙晓毅，张晨阳. 地域文化影响下的豫西民间剪纸艺术探析[J]. 艺术生活-福州大学厦门工艺美术学院学报，2015，（2）：75-77.

[37] 毛白滔，王放. 浅谈豫西民间剪纸与室内空间的关系[J]. 科技信息，2010，（27）：190+194.

[38] 张睿婕. 柏社村地坑窑传统聚落空间的保护与发展研究[D]. 西安：西安建筑科技大学，2015.

[39] 张妍. 山西古建筑施工工艺[D]. 太原：太原理工大学，2012.

[40] 赵慧，王文亮. 宋代室内地面作法初探[J]. 山西建筑，2009，35（29）：207-208.

[41] 李永霞. 探析整体地面的嬗变与发展[D]. 保定：河北大学，2007.

[42] 田虎. 文化导向下的黄土地区民居建筑材料与构造设计方法研究[D]. 西安：西安建筑科技大学，2013.

[43] 杨兵龙. 砖地面新做法[J]. 建筑工人，1992，（3）：53.

[44] 徐金虎. 简易防潮砖地面的做法[J]. 建筑知识，1984，（3）：25.

[45] 刘瑞晓. 生土地坑窑裂缝控制技术研究[D]. 郑州：郑州大学，2010.

[46] 童丽萍，刘强，赵红垒，等. 生土窑居窑拱裂缝工字撑局部加固方法：201510179710.X[P]. 2015-07-08.

[47] 童丽萍，邬伟进，刘强，等. 生土窑居木拱肋加固系统及其施工工艺：201510663791.0[P]. 2015-12-30.

[48] 赵红垒，童丽萍，刘瑞晓. 生土地坑窑腰嵌梁加固技术研究[J]. 施工技术，2016，45（18）：124-127.

[49] 罗建中，曹源，童丽萍，等. 生土窑居裂缝控制嵌梁加固系统及其施工工艺：200910172315.3[P]. 2010-04-07.

[50] 童丽萍，韩翠萍. 传统生土窑洞的土拱结构体系[J]. 施工技术，2008，37（6）：113-115+118.

[51] 童丽萍，韩翠萍. 黄土窑居自支撑结构体系的研究[J]. 四川建筑科学研究，2009，35（2）：71-73.

[52] 曹源，童丽萍，柳帅军，等. 生土窑居拱券错位的加固方法：200910227632.0[P]. 2010-06-23.

[53] 童丽萍，赵龙. 生土窑居窑顶坍塌阶段划分及修复方法研究[J]. 施工技术，2016，45（18）：128-132.

[54] 童丽萍，赵龙，谷鑫蕾，等. 用玉米芯草泥浆修复生土窑居局部塌落的结构及施工工艺：201510833032.4[P]. 2016-02-17.

[55] 童丽萍，赵龙，刘强，等. 生土窑居抹面防空鼓剥落结构：201520436720.2[P]. 2016-01-20.

[56] 童丽萍，赵龙，谷鑫蕾，等. 生土地坑窑窑顶植被种植基层结构：201520851992.9[P]. 2016-03-16.

[57] 刘源. 通风系统对地坑窑结构性能影响的研究[D]. 郑州：郑州大学，2010.

[58] 童丽萍. 生土窑居新型通风孔构造及其施工工艺：200910172312.X[P]. 2010-03-17.

[59] 童丽萍，张琰鑫，崔金晶. 村镇生土结构住宅质量通病及治理技术[M]. 北京：中国建筑工业出版社，2015.

[60] 曹亚东. 湿陷性黄土地基的处理办法[J]. 甘肃科技，2007，23（8）：170-171.

[61] 欧阳农，刘焕芳. 预浸水法在湿陷性黄土地基中的应用[J]. 石河子大学学报（自然科学版），1998，2（1）：51-54.

[62] 冷定章. 膨胀土地基处理措施浅析[J]. 工程设计与研究，2013，（134）：24-26.

[63] 龚裕祥，张三川. 论膨胀土地基处理[J]. 西部探矿工程，2002，14（4）：19-20.

[64] 陈志鹏，李文盛. 浅析"橡皮土"[J]. 湖北科技学院学报，2012，32（11）：219-220.

[65] 孙大章. 中国民居研究[M]. 北京：中国建筑工业出版社，2004.

[66] 何文军. 浅谈灰土在地基基础中的应用[J]. 民营科技，2009，（10）29.

[67] 成琳，李宁. 探讨建筑工程中砖石基础施工工艺[J]. 门窗，2013，（5）：114.

[68] 孙冰颖. 砖的技术建构与空间研究[D]. 北京：北京林业大学，2013.

[69] 陆磊磊. 传统夯土民居建造技术调查研究[D]. 西安：西安建筑科技大学，2015.

[70] 陈忠范，郑怡，沈小俊，等. 村镇生土结构建筑抗震技术手册[M]. 南京：东南大学出版社，2012.

[71] 谢华章. 福建土楼夯土版筑的建造技艺[J]. 住宅科技，2004，（7）：39-42.

[72] 罗强. 西北地区生土民居设计与营造技术研究[D]. 重庆：重庆大学，2006.

[73] 李万鹏. 典型西北地区生土民居的建构研究：秦岭山地民居[D]. 西安：西安建筑科技大学，2010.

[74] 郝传文. 改性方式对生土墙体材料耐久性影响的研究[D]. 沈阳：沈阳建筑大学，2011.

[75] 严富青. 陕南地区生土建筑营造技术研究[D]. 西安：西安建筑科技大学，2010.

[76] 路晓明. 豫北地区生土建筑的结构类型与构造研究[D]. 焦作：河南理工大学，2010.

[77] 尚建丽. 传统夯土民居生态建筑材料体系的优化研究[D]. 西安：西安建筑科技大学，2005.

[78] 马小刚. 陇东地区传统生土建筑建造技术调研与发展研究[D]. 西安：长安大学，2013.

[79] 张琰鑫. 农村夯土类住宅抗震性能研究[D]. 郑州：郑州大学，2010.

[80] 中华人民共和国住房和城乡建设部. 镇（乡）村建筑抗震技术规程：JGJ 161—2008[S]. 北京：中国建筑工业出版社，2008.

[81] 经鑫. 传统民居墙体营造技艺研究：以鄂东南地区为例[D]. 武汉：华中科技大学，2010.

[82] 杜琳. 探析中国古代传统建筑营造技术中土材料的应用[D]. 太原：太原理工大学，2009.

[83] 周珏. 村镇生土住宅设计施工方法研究[D]. 西安：长安大学，2012.

[84] 周璐. 湿热地区夯土农宅自建造技术研究[D]. 广州：华南理工大学，2015.

[85] 王伟超. 豫西北地区生土民居墙体材料的力学与热工特性研究[D]. 焦作：河南理工大学，2009.

[86] 穆钧，周铁钢，王帅，等. 新型夯土绿色民居建造技术指导图册[M]. 北京：中国建筑工业出版社，2014.

[87] 杨亚楠. 生土住宅质量通病及预控措施研究[D]. 郑州：郑州大学，2012.

[88] 吴锋，李钢，贾金青，等. 传统土坯抗压强度的试验研究[J]. 工程抗震与加固改造，2012，34（5）：56-61.

[89] 石涛. 传统民居建筑保护与利用技术研究初探[D]. 济南：山东建筑大学，2011.

[90] 王建卫. 既有村镇生土结构房屋承重土坯墙体加固试验研究[D]. 西安：长安大学，2011.

[91] 解婧雅. 纳西建筑木构架与土坯营造作法研究[D]. 北京：北方工业大学，2014.

[92] 高鑫. 土坯建筑建造技术及质量控制模式研究[D]. 西安：西安建筑科技大学，2012.

[93] 张雯. 土生土长：以夯土为核心的自然建造研究[D]. 杭州：中国美术学院，2013.

[94] 孟琳. 传统建筑中木门窗装饰与式样演变分析[J]. 高职论丛，2010，（4）：30-33.

[95] 张冉，段新芳，楚杰，等. 中国木门窗标准体系构建研究[J]. 木材加工机械，2014，25（6）：58-61.

[96] 章鑫樑，张克平，罗苗铨. 木门窗制作的质量问题及防治对策[J]. 科技信息，2006，（12）：65.

[97] 王旭东. 木门窗制作质量通病与改进措施[J]. 建筑工人，1984，（1）：11-13.

[98] 中华人民共和国国家质量监督检验检疫总局，中国国家标准化管理委员会. 木门窗：GB/T 29498—2013[S]. 北京：中国标准出版社，2013.

[99] 王其钧. 中国传统建筑屋顶[M]. 北京：中国电力出版社，2009.

[100] 刘淑婷. 中国传统建筑屋顶装饰艺术[M]. 北京：机械工业出版社，2008.

[101] 武琳. 古建筑屋面工程施工细节详解[M]. 北京：化学工业出版社，2014.

[102] 庄昭奎. 豫北平原地区传统民居营造技术研究[D]. 郑州：郑州大学，2015.

[103] 刘玉洁. 豫东平原传统民居营造技术研究[D]. 郑州：郑州大学，2014.

[104] 高娜. 豫中传统民居现状调查研究[D]. 郑州：郑州大学，2014.

[105] 蓝先琳. 屋顶[M]. 天津：天津大学出版社，2008.

[106] 刘娟. 中国传统建筑营造技术中砖瓦材料的应用探析[D]. 太原：太原理工大学，2009.

[107] 赵琛. 古建筑修缮工程施工细节详解[M]. 北京：化学工业出版社，2014.

[108] 赵祚宁，魏前进. 两种墙面抹灰施工技术浅谈[J]. 农家参谋（种业大观），2014，（5）：44.

[109] 孙光庆. 常用散水做法分析[J]. 建筑工人，1996，（2）：29-30.

[110] 白云徽. 勒脚[J]. 建筑工人，1982，（1）：15.

[111] 沈克达. 勒脚抹灰施工要点[J]. 建筑工人，1993，（3）：14.

[112] 童丽萍，张琰鑫. 农村夯土类建筑地震反应分析[J]. 世界地震工程，2009，25（2）：36-40.

[113] 徐舜华，王兰民，王强，等. 甘肃典型夯土民房承重墙体加固试验研究[J]. 防灾减灾工程学报，2011，31（4）：408-414.

[114] 文枚，李洪昌，李岩. 竹筋夯土墙单调水平荷载非线性有限元分析[J]. 四川建筑科学研究，2011，37（3）：33-37.

[115] 陶忠，潘文，杨晓东，等. 竹筋夯土墙建造技术：200810058827. 2[P]. 2009-01-21.

[116] 卜永红，王毅红，韩岗，等. 内置绳网承重夯土墙体抗震性能试验研究[J]. 西安建筑科技大学学报（自然科学版），2013，45（1）：38-42.

[117] 卜永红，王毅红，韩岗. 一种内置绳网夯土墙体：201120027912. X[P]. 2011-08-24.

[118] 刘强，童丽萍，赵红垒，等. 空间网状木骨架夯土墙：2015207953018[P]. 2016-03-02.

[119] 白羽，陶忠，潘文，等. 网状竹筋加强夯土墙：200820081468. 6[P]. 2009-06-10.

[120] 张又超，王毅红，张项英，等. 单面钢丝网水泥砂浆加固承重夯土墙体抗震试验研究[J]. 西安建筑科技大学学报（自然科学版），2015，47（2）：255-259.

[121] 张敏，童丽萍，邬伟进，等. 预应力夯土墙：201520467657. 9[P]. 2015-10-28.

[122] 宋建学，杨海荣，童丽萍，等. 生土填芯型传统民居墙体加固结构：201520943824. 2[P]. 2016-04-06.

[123] 韩岗. 村镇生土房屋抗震构造措施的试验研究[D]. 西安：长安大学，2011：35-53.

[124] 赵西平，门进杰，史庆轩，等. 夯土墙在单调和反复水平荷载下的试验研究[J]. 世界地震工程，2006，22（2）：29-33.

[125] 黄辰蕾. 不同抗震构造措施土坯墙结构农房振动台试验研究与对比分析[D]. 西安：西安建筑科技大学，2013.

[126] 宋淑芳. 土坯建筑山墙倾闪机理及预控措施研究[D]. 郑州：郑州大学，2011.

[127] 包继宏. 土坯墙承重民居加固修复技术与抗震试验研究[D]. 西安：西安建筑科技大学，2015.